U0238739

山东大学高质量教材出版资助项目
山东大学精品教材建设项目

地下工程物理模拟

王汉鹏　李术才　张　冰
李梦天　王　静　章　冲　编著

山东大学出版社
SHANDONG UNIVERSITY PRESS
·济南·

内容简介

本书介绍了相似物理模拟试验概述、相似理论与相似准则、试验模型相似材料的选择与制备、物理模拟试验装备系统、模型试验测试与数据处理、物理模拟试验步骤与技术等内容，并结合典型地下工程物理模拟实例详细介绍了地下工程物理模拟的试验全过程。本书还介绍了配套开发的物理模拟虚拟仿真实验平台，实现了系统性、立体化教学讲解，全方位、多层次实践训练，使读者了解、熟悉并真正掌握地下工程物理模拟的理论、材料、方法、技术等知识。

本书可作为土木工程、地下工程等相关专业的本科生、岩土工程等相关专业的硕士、博士研究生教材，也可作为对地下工程物理模拟感兴趣的学者、大专院校和科研院所的教师、工程师、试验人员等人的参考书。

图书在版编目(CIP)数据

地下工程物理模拟/王汉鹏等编著. —济南:山东大学出版社,2022.4
智能建造与智慧交通系列教材
ISBN 978-7-5607-7507-4

Ⅰ. ①地… Ⅱ. ①王… Ⅲ. ①地下工程－物理模拟－教材 Ⅳ. ①TU94

中国版本图书馆 CIP 数据核字(2022)第 078425 号

责任编辑　祝清亮
文案编辑　曲文蕾
封面设计　王秋忆

地下工程物理模拟

DIXIA GONGCHENG WULI MONI

出版发行	山东大学出版社
社　　址	山东省济南市山大南路 20 号
邮政编码	250100
发行热线	(0531)88363008
经　　销	新华书店
印　　刷	山东和平商务有限公司
规　　格	787 毫米×1092 毫米　1/16 19.5 印张　443 千字
版　　次	2022 年 4 月第 1 版
印　　次	2022 年 4 月第 1 次印刷
定　　价	76.00 元

序　言

　　地球深部蕴藏着丰富的能源和资源，习近平总书记强调，向地球深部进军是我们必须解决的战略科技问题。近年来，随着煤炭开采、资源开发、能源交通工程等相继进入地下深部，水利工程、交通工程、油气工程、矿业工程、地质工程和国防工程等地下工程的赋存环境和地质条件越来越复杂，容易引发煤与瓦斯突出、冲击地压、突水突泥等重大灾害事故，使岩体力学领域的科学研究和工程技术研发面临重大难题。

　　实（试）验研究是解决复杂地下工程破坏机理和控制技术的主要途径。国内外相继研发了单轴、三轴岩石力学试验机和冲击试验装置等一系列测试岩石物理力学特性的科研仪器，为岩体力学发展作出了重要贡献。地下工程物理模拟是基于相似原理，采用缩尺模型研究真三维工程尺度下灾变机理与安全控制的试验研究方法，对于发现新现象，探索新规律，揭示新机理和验证新理论具有不可替代的作用，是地下工程研究的重要手段。

　　本书编写人员面向国家和行业需求，从相似理论、相似材料、试验装备、模拟技术、试验测试等多个方面进行了系统性探索和研究，取得了许多创新性进展，并在煤与瓦斯突出、煤与瓦斯共采、围岩分区破裂等前沿性地下工程科研中成功开展了试验应用，可供地下工程相关领域的学生、科研工作者学习和借鉴。

　　立德树人不忘初心，尊师重教薪火相传，高校老师参与教材建设是百年树人的具体实践。本书编写人员在地下工程物理模拟领域已深耕 20 多年，我很高兴看到他们将物理模拟相关科学研究、专业知识、深度领悟与教学实践积累相结合，博采众家之长，形成了这部兼有创新性、适用性、实用性、逻辑性的教材。

　　本书难免存在不足之处，但我相信本书将会是我国地下工程、岩土工程等相关领域内的一本高质量、系统性教材，将在物理模拟实践能力培养方面发挥重要作用，也将助力我国科技进步和工程安全建设。

中国工程院院士、安徽理工大学校长　

2022 年 2 月

前　言

我国是世界地下工程建设规模、难度和数量最大的国家。随着国民经济的快速发展，许多在建和即将新建的地下工程不断走向深部，交通隧道、能源开采巷道、水电开发洞室群、油气地下储库等都逐渐向千米及千米以下深度发展。

试验研究是揭示深部工程动力灾害孕育、致灾、预警和防治等基础理论的有效研究手段。然而，面对深部地下工程，传统方法难以解决问题。目前实验室小尺度试样实验与大尺度结构岩体工程灾害有显著差异，不能完全反映地质及采掘条件，无法研究揭示其多尺度演化过程。现场工程试验很难进行全方位观测分析，且不具有重复性；数值模拟困难重重，现场原位试验条件受限且费用昂贵。相比之下，物理模拟（又称"模型试验"）以其形象、直观、真实的特性成为研究深部地下工程的重要手段。

与 MTS 研究岩芯力学特性不同，物理模拟是根据相似原理采用缩尺模型研究硐室开挖施工过程与变形破坏的试验方法，能够重复再现灾害孕育、发展和发生全过程，对于发现新现象、探索新规律、揭示新机理和验证新理论具有不可替代的重要作用。

在物理模拟或模型试验教材编写方面，大卫·缪尔·伍德（David Muir Wood）编写的著作 Geotechnical modelling（2004 年）初步介绍了一些基本的理论模型和物理模拟方法，但是未涉及具体物理模拟模型试验的相关内容。徐挺编写的《相似理论与模型试验》（1982 年）主要讲述了模型试验中的相似理论以及量纲分析方法，未涉及模型试验中的其他关键知识。林韵梅编写的《实验岩石力学：模拟研究》（1984 年）主要讲述了小尺度试验中的物理模拟方法。李鸿昌编写的《矿山压力的相似模拟试验》（1988 年）主要介绍了矿山压力模型的设计、相似材料的选取以及模型试验中的量测技术，但是此著作仅适用于矿山压力相关工程。李德寅编写的《结构模型试验》（1996）主要介绍了桥梁工程中的一些基础的模型试验方法，但是对模型试验涉及的材料、量测技术等未有涉及。李晓红编写的《岩石力学实验模拟技术》（2007 年）主要介绍了相似材料模型法、离心模型法以及光测弹性法等模拟方法。张强勇编写的《地下工程模型试验新方法、新技术及工程应用》（2012 年）主要讲述了 2012 年以前作者提出的一些模型试验的新方法以及在固定地下工程模型试验中的应用。

综上所述，现有物理模拟或模型试验相关资料均为著作，并且许多是19世纪的著作，涉及的知识已经无法满足和适应新工科课程体系与人才培养需求。目前，迫切需要编写一本以国家重大工程需求为引领，以典型地下工程物理模拟方法应用为案例，详细介绍地下工程物理模拟方法，适用于城市地下空间工程、岩土工程等相关专业的地下工程物理模拟教材。

随着地下工程开挖深度的不断增加，"三高一扰动"的影响愈加显著，深部洞室表现出与浅埋洞室显著不同的非线性变形与破坏现象，如出现大变形、分区破裂、岩爆、突水突泥、煤与瓦斯突出等灾害事故，造成大量人员伤亡、严重经济损失和恶劣社会影响，其根本原因在于人们对灾变机理认识不清，难以实现主动防控。深部工程灾变机理与安全防控已成为我国深入地球深部必须解决的战略科技问题。

山东大学在地下工程物理模拟方法方面的研究已有20多年的历史，在物理模拟关键技术与试验装备、复杂岩体精确测试与相似模拟、地下工程灾变机理与防控方法等方面取得了多项原创性成果，其中，"复杂环境深部工程灾变模拟试验装备与关键技术及应用"获得了2020年度国家技术发明奖二等奖。基于此，中国工程院院士李术才建议组织编著一本与地下工程物理模拟相关的书籍，将山东大学在地下工程物理模拟方面的最新成果应用于地下工程相关专业本科生和岩土工程相关专业研究生教学，以达到以工程引领科研、以科研反哺教学的目的。

地下工程物理模拟是一门综合地下工程、岩土工程、机械工程、控制科学与工程、计算机与软件工程、信息科学与工程等多学科知识，涉及交通、能源、矿山、水利水电、国防等多领域工程的科学技术。本书基于作者团队在地下工程领域近20年来取得的科研成果，拟从多个领域，从相似原理与相似准则、相似材料与模型制作、多场耦合模拟试验装备、模型开挖方法与技术、试验测试与数据处理、试验步骤与工艺等方面全方位、系统性地介绍地下工程物理模拟的新方法与新技术。本书应用部分将结合煤与瓦斯共采模型试验、分区破裂模型试验、盐穴造腔模型试验、煤与瓦斯突出模型试验等典型工程案例，全过程介绍模型相似比尺的选择、材料的制备、模型的制作、边界条件模拟、开挖支护过程、结果分析与对比等内容，以便于读者掌握地下工程物理模拟试验方法。本书的最后还介绍了专门开发的地下工程物理模拟虚拟仿真试验平台，该平台可以实现三维可视化试验全过程仿真和沉浸式虚拟教学融合，以达到全方位、多层次的实践教学训练目的。

全书分为9章：第1章由王汉鹏、李术才撰写，第2章和第3章由王汉鹏、张冰撰写，第4章由王汉鹏、李术才撰写，第5章由王汉鹏、张冰、王静、章冲撰写，第6章由王汉鹏、张冰、李梦天、章冲撰写，第7章由王汉鹏、张冰、王静、章冲撰写，第8章由李梦天、王汉鹏撰写，第9章由王汉鹏、张冰撰写。此外，课题组的单联莹、刘众众、王伟、王粟、邢文彬、于欣平、王鹏、郑瑞阶、邢嘉鹏、邱廷麟、蔡恒、韩聪、芦元斌、孙德康、薛阳等人对本书的资料搜集、整理、撰写及配图均作出了贡献。

　　本书得到了山东省研究生教育教学改革研究项目（SDYJG 21054）、山东大学研究生教育教学研究项目（XYJG 2020097）、山东大学高质量教材出版资助项目以及山东大学精品教材建设项目的资助，也得到了山东大学岩土工程中心、山东大学齐鲁交通学院领导和同事的支持和关心，在此表示由衷的感谢。同时，本书引用了许多国内外同行的研究成果，对他们的辛勤劳动一并表示感谢。

　　当今科技日新月异，地下工程物理模拟方法与技术也在不断发展、完善，加之作者水平有限，书中难免有疏漏和不当之处，恳请读者批评指正，提出宝贵意见。

作　者

2021 年 11 月

目　录

第1章　模型试验与地下工程物理模拟概述

本章主要简述模型试验的基本概念及意义、产生与发展历史,地下工程物理模拟的科学意义与试验类型以及地下工程物理模拟的研究现状等。

1.1　模型试验的概念及意义

1.1.1　模型试验的概念

模型是一个使用频率很高的概念,但又很难给予其一个一般的定义。例如,玩具汽车被称为汽车模型,按几何比例缩小的房屋建筑被称为建筑模型,以及用作教具的人体骨骼模型、分子结构模型等。我国著名学者华罗庚、宋健在《模型与实体》一文中提出了如下论述:我们把一切客观存在的事物及其运动形态统称为实体[1]。在自然科学中,定量研究实体特征的普遍而有成效的方法是模型法。在科学上,数学模型、计算模型、物理模型这三个模型的概念是比较明确的[2]:

(1)数学模型:指描述所研究现象的固有形状和单值条件的物理变量之间的数学关系式(通常为微分方程)。

(2)计算模型:指建立在数学模型及其变换基础上,可直接用于数值计算的代数方程组。

(3)物理模型:指将研究对象根据相似理论的原则按比例制成的物体或系统。被研究的对象称为模型的原型或实体。

在本书中,未特别说明的模型均指物理模型。

美国混凝土协会给结构模型下的定义是:模型是一个结构或一部分结构的任何物理模拟。通常情况下,模型将按缩小的比例制造[3]。自然,这个定义同样适用于任何材料制成的结构模型。杰克·R·珍妮(Jack. R. Janney)等人[4]给出的第二定义是:一个结构模型是按缩尺(和足尺结构相比较)建成的任何结构构件或其组合体。这种模型主要用于试验,且在整理、分析试验结果时,必须使用相似定律。

因此,模型试验是按一定的几何、物理关系,用模型代替原型进行测试研究,并将研究结果用于原型的试验方法。由于受试验规模、试验场所、设备容量和试验经费等各种条件的限制,绝大多数结构试验的试验对象都采用结构模型。模型是按照原型的整体、部件或构件复制的试验代表物,而且许多的模型试验均采用缩小比例的方法制作模型[5]。

1.1.2 模型试验的意义

模型试验是一种现代科学的认识手段和分析方式,其理论、原型以及模型之间的辩证关系如图 1.1 所示[6]。模型试验具有两方面的含义:一是抽象化,二是具体化。

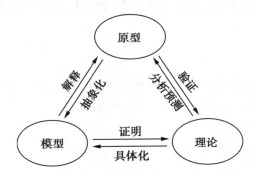

图 1.1 模型试验的理论、原型以及模型之间的辩证关系

模型试验的抽象化:模型试验是对基于工程原型的抽象化模型开展的试验,即从工程物理原型出发,根据某一特定目的,抓住原型的本质特征,对原型进行物理抽象,把复杂的原型客体加以简化,构建一个能解释(反映)原型主要本质的缩尺物理模型,通过对缩尺物理模型进行试验研究获取原型的有关信息,为建立理论提供基础。

模型试验的具体化:建立的针对工程原型分析预测的理论模型必须可以分析某个特定的物理模型,使其科学意义得到精确、严格的体现,即通过具体化的试验模型证明理论的正确性。这样可使我们更好地理解理论,并将其应用于工程原型,从而进一步验证理论的正确性、有效性,发挥理论指导实践的作用。

模型试验作为一种认识手段,是地下(岩土)工程科学在认识过程中抽象化与具体化辩证统一的结果。

享茨·霍斯多尔夫(Heinz Hossdorf)[7]在《结构模型分析》中将模型试验的意义解释为:给结构设计人员以科学技术,使他们从结构性能的有限理论知识的束缚中解放出来,将他们的设计活动扩大到实际结构的大量尚待探索的领域中去。

模型试验对整个结构工程的作用和意义表现在以下几个方面:

(1)在新型结构的设计中,由于要采用新的设计理论、新型结构材料或新的结构形式,且没有现成的设计方法或计算方法可用,因此需要结构模型试验提供一定的数据。有时需要校核设计计算理论,以比较几种设计方案等,也需要进行结构模型试验,以便了解所设计的结构内部的各种现象和规律。

(2)模型试验所需的工作量及费用均比实体结构试验低得多,这是因为缩尺模型小,载荷也减小。另外,通过改变模型的设计参数可进行多个模型对比试验。

(3)随着计算机的发展,结构分析的方法也有了极大进步。虽然计算机对结构的数学模型分析在时间和经费上有时比做结构模型试验更节省,但结构模型试验因不受简化假定的影响,能更实际地反映结构的各种物理现象、规律和量值。有时简化了的数学模型分析结果还需要通过模型试验来验证。

（4）到目前为止,许多复杂结构,如钢筋混凝土结构、预应力钢筋混凝土结构、考虑土体介质的基础结构以及复杂情况（如三维非连续介质、非线性、各向异性、复杂边界条件等）的结构分析问题,运用计算机计算仍有不少困难。而模型试验却可清晰且直观地展示这些情况下整个结构从受载直至破坏的全过程。在基本满足相似理论的条件下,模型试验能更全面、更真实地反映地质构造和工程结构的整体性,更准确地模拟开挖施工过程中的动态力学性能变化过程,试验结果直观明了,能较好地解决实际工程问题。

1.2　模型试验的产生与发展

1.2.1　模型试验的产生

理论的预言一定要通过实践的检验来证实,而试验是最有效的实践。在工程结构发展史上,每个新假设和新理论的出现都是由试验来检验、证实的。而新试验技术的出现和发展反过来又能揭示出新的规律、提出新的问题,促进结构更新发展。结构模型试验就是伴随工程结构的发展产生和发展的。

17 世纪初,伽利略对结构材料强度问题进行了研究,并在 1638 年发表了有关结构材料强度的学术理论著作。

1684 年,法国物理学家马略特和德国数学家莱布尼茨通过试验对伽利略提出的"受弯梁断面应力分布是均匀受拉"错误观点进行了修正,认为其应力是按三角形分布的。

早在 1686 年,牛顿在他的著作 *Principia*（第 Ⅱ 册）中对相似现象学说进行了阐述。但直到 1848 年,通过大量的模型试验研究,法国科学院院士约瑟夫·别尔特兰（Joseph Bertrand）[8] 才首先确定了相似现象的基本性质,并提出了量纲分析的初步理论和相似第一定理,即关于相似不变量存在的定理。这对结构模型试验的发展无疑是一个极大的推动。

1713 年,法国科学家提出了中和轴理论,认为受弯梁断面上应力分布是以中和轴为界,一边受拉,一边受压。但受当时试验技术的限制,巴朗的理论只不过是一个假设,而受弯梁断面上存有压应力的理论并不能被人接受。

1767 年,法国科学家在还没有量测仪器的时代,在简支梁跨中区段上翼缘开小槽,槽中塞硬木垫块,进行受弯试验。试验结果证明,这根梁的承载能力与未开槽的整体木梁一样。显然,只有上部纤维承受压应力才可能有这样的结果。

1821 年,法国科学院院士克劳德·路易斯·纳维叶（Claude Louis Navier）推导了材料力学中受弯构件断面应力分布计算公式,而此公式在 20 多年后由法国科学院的另一名院士用试验验证后才被承认。

结构模型试验对工程结构和工程技术有推动作用的例子比比皆是。1755 年,德国工程师为了在莱茵河上建造木桥,首先用模型试验验证了设计的可靠性。1829 年,法国科学家奥古斯丁·路易斯·柯西(Augustin Louis Cauchy)用模型进行了梁和板的振动试验。1846 年,英国的罗伯特·斯坦福森(Robert Stanforsen)等人为设计不列颠桥进行了缩尺 1∶6 的桥梁结构模型试验,之后他们又对另一座管形结构铁路桥做了模型试验。

1.2.2　结构模型试验的发展

进入 20 世纪后,随着模型相似理论的建立、科学技术和试验技术的发展,结构模型试验也进入正规发展时期,此时期大体可分为初期、推广和深入发展三个阶段。

(1)初期阶段:从 20 世纪初到第二次世界大战结束。

1910 年,西班牙建筑师阿托里·高丁(Atory Gordin)在他的空间构思建筑结构的设计中,采用模型试验进行了研究。他还利用模型试验做了悬索结构的试验研究和设计应用。

在此期间,德国著名的工程师弗朗茨·迪辛格尔(Franz Dischinger)和西班牙著名的建筑师爱德华多·托罗加(Eduardo Torroja)在设计新型工程结构时,均以模型试验作为依靠工具。

另外,瑞士著名建筑学家罗伯特·马拉德(Robert Mallard)根据缩尺混凝土模型试验完成了无梁楼板和蘑菇形楼板的设计。意大利工程师皮尔·鲁基莱菲(Pierre Rukielefi)用塑料模型试验完成了飞机库空间结构性能的研究和米兰市皮莱尔摩天大厦高层建筑的性能研究和设计。美国的威尔逊用橡皮制作了重力坝断面结构模型、用塑料制作了拱坝模型。1930 年,美国垦务局用石膏硅藻土制作了当时世界上最高的波尔德坝的结构模型,并进行了较完整的试验。

在初期阶段,结构模型试验技术有了很大发展。20 世纪 30 年代初,电阻应变片问世后很快被用于结构模型试验,为大、小尺寸结构模型试验的发展和推广创造了极为有利的条件。

(2)推广阶段:从第二次世界大战结束到 20 世纪 60 年代末期。

这一时期,随着高层建筑、大跨度桥梁、长隧道和高大坝的发展,以及原子反应堆压力容器、海洋平台等各种新型工程结构的出现和需要,结构模型试验得以快速推广和发展。

1947 年,葡萄牙建立了里斯本国家土木工程研究所,进行了许多小比例尺模型试验,一般为 1∶500～1∶200。1951 年,意大利建立了贝加莫结构模型试验所(ISMES),进行了许多大比例尺模型试验,一般为 1∶80～1∶20。此外,美国、英国、法国和日本也都先后建立了大型结构试验室,为模型材料的研制、试验技术的发展、试验设备的更新作了很大贡献。从 20 世纪 50 年代后期开始,东欧一些国家及我国相继开展了结构模型试验。

20 世纪 60 年代开始出现地质力学模型研究。地质力学模型主要研究和模拟岩体断层、破碎带、软弱夹层等不连续构造对结构的应力分布和变形状态的影响及岩体稳定和工程安全问题。它着重研究结构超出弹性范围的性能,故仅考虑一次加荷效应。它不仅限于已知荷载条件下的某一状态,更重要的是,研究在渐增荷载作用下直接破坏的整个变化过程。

在推广阶段,国际性的学会组织陆续出现,并进行了多次与国际性结构模型试验有关的学术讨论,如国际材料与结构研究实验联合会下设的专业委员会。1959 年 6 月在马德里召开的结构模型国际讨论会,全面讨论了结构模型的相似理论、试验技术及其实际应用;1963年10月在里斯本举行的混凝土坝模型讨论会,就混凝土坝的结构模型试验技术(包括破坏试验和温度应力试验等有关问题)进行了讨论。

正因这个时期开展结构模型试验工作的国家多,进行试验的数量多,用试验解决结构工程设计的问题多,而且对结构模型的相似理论、试验技术和设备都有全面的推广和发展,所以称之为推广阶段。

(3)深入发展阶段:从20世纪70年代至今。

电子技术、激光技术的发展带动试验技术飞快发展,使得结构模型试验可以解决一些重大、复杂的研究课题,承担更为艰巨的任务,如核潜艇、直升机、超音速飞机、火箭、宇宙航行器的研发及地震对工程结构震害的研究。在深入发展阶段,许多国家开始注意结构模型试验室的建设和测试技术的更新,如为适应大尺寸结构模型试验,试验室趋向大型化,并建立了大型风洞室、大型三向震动台;为适应试验项目的多变,试验设备趋向自动化;为提高量测精度和准确度,量测仪器趋向智能化;为做到试验资料的处理迅速及时,数据采集和处理趋向实时化。

在此期间,国际交流和讨论的课题也在不断更新和深入,如1979年3月在意大利贝加莫举行的地质力学物理模型国际讨论会,讨论了地质力学模型的试验技术及其实际应用问题。1980年3月和9月由美国混凝土协会混凝土结构模型、混凝土结构动力模型分会组织了两次钢筋混凝土动力模型讨论会,会议论文涉及的范围有动力模型的相似要求、模型材料的动力特性及地震载荷对房屋、桥梁、坝体的动力反应和研究等。

20世纪50年代至60年代,随着我国建设事业的蓬勃发展,相当多的高等院校和科研单位相继建立了结构试验室。在此时期,我国结构模型试验还处于初期阶段,并多以线弹性应力模型为主。在理论方面:①哈尔滨中俄工业学院(现哈尔滨工业大学)对结构模型试验的相似条件做了研究;②唐山铁道学院(现西南交通大学)提出了大桥桥墩振动试验的模型规律;③同济大学和华北水利学院(现华北水利水电大学)发表了相似原理在地下结构模型试验中的应用和双层地基承载量以及模型试验等成果。结合工程结构应用方面:①西安冶金建筑学院(现西南建筑科技大学)结合厂房结构设计进行了撑杆式预应力钢吊车梁模型试验和预加压力钢屋架模型试验;②兰州铁道学院(现兰州交通大学)做了大桥水平及断面支撑系的模型试验;③铁道部大桥工程局桥梁科学研究所(现中铁大桥局集团武汉桥梁科学研究院有限公司)结合武汉长江大桥和南京长江大桥等工程的需要进行了模型管柱震沉试验、管柱钻孔岩石承载力室内模型试验,并参加了南京长江大桥钢梁伸臂安装模型试验等;④清华大学水利系结合广东流溪河拱坝开展了我国第一座混凝土坝的结构模型试验;⑤水利水电科学研究院(现中国水利水电科学研究院)进行了拱坝结构模型的破坏试验。

20世纪70年代至90年代,各科技领域的发展和国际科技交流的要求又反过来推动了我国结构模型试验技术的提高和发展。随着高层建筑、大跨度桥梁、悬索结构、原子反应堆、海洋平台、人造地球卫星等新型结构在我国相继出现和发展,模型试验也早已超越了线弹性范围,各种非线性试验、伪静力试验、拟动力试验都在相应发展[9]。

21世纪以来,随着我国矿山、水利等地下工程建设的迅猛发展,地下空间的开发利用逐渐向深部发展。

1.3 地下工程物理模拟的科学意义与试验类型

1.3.1 地下工程物理模拟的科学意义

与地上结构工程不同,地下(结构)工程具有以下特点:

(1)地下工程是在地质条件复杂的岩土介质地层内进行开挖、支护等施工操作的,施工前是有初始地应力的,而且随着埋深增大地应力也增大。地下工程开挖使得岩体卸荷引起变形破坏。

(2)地下地质条件复杂,岩土介质地层内常常赋存高压地下水和气体,如石灰岩等地层中富含地下水,页岩和煤层中赋存高压 CH_4 气体,导致地下岩体特性复杂,工程围岩变形破坏的非线性更加显著。

(3)地下工程除了支护结构变形破坏之外,还有围岩大变形、岩爆、冲击地压、煤与瓦斯突出、突水突泥、矿震灾害等多种灾害类型。它们的发生机理复杂,影响因素多,目前还没有成熟的理论模型,数值模拟也很难真实模拟灾变过程。

目前,针对地下工程变形破坏机理问题的研究,主要有理论模型分析法、数值模拟仿真法和物理模拟试验法。已有研究定性地给出了三种方法的应用条件和场合,如图1.2所示。显然,地下工程的复杂性理论模型分析法仅能给出简单问题的解析解;数值模拟仿真法可以分析解决一些解析法无法解决的复杂三维、非线性、多场耦合问题,但仍有很多问题无法给出本构模型;物理模拟试验法则可以解决理论模型分析法、数值模拟仿真法不能解决的地下工程难题。

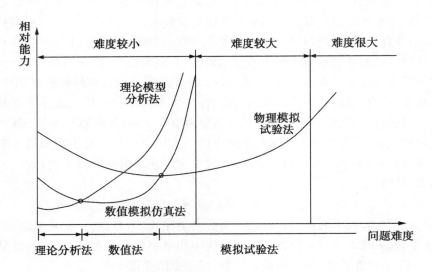

图 1.2 地下工程各种研究方法分析能力比较

从结构模型试验的发展历史看,地下工程结构模型试验经过几十年的发展,已经形成了自己独有的特色,成为结构模型试验的重要方向和组成部分。根据前面模型试验的定义,结合地下工程的特点,地下工程物理模拟的定义应该是:根据相似原理,采用缩尺模型研究地下工程变形破坏与安全控制的试验方法。

地下工程物理模拟与岩石试验机的对比如图 1.3 所示。图 1.3 中,岩石试验机只是针对地下工程钻取的岩芯小试件进行试验,测试的是岩石物理力学参数,无法模拟地下工程稳定性。物理模拟可以采用几何缩尺模型,开展真三维工程尺度模型试验,真实模拟复杂赋存环境和地下工程施工过程,获取施工过程围岩变形破坏等多元信息演化规律,揭示地下工程灾变演化机理,还可以通过超载试验获取地下工程的体系安全度。

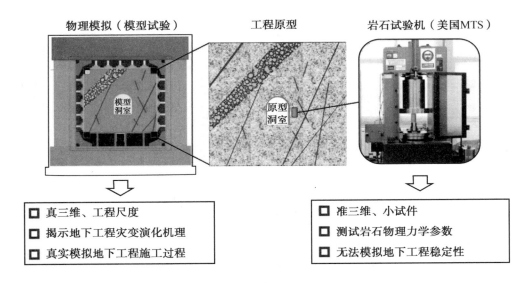

图 1.3　地下工程物理模拟与岩石试验机的对比

地下工程物理模拟可以真实地模拟复杂赋存环境和地下工程施工过程,获得的变形破坏规律可以根据相似原理反演到工程原型,不需要复杂的理论分析。同时,物理模拟试验结果真实直观,已经成为不可或缺的重要研究手段,对于发现新现象、探索新规律、揭示新机理和验证新理论具有不可替代的重要作用。

1.3.2　地下工程物理模拟的试验类型

地下工程物理模拟分类是一个科学问题,需综合考虑多方面的因素。李元海[10]通过查阅文献和总结分析,提出了一种试验系统分类方法(见图 1.4)。

(1)按试验模型体积,试验系统可分为小型、中型、大型和超大型。

(2)按模型体荷载,试验系统可分为自重型和离心型。

(3)按加载动力来源,试验系统可分为重力型(含自重)、电机型、液压型(千斤顶或液压枕)、气压型和复合型(如气液结合)。

(4)按加载的静动力状态,试验系统可分为静力型和动力型。

(5)按模型端面加载维数,试验系统可分为单轴型、双轴型和三轴型。

注意:相对自重型物理模拟试验,离心型物理模拟试验具有特殊性,主要是通过大型离心试验机旋转产生的离心力为模型加载,目前在土工领域应用较多,而且已经有许多相关的教材、专著和标准、规范等出版。鉴于此,本书主要介绍自重型物理模拟试验,不再涉及离心型物理模拟试验。

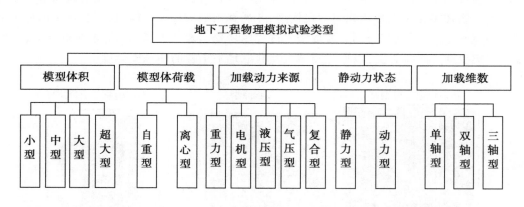

图 1.4　地下工程物理模拟试验分类

1.4　地下工程物理模拟的研究现状

综合前人研究可知,地下工程物理模拟研究主要分为相似材料、试验装置、模型应力与水气加载模拟、开挖系统、测试系统、试验方法工艺等方面,因此本节从以上几个方面总结地下工程物理模拟的研究现状。

1.4.1　相似材料

模型试验成败的前提条件是相似材料的选取是否合理,材料的性质是否能够准确地反映研究对象的主要物理力学特征。相似材料按功能一般可以分为骨料、黏结剂两大部分:骨料一般由一定级配的粉料和添加剂构成,添加剂对相似材料的某些参数起调节作用;黏结剂可使混合后的骨料在一定条件下黏结在一起,其特性和用量对相似材料性能起"总体控制"作用。为方便分析,本节根据相似材料物理力学特性将相似材料大致分为普通相似材料和特殊相似材料两类。目前模型试验中常用的相似材料如表 1.1 所示。

表 1.1　模型试验中常用的相似材料

分类	主要成分 （骨料＋黏结剂）	重要参数	主要特点
普通 相似材料	石英砂、黄土＋石膏、水泥	抗压强度：0.20～0.50 MPa	模型制作简单
	重晶石粉、铁精粉＋石膏、石灰	抗压强度：0.11～1.23 MPa	可近似模拟红层软岩的颜色特征
	铁精粉、重晶石粉、红丹粉＋松香、石蜡	抗压强度：约 0.55 MPa	具有轻微毒性
	铁精粉、重晶石粉、石英砂＋松香、酒精	抗压强度：0.2～4.5 MPa 弹性模量：80～1200 MPa	性能稳定，具有良好的蠕变特性，可重复利用
特殊 相似材料	煤粉＋腐殖酸钠	抗压强度：0.50～3.00 MPa	气体吸附解吸性与原煤相似，材料廉价，配比简单，可重复利用
	煤粉、石英砂、活性炭＋水泥	抗压强度：0.54～5.00 MPa	强度较高，吸附解吸性稍差
	砂、滑石粉＋石蜡	抗压强度：0.30～0.66 MPa 渗透系数：1.2×10^{-7}～5.0×10^{-4} cm/s	非亲水性好，遇水不软化，但需加温配制，且强度较低
	砂、滑石粉、重晶石粉＋水泥、凡士林	抗压强度：0.18～7.86 MPa 渗透系数：6.6×10^{-8}～7.4×10^{-4} cm/s	非亲水性好，遇水不软化
	硅粉＋石蜡液体、正十三烷	抗压强度：0.10～0.42 MPa	透明岩体相似材料，存在岩体破裂现象，需固结，制作时间长

1.4.2　试验装置

试验装置是模型试验的平台和载体，其水平高低决定了试验结果的科学程度。近年来，随着模型试验的飞快发展，模型试验对试验装置的相似性、精确性和自动化程度等性能指标提出了更高的要求。试验装置的大型化、真三维加载、多物理量参数信息联合采集、自动化程序控制等是模型试验装置的发展方向。为方便分析，本节根据模型试验装置的应力应变及边界效应等因素将试验装置大致分为平面和三维模型试验装置两类。目前国内外比较典型的模型试验装置如表 1.2 所示。

表 1.2　国内外比较典型的模型试验装置

分类	名称	研制机构	模型尺寸 （m×m×m）	功能特色
平面 模型 试验 装置	液压式双向加载装置	英国皇家采矿学校	0.5×0.25×0.1	油压通过四个盒式胶皮囊与钢质加载片传到模型
	砖砌隧道试验系统	英国诺丁汉大学	2.0×1.5×0.33	采用先进的激光扫描和摄影，摄像技术实现了隧道变形量测和衬砌破坏观测

分类	名称	研制机构	模型尺寸 （m×m×m）	功能特色
平面模型试验装置	深部巷道物理模拟试验系统	中国矿业大学	1.0×1.0×0.25	框架式结构,扁油缸;气驱增压与稳压,真空卸压
	隧道工程地质力学模型试验系统	中国人民解放军总参谋部工程兵研究三所	0.5×0.5×0.2 0.5×0.7×0.2	液压加载,侧向压力为9.8 MPa,纵向压力为6.3 MPa
	准平面隧道工程物理模型试验系统	同济大学	2.0×2.0×0.4	竖向和水平独立加载,最大加载为4 MPa
三维模型试验装置	泥水盾构模型试验系统	西南交通大学	1.5×1.5×1.5	再现泥水盾构掘进过程中泥膜形成过程
	大型石门揭煤三维试验系统	山东科技大学	3.0×2.6×1.8	仅有垂直加载,没有考虑真三轴加载
	大尺度三维巷道冲击地压灾变演化与失稳模拟试验系统	中国矿业大学	1.2×1.2×0.6	五面真三轴加载,可施加冲击荷载
	深部巷道/隧道动力灾害物理模拟系统	中国科学院武汉岩土力学研究所	0.5×0.5×0.5	0～4 MPa 机械气压爆破
	深部"一高两扰动"特征试验现象模拟试验装置	解放军理工大学	1.3×1.3×1.3	三向加载,0～3 MPa 气液爆炸荷载模拟
	YB-A 型物理模拟试验装置	武汉理工大学	1.0×0.4×0.6	三向加载,顶部 20 MPa、水平 5 MPa,气液耦合储能
	煤岩多功能物理模拟试验系统	重庆大学、中国人民解放军总参谋部工程兵研究三所	1.2×1.2×2	外圆内方,四面真三轴加载,具备高地应力加载和气固耦合密封能力
	组合式真三维物理模拟试验系统	山东大学	(0.5～2.5)×(1.5～2.5)×2.0	模块化榀式结构,尺寸可调,适应不同模拟范围;具备力水气密封等多场耦合能力

1.4.3　模型应力与水气加载模拟

物理模型试验能否顺利进行与加载控制系统是否稳定密切相关。为方便分析,本节根据加载动力来源将加载方式分为重力加载、气(液)囊加载、电缸加载、液压加载、气压加载和复合加载,如表 1.3 所示。

表 1.3　模型试验常用的加载方式

加载方式	优点	缺点
重力加载	可真实再现地质环境,无须另设加载系统	模型材料用量多,费用高
气(液)囊加载	加载均匀,自适应性好	加载应力和行程有限
气压加载	响应快速,适应变形好	加载应力较小,容易冲击
液压加载	加载应力大,稳压时间长,智能化程度高	系统复杂,造价较高
电缸加载	系统简单,控制方便,静音	最大应力加载能力有限
复合加载	多重加载方式进行组合,可实现动静组合加载等复杂加载方式	设备复杂,密封性要求高

在模型试验中,一般采用注水泵或水罐对模型直接注水,采用压力传感器或压力表监测注水压力,采用高压气瓶对模型直接注气,采用减压阀控制注入气体的压力,采用压力传感器或压力表监测注入气体压力。李术才团队[11-12]研发的流固耦合模型试验系统利用盐岩遇水自融的特点,将盐岩材料埋入模拟位置后注水,形成了预制的含水构造。王经明[13]为了解煤层底板有导升存在时的突水过程,在模型煤层底板设置了两条和含水层相通的断层,在断层内用充气的橡皮囊模拟承压水的导升高度。尹光志[14]自行研制了多功能真三轴流固耦合试验系统,为实现真三轴应力条件下气液的自由渗流控制与监测设计了内密封渗流系统,保证了流体在试件中的定向流动。本书作者研制了一种新型注水充气系统,通过伺服控制气驱水(驱气)技术,实现了模型分层定域注水和面式均匀充气,解决了千米以上高水头和 30 个以上大气压的稳压加载,实现了任意部位注水充气的真实模拟。

1.4.4　开挖系统

在模型试验隧洞开挖方面,主要经历了人工开挖、半自动化开挖和全自动化开挖三个阶段。

(1)人工开挖可以比较灵活地调整隧道形状,但成型效果差,开挖效率低。刘晓敏等[15]利用木质模具先开挖洞室横断面中间部位,再利用模型外层的聚氯乙烯塑料布的保护作用开挖边角部位。李勇[16]采用人工钻、凿掘进方式开挖洞室,先将欲开挖的洞群窗口用钢块堵住,分四层开挖时,先用钢块堵住下面几层,然后挖一层就拿掉一层堵块,依此类推。

(2)半自动化开挖实现了开挖装置在人工操控下的模型隧洞开挖。李仲奎[17]开发出了隐蔽开挖三级定位系统、微型步进式掘进机以及与之配合使用的隐蔽洞室内窥系统,实现了洞室群隐蔽开挖。王成平[18]采用人工操纵钻头的半自动化方式开挖洞室,先开挖设计断面的一半,即隧道断面形心四分之一洞径范围,随后开挖全断面。

(3)全自动化开挖目前已实现按照设定参数开挖任意形状模型隧洞的目标。本书作者先后研发了全自动圆形隧洞开挖系统和全自动仿形隧洞开挖系统,后者可以实现直墙拱形、三心拱形等任意形状模型隧洞的智能开挖。

1.4.5 测试系统

模型试验中由于研究的目的和内容不同,试验方案和测试手段也就各不相同。模型试验测试与数据处理的目的是通过模型试验测试技术获得所需的有关参数,使之成为分析问题所依据的数据、曲线或图表等。而测试系统是为了实现这一目的而制定的合理方案和具体手段。为方便分析,本节按照测试对象将测试系统分为位移测试系统、应变测试系统、应力测试系统、渗压测试系统、温度测试系统、破裂测试系统,如表1.4所示。

表 1.4　模型试验中常用的测试系统

测试对象	常用测试系统	优点	缺点
位移	千分表	应用范围大,精度较高	对模型扰动大,测点数量有限
	数字摄影量测系统	非接触,全域精细化,精度高,可计算应变	只能测试表面位移
	激光位移传感器	非接触,精度高,不受人为干扰	设备复杂,价格较贵
	微型多点位移计	可测模型内部位移,受外界影响小,试验成本较低	制作安装较烦琐
应变	电阻应变片	结构简单,应用广泛	易受影响产生误差,贴片制作比较烦琐
	光纤应变传感器	测量精度高,抗干扰能力强	贴片制作比较烦琐,易损,价格较高
应力	微型土压力盒	尺寸小,灵敏度高,价格低	易损坏,易受环境(温度、水分等)影响
	光栅应力传感器	测量精度高,抗干扰能力强	价格较高
渗压	孔隙水压力计	适应性强,测量精度高	价格高,重复使用率低
	流量计	结构简单,适应性强	精度较低
温度	热电偶温度计	测量精度高,性能稳定,尺寸小,价格低	易受环境干扰
	光纤光栅温度传感器	测量精度高,抗干扰能力强	价格较高
破裂	声发射	被动接收破裂声发射,可三维定位	对模型要求高
	超声相控阵测试系统	主动探测破裂位置,可三维成像	对模型要求高

1.4.6　试验方法工艺

在试验方法工艺方面,众多学者在模型制作方法、传感器布设工艺、模型开挖支护方法工艺、模型平移剖视方法等方面进行了众多研究。

张乾兵[19]采用预制模型块堆砌黏结成型的工艺方法制作试验模型体,块体间堆砌时用新拌和的同配比材料作黏结剂,同时在预制块中预留监测孔便于埋设各种测试元件。王凯等[20]首先在隧洞模拟装置内逐层填筑夯实相似材料,同时在相应位置铺设应力、位移、渗压等传感器,采用台阶法模拟开挖。刘泉声等[21]首先将搅拌均匀的相似材料倒入模型箱内,由下往上分层摊铺压实材料,采用人工钻、凿的隧洞开挖方式。刘宁[22]首先在平面应变模型箱内铺设相似材料,模型铺装完成后先保留中间核心岩土体形成起支撑作用的中岩柱,再采用人工开挖两侧双导洞。

1.4.7　研究现状综述

在相似材料方面,研究人员研制了具有蠕变、吸附解吸、超低渗透等不同物理力学特性的相似模拟材料,可模拟绝大多数岩(煤)地层,同时还研制了透明岩体相似材料以及CH_4相似气体等。

在试验装置方面,研究人员研制了多种尺寸和功能的物理模拟试验装置,实现了从平面、尺寸固定不可调、无法实现多场耦合功能到真三维、模块组合式、实现多场耦合、自动化功能的发展,大大提高了物理模拟试验装置的使用率。

在模型应力与水气加载模拟方面,研究人员研制了多油路液压加载系统、注水充气系统等,实现了试验模型表面应力由重力加载到真三维梯度地应力加载、动静组合加载、任意部位注水充气的真实模拟。

在开挖系统方面,研究人员研制了不同功能的模型隧洞开挖、煤层回采等开挖系统,实现了从人工开挖到圆形隧洞自动开挖,再到任意洞形隧洞智能开挖的发展。

在测试系统方面,研究人员研发了基于声、光、电、磁不同测试原理的多物理量传感器和采集仪器系统,实现了试验模型变形、应力、应变、渗压、破裂等多元信息的实时采集,采集精度越来越高。

在试验方法工艺方面,研究人员研发了不同的模型制作方法、传感器布设工艺、模型开挖支护方法工艺、模型平移剖视方法等,涵盖了试验模型从制作到隧洞开挖支护再到模型剖视保护的全流程。

当然,地下工程物理模拟的各个方面都还在不断发展,本节仅汇总了截至目前的研究成果。

1.5　地下工程物理模拟的主要内容及关系

本书的主要内容包括相似原理与相似准则、试验模型相似材料的选择与制备、物理模拟试验装备系统、模型信息测试与数据处理、物理模拟试验步骤与技术、典型地下工程物理模拟试验实例、物理模拟虚拟仿真实验平台、地下工程物理模拟发展展望等,这些内容之间的关系如图 1.5 所示。

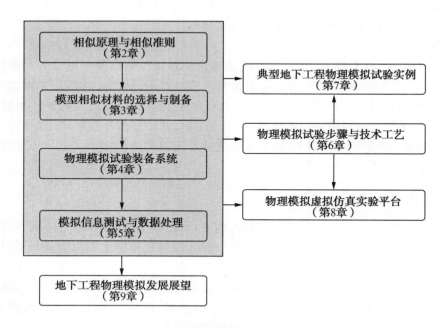

图 1.5　地下工程物理模拟的主要内容及关系

第 2 章主要介绍了物理模拟方法的理论基础,即相似的概念、相似三定理、相似准则的推导方法等;第 3 章主要介绍了相似材料的选择、常用的相似配比及其特性;第 4 章主要介绍了物理模拟试验装备,包括功能与系统构成、反力密封装置、液压加载系统、注水充气系统、隧洞开挖系统、信息采集系统等;第 5 章主要介绍了物理模拟试验测试目的与分类、机械法测试技术、电测法测试技术、光测法测试技术、数据融合采集与分析技术等;第 6 章主要介绍了模型制作技术、传感器埋设与引线技术、开挖支护模拟技术、模型剖视保护技术等;第 7 章主要介绍了煤与瓦斯共采模型试验、分区破裂模型试验、盐穴造腔模型试验、煤与瓦斯突出模型试验等典型工程案例的物理模拟应用;第 8 章主要介绍了虚拟仿真实验平台构成、功能和操作方法;第 9 章主要介绍了物理模拟方法的发展方向,并展望了未来的物理模拟技术。

以上章节内容涵盖了相似物理模拟试验从理论、材料、技术、装置到方法、工艺的完整内容。

第 2 章 相似理论与相似准则

第 1 章已经讲述过地下工程物理模拟是基于相似理论采用缩尺模型研究地下工程变形破坏与安全控制的试验方法。相似理论是将理论与实际密切结合的科学研究方法,这里的缩尺模型一定是与工程原型相似的,因此进行地下工程物理模拟试验时必须解决如何设计试验方案、制作相似模型、将模型试验的结果推算到工程原型上等问题。相似理论为如何进行相似模型试验以获得可以反演到工程原型的正确结果提供了理论基础。

本章主要论述物理模拟方法的理论基础——相似理论与相似准则,主要包括相似的概念、相似三定理、相似准则的推导方法等内容。

2.1 相似的概念

2.1.1 各种物理量的相似

"相似"这一概念,是从初等几何学中借用过来的。例如两个三角形,如果它们对应的角相等或对应的边保持相同的比例,则称这两个三角形相似(见图 2.1)。这是平面相似问题,属于这类问题的还有各种多边形、圆、椭圆等的相似。

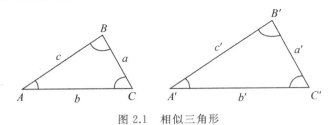

图 2.1 相似三角形

空间也可以实现几何相似,如三棱锥、立方体、长方体、球、椭球等立体几何的相似都属于空间相似。

推而广之,各种物理现象也都可以实现相似。它们的各种物理量(如时间、力、速度等)都可以抽象为二维、三维或多维空间(即超空间)的坐标,从而可以把现象相似简化为一般的几何学问题。

与几何学中的几何相似相比,物理量的相似概念更广泛,但几何相似是物理量相似的前提[23]。在结构模型试验中,除了几何相似外,与结构性能有关的主要物理量的相似有时间相似、力相似、速度相似、刚度相似、质量相似等。下面以时间、力和速度相似为例说明各种物理量相似的定义。

2.1.1.1 时间相似

时间相似是指对应的时间间隔成比例。以内燃机的两个相仿的压力指示图为例(见图 2.2),其时间相似用公式表示为

$$\frac{t_1}{t_1'} = \frac{t_2}{t_2'} = \frac{t_3}{t_3'} = C_t = 常数 \tag{2.1}$$

式中,t_1,t_2,t_3,t_1',t_2',t_3'为时间相似的物理量。

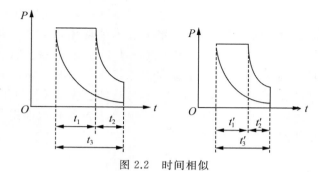

图 2.2 时间相似

2.1.1.2 力相似

力相似是指力场的几何相似,它表现为所有对应点上的作用力方向一致,大小成比例。力相似又称动力学相似。

以具有几何相似的多边形的两个变载梁为例(见图 2.3),其力相似可用下面两个公式表示:

$$\frac{l_1}{l_1'} = \frac{l_2}{l_2'} = \frac{l_3}{l_3'} = C_l = 常数 \tag{2.2}$$

$$\frac{f_1}{f_1'} = \frac{f_2}{f_2'} = C_f = 常数 \tag{2.3}$$

式中,l_1,l_2,l_3,l_1',l_2',l_3',f_1,f_2,f_1',f_2'为力相似的物理量。

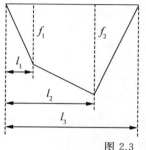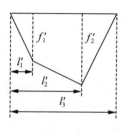

图 2.3 力相似

2.1.1.3　速度相似

速度相似是指速度场的几何相似,它表现为各对应点、对应时刻上的向量方向一致,而大小成比例。

以不同直径的圆管内液体的层流运动为例(见图 2.4),其速度相似可用如下公式表示:

$$\frac{v_1}{v_1'}=\frac{v_2}{v_2'}=\cdots=\frac{v_i}{v_i'}=C_v=常数 \tag{2.4}$$

式中,$v_1,v_2,v_3,\cdots,v_i,v_1',v_2',v_3',\cdots,v_i'$ 为速度相似的物理量。

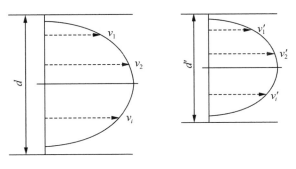

图 2.4　速度相似

速度相似如辅之以加速度相似则可笼统地称为运动学相似。除此之外,就独立的物理变量而言,还有压力相似、温度相似、浓度相似等。

综上所述,在做相似分析时,式(2.1)~式(2.4)所示的一类相似条件是十分重要的,其中 C_t、C_l、C_f、C_v 等可统称为相似常数。

在结构模型试验中,只有模型和原型保持相似才能由模型试验的数据和结果推算出原结构的数据和结果。在相似系统中,各相同物理量之比称为相似常数,即

$$\frac{原型的物理量}{模型的物理量}=相似常数$$

2.1.2　现象相似和物理量相似的关系

物理量蕴含于现象之中。现象的相似是通过多种物理量的相似来表现的。一般说来,用来表示现象特征的各种物理量不是孤立的、互不关联的,而是处在由自然规律所决定的一定关系之中,所以各种相似常数的大小是不能随意选择的[24]。由于在许多情况下,这种关系表现为数学方程的形式,并且当现象相似时,这些方程又具有统一的形式,因而在各相似常数间必定存在着某种数学上的约束关系或数学联系。例如,热力设备中的各种现象,特别是流体的运动、热量的交换等都伴随有许多物理量(如温度、压力、速度、密度、黏度、时间等)的变化。对于这种伴随有许多物理量变化的现象,相似是指表述此种现象的所有物理量在空间相对应的各点及时间相对应的各瞬间各自互成一定的比例关系,并且被约束在一定的数学关系之中。

在土壤-机器系统力学中,各种现象,如拖拉机(或汽车、工程机械、坦克等)的驱动力矩、滑转率、下陷深度、滚动阻力等的变化,也都首先由许多自变物理量(如土壤抗剪强度 τ、承载能力 p、外附力 α、内聚力 c、内摩擦角 φ 以及湿度 ω 等)的变化所决定。它们的相似自然也要把各种物理量抽象为多维空间的坐标,使之在相对应的点和相对应的时刻上各自互成一定的比例关系。但它们的相似内容和相似条件比式(2.1)～式(2.4)所示的相似复杂得多,因此给模型研究带来了许多新的内容和问题。

以上各种相似可分为三大类:一般几何相似(即初等几何学相似,其物理量量纲主要是长度单位)、动力学相似和运动学相似(后两者又可归结为抽象的几何相似)。结合物理系统各类相似的特点,三者的地位、意义可以这样来描述:任意两个系统,如果在几何学、动力学和运动学上都达到了相似,则这两个系统的性能相似。

(1)几何学相似较易通过人为的努力实现,而运动学相似是随着几何学相似和动力学相似而得以表现的。因此,三类相似中的动力学相似是关键。凡是在几何学相似条件下由动力学相似获得的解,理应满足运动学相似。

(2)实际上,运动学相似取决于现象的运动学特征,在几何学、动力学相似得以实现的情况下,运动学未必相似,这时就有必要控制运动学参量的数值范围,将其影响缩减至最小,或予以忽略。这一点,对于今后用相似理论和模型试验来解决实际问题(特别是复杂现象的相似问题)具有指导意义。

(3)在一般场合下,当谈到几何相似时,都是指的初等几何相似。

除了以上三类相似现象,还有材料或介质特性等一类物理学的相似。但由于在它们的测量单位中包含有几何参量、运动学参量和动力学参量的量纲成分,所以从概念上说,此类相似不能自成范畴,只能被列作模型设计条件或设计的相似性要求,或构成其中的一种成分。

2.2　相似三定理

相似理论的理论基础是相似三定理。相似三定理的实用意义在于指导模型的设计及其有关试验数据的处理和推广,并在特定情况下,根据经过处理的数据,提供建立微分方程的指示。对于一些复杂的物理现象,相似理论还可进一步帮助人们科学而简捷地去建立一些经验性的指导方程。工程上的许多经验公式就是由此而得的。

相似理论的作用必须首先从理论上说明:①相似现象具有什么性质?②个别现象的研究结果如何推广到所有相似的现象中去?③满足什么条件才能实现现象相似?弄清楚上面这些问题,才能相应解答模型试验中的下面几个问题:①模型试验需要测量哪些物理量?②如何整理试验结果,使之推广到原型等相似现象中去?③模型试验应遵守什么条件?

2.2.1　相似第一定理(相似正定理)

相似第一定理可表述为:对于相似现象,其相似指标等于 1;或表述为:对于相似现象,其相似准则的数值相同。

这一定理实际是对相似现象相似性质的一种说明,也是现象相似的必然结果[25-26]。那什么是相似现象的相似性质呢?

(1)相似现象能为文字上完全相同的方程组所描述。对于大多数的物理现象,其关系方程又可以用微分方程的形式获得。例如,质点运动的运动方程和力学方程分别为

$$v = \frac{\mathrm{d}l}{\mathrm{d}t} \tag{2.5}$$

$$f = m\,\frac{\mathrm{d}v}{\mathrm{d}t} \tag{2.6}$$

式中,l 为位移,t 为时间,v 为速度,m 为质量,f 为力。

(2)用来表征这些现象的一切物理量在空间相对应的各点和在时间上相对应的各瞬间各自互成一定的比例关系。如以角标"′"和"″"表示两个现象发生在同一对应点和同一对应时刻的同类量,则参考式(2.5)、式(2.6)有

$$\begin{cases} \dfrac{l''}{l'} = C_l \\[2mm] \dfrac{t''}{t'} = C_t \\[2mm] \dfrac{v''}{v'} = C_v \\[2mm] \dfrac{m''}{m'} = C_m \\[2mm] \dfrac{f''}{f'} = C_f \end{cases} \tag{2.7}$$

式中,C_l、C_t、C_v、C_m、C_f 均为相似常数。

(3)各相似常数值不能任意选择,它们要服从某种自然规律的约束。

我们来研究式(2.5),将有关的相似常数项改写为

$$\begin{cases} v'' = C_v v' \\ l'' = C_l l' \\ t'' = C_t t' \end{cases} \tag{2.8}$$

式(2.5)实际可用于描述彼此相似的两个现象。这时第一现象质点的运动方程为

$$v' = \frac{\mathrm{d}l'}{\mathrm{d}t'} \tag{2.9}$$

第二现象相对应质点的运动方程为

$$v'' = \frac{\mathrm{d}l''}{\mathrm{d}t''} \tag{2.10}$$

将式(2.8)代入式(2.10),即在基本微分方程中对变数作相似变换,可得

$$C_v v' = \frac{C_l\,\mathrm{d}l'}{C_t\,\mathrm{d}t'} \tag{2.11}$$

作相似变换时,为了保持基本微分方程(2.9)和(2.10)的一致性,需使

$$C_v = \frac{C_l}{C_t}$$

故得

$$\frac{C_v C_t}{C_l} = C = 1 \tag{2.12}$$

以后我们把 C 称作相似指标,其意义在于说明:对于相似现象,C 的数值为 1。同时也说明:各相似常数不是任意选择的,它们的相互关系要受"C 值为 1"这一条件的约束。换言之,在 C_v、C_t、C_l 三者中,只有两个是任意的,所余者要由式(2.12)来确定。

这种约束关系还可以采取另外的形式。这时如将式(2.7)中的 C_l、C_t、C_v 值代回式(2.12),便得

$$\frac{v't'}{l'} = \frac{v''t''}{l''}$$

或

$$\frac{vt}{l} = 不变量 \tag{2.13}$$

同理,在研究式(2.6)时,可得

$$\frac{C_f C_t}{C_m C_v} = C = 1 \tag{2.14}$$

或

$$\frac{ft}{mv} = 不变量 \tag{2.15}$$

式(2.13)、式(2.15)所示的综合数群 $\dfrac{vt}{l}$ 和 $\dfrac{ft}{mv}$ 都是不变量,它们反映出了物理相似的数量特征,因此我们用一个形象的名词来称呼它们,叫作相似准则。

注意,这里给予相似准则的概念是"不变量"而非"常量",这是因为相似准则这一综合数群只有在相似现象的对应点和对应时刻上才相等。以式(2.13)为例,即

$$\begin{cases} \dfrac{v_1't_1'}{l_1'} = \dfrac{v_1''t_1''}{l_1''} \\[2mm] \dfrac{v_2't_2'}{l_2'} = \dfrac{v_2''t_2''}{l_2''} \end{cases} \tag{2.16}$$

如果用微分方程说明这一现象,取同一现象的不同点,则由其物理变化过程的不稳定性可得

$$\begin{cases} \dfrac{v_1't_1'}{l_1'} \neq \dfrac{v_2't_2'}{l_2'} \\[2mm] \dfrac{v_1''t_1''}{l_1''} \neq \dfrac{v_2''t_2''}{l_2''} \end{cases} \tag{2.17}$$

所以,相似准则只能说成是不变量,不能说成是常量,而相似第一定理也因此表述为:对于相似现象,其相似准则的数值相同。

同时还要注意:相似准则从概念上说与相似常数是不同的,二者虽然都是无量纲量,但存在着意义上的区别。相似常数是指在一对相似现象的所有对应点和对应时刻上,有关参量均保持其比值不变,而当此对相似现象被另一对相似现象替代时,尽管参量相同,

这一比值却不同了。

以最简单的平面三角形为例,它的三条边具有同样的长度量纲。现设存在三个相似的平面三角形 A、B、C,它们构成三对相似现象 A-B、B-C 和 A-C。设各三角形的底边长分别为 4 cm、3 cm、2 cm,则第一对相似现象的相似常数为 $\dfrac{4}{3}$,第二对为 $\dfrac{3}{2}$,第三对为 2,即 $(C_l)_{A\text{-}B} \neq (C_l)_{B\text{-}C} \neq (C_l)_{A\text{-}C}$。

与相似常数不同,相似准则是指一个现象中的某一量(无量纲综合数群),它在该现象的不同点上具有不同的数值,但当这一现象转变为与它相似的另一现象时,则在相对应点和相对应时刻上保持相同的数值。

这是容易理解的:对于任意两个相似现象,如果把每一个相似常数都理解为代表着某一物理量在特定情况下的相似系数,则在该特定情况下,只有把所有代表单一物理量的相似系数总和在一起,才能准确表示该系统的相似准则。也就是说,该相似常数为此相似准则的某一相似点。由于这个点只能是一个点,而相似准则所得数值也仅仅只同这一相似点相符,故不能将此值扩展到这两个现象另外的相似点上。

相似准则与相似常数比较,其重要性在于它是综合地而不是个别地反映单个因素的影响,所以能更清楚地显示出过程的内在联系。

工程上常为一些特殊领域中具有重要影响的相似准则命名,如力学中有牛顿数,流体力学中有雷诺数、弗鲁德数、欧拉数等,热力学中有贝克莱数、努谢尔特数等。

当用相似第一定理指导模型研究时,首先是导出相似准则,然后在模型试验中测量所有与相似准则有关的物理量,借此推断原型的性能。但这种测量与单个物理量泛泛的测量不同。由于它们均处于同一准则之中,故在几何相似得以保证的条件下,可以找到各物理量相似常数间的倍数(或比例)关系。模型试验中的测量以有限试验点的测量结果为依据,充分利用这种倍数(或比例)关系,而不着眼于测取各物理量的大量具体数值。

对于一些微分方程已知且方程形式简单的物理现象[如式(2.5)、式(2.6)所示现象],要找出它们的相似准则并不困难,其规律为 $v = \dfrac{\mathrm{d}l}{\mathrm{d}t} \Rightarrow \dfrac{vt}{l}$,$f = m\dfrac{\mathrm{d}v}{\mathrm{d}t} \Rightarrow \dfrac{ft}{mv}$。但当微分方程无从知道,或者微分方程已经知道但很复杂时,导出相似准则就要有相应的方法。

当现象的相似准则数超过一个时,问题的讨论便进入了相似第二定理的范畴。

2.2.2　相似第二定理(π 定理)

相似第二定理(π 定理)是埃德加·白金汉(Edgar Buckingham)在 1914 年提出来的。这个定理的提出使量纲分析的完整学说得到发展,为模型理论的科学发展奠定了科学基础。

相似第二定理是十分重要的。但是,在它的指导下,模型试验结果能否正确推广,关键又在于是否正确地选择了与现象有关的参量。对于一些复杂的物理现象,由于缺乏微分方程的指导,就更是如此。

相似第二定理或 π 定理可表述为:设一物理系统有 n 个物理量,其中有 k 个物理量的量纲是相互独立的,那么这 n 个物理量可表示成相似准则 $\pi_1, \pi_2, \cdots, \pi_{n-k}$ 之间的函数

关系。按此定理可得

$$f(\pi_1, \pi_2, \cdots, \pi_{n-k}) = 0 \tag{2.18}$$

式(2.18)称作准则关系式或 π 关系式,式中的相似准则称作 π 项。

因为对彼此相似的现象,在对应点和对应时刻上相似准则都保持同值,所以它们的 π 关系式也应当是相同的。用下标"p"(prototype)和"m"(model)分别表示原型(或相似第一现象)和模型(或相似第二现象),则 π 关系式分别为

$$f(\pi_1, \pi_2, \cdots, \pi_{n-k})_p = 0$$
$$f(\pi_1, \pi_2, \cdots, \pi_{n-k})_m = 0 \tag{2.19}$$

其中,

$$\begin{cases} \pi_{1m} = \pi_{1p} \\ \pi_{2m} = \pi_{2p} \\ \cdots\cdots \\ \pi_{(n-k)m} = \pi_{(n-k)p} \end{cases} \tag{2.20}$$

以后的讨论中,习惯将表示原型的下标"p"略去。

式(2.20)的意义在于说明如果把某现象的试验结果整理成如式(2.20)所示的无量纲的 π 关系式,则该关系式便可推广到与它相似的所有其他现象上去。在推广的过程中,由式(2.20)可知,并不需要列出各 π 项间真正的关系方程(不论该方程被发现与否)。

π 定理是可以证明的。严格地说,式(2.18)所示的 π 关系式可完整地表示为

$$f\left(\pi_1, \pi_2, \cdots, \pi_{n-k}, \overbrace{1, 1, \cdots, 1}^{k\uparrow}\right) = 0 \tag{2.21}$$

而当有 j 个物理量 $x_1, x_2, \cdots, x_j$ 为无量纲参量时(如摩擦系数 μ、各种角度 θ 等),式(2.21)应完整地表示为

$$f\left(\pi_1, \pi_2, \cdots, \pi_{n-k-j}, x_1, x_2, \cdots, x_j, \overbrace{1, 1, \cdots, 1}^{k\uparrow}\right) = 0 \tag{2.22}$$

π 关系式中的 π 项在模型试验中有自变和因变之分。设在式(2.21)、式(2.22)中因变的 π 项为 π_1,则可将这两式改写为

$$\pi_1 = f(\pi_2, \pi_3, \cdots, \pi_{n-k}) \tag{2.23}$$

$$\pi_1 = f(\pi_2, \pi_3, \cdots, \pi_{n-k-j}, x_1, x_2, \cdots, x_j) \tag{2.24}$$

人们在实践中也常把 $x_1, x_2, \cdots, x_j$ 视作 π 项,于是 π 关系式(2.22)、式(2.24)又恢复到如式(2.18)、式(2.23)所示的形式。

换句话说,就是把 π 定理所指的 n 个物理量理解成全部有量纲的和无量纲的物理量的总和。

如果一个现象同时存在两个本质上一致的因变 π 项 π_1 和 π_2(如土壤-机器系统中的阻力 π 项和沉降 π 项),则式(2.23)可改写为

$$\begin{cases} \pi_1 = f(\pi_3, \pi_4, \cdots, \pi_{n-k}) \\ \pi_2 = f(\pi_3, \pi_4, \cdots, \pi_{n-k}) \end{cases} \tag{2.25}$$

同理,如果同时存在三个本质上一致的因变 π 项,则式(2.23)可改写为

$$\begin{cases} \pi_1 = f(\pi_4, \pi_5, \cdots, \pi_{n-k}) \\ \pi_2 = f(\pi_4, \pi_5, \cdots, \pi_{n-k}) \\ \pi_3 = f(\pi_4, \pi_5, \cdots, \pi_{n-k}) \end{cases} \qquad (2.26)$$

注意:一个以上的因变 π 项不能同时写在一个等式里,只能归纳写成

$$\begin{cases} \pi_1, \pi_2 = f(\pi_3, \pi_4, \cdots, \pi_{n-k}) \\ \pi_1, \pi_2, \pi_3 = f(\pi_4, \pi_5, \cdots, \pi_{n-k}) \end{cases} \qquad (2.27)$$

由于式(2.23)~式(2.26)等号右侧的 π 项均为自变 π 项,则每个 π 项中必定要有一个区别于其他 π 项的独立变量,因此自变 π 项又可称为独立 π 项,因变 π 项又可称为非独立 π 项。

设在相似第一现象和相似第二现象中,各独立 π 项经过人为控制变得两两相等,则由于因变 π 项(或非独立 π 项)间存在着直接的换算关系,式(2.23)中与 π_1 相对应的 π_{1m}(或式(2.25)中与 π_1、π_2 相对应的 π_{1m}、π_{2m},式(2.26)中与 π_1、π_2、π_3 相对应的 π_{1m}、π_{2m}、π_{3m})便可作为模型试验中预测原型性能的依据,或以此取得工程设计所需的各种数据。

式(2.18)代表了相似第二定理的关系,具有将实验结果向同类相似现象推广的功能。它是一个由多元的物理函数关系

$$f_2(s_1, s_2, \cdots, s_n) = 0 \qquad (2.28)$$

转化而来的少元、具有无量纲项的准则关系式。该关系式使得试验次数较以前大为减少,从而大大简化了试验过程。

现在来粗浅解释能使变量由多元的 n 个降至少元的 $(n-k)$ 个的本质原因。如同在相似第二定理定义中提到的,k 是量纲相互独立的物理量的数目。但就其意义来说,k 应理解为能从 n 个物理量中一次提出的量纲相互独立的物理量的最大数目,其值应等于同系统中基本量纲的数目(基本量纲具有相互独立的性质)。在一般工程系统中,基本量纲通常有三种,即长度量纲 $[L]$、力量纲 $[F]$(或质量量纲 $[M]$)以及时间量纲 $[T]$。但根据具体情况,有时可使基本量纲数从范畴意义上最大发展到六个:

(1)在量纲系统中再加入一个温度量纲 $[\Theta]$。根据气体动力学理论,气体的绝对温度是分子运动的平均动能,即温度量纲从属于其他基本量纲。但如果问题不直接涉及分子运动情况(如工程流体力学问题和一般的热力学、热工学问题),便可将温度选作基本量纲。

(2)同时采用力量纲 $[F]$ 和质量量纲 $[M]$。一般来说,基本量纲 $[F]$ 和 $[M]$ 由于受牛顿第二定律的约束,不是相互独立的,只能二者择一。但是,如果在所讨论的特定问题中,不需要使用牛顿第二定律或允许忽略掉重力场的影响,$[F]$ 和 $[M]$ 就相互独立了,可以同时用作基本量纲。

(3)如果在所讨论的问题中,不需要考虑热能和机械能的转换,即二者之间无须用焦耳定律联系起来,则可再增加一个热量量纲 $[Q]$。

从通常的概念上来说,温度与热是相互关联的。故有了温度量纲,便可不再选择热量作为基本量纲,反之亦然。但有时根据需要,把二者同时用作基本量纲也是可以的,并不会给结果带来任何矛盾,这是因为二者单位有显著区别,可视为相互独立。

除了以上六个基本量纲,还存在着将每个基本量纲本身加以扩充的可能性(例如将长度量纲$[L]$扩充为三个坐标轴方向的量纲$[x]$、$[y]$、$[z]$),从而使总的基本量纲数超出六个。

现在,假设值已定。k 值不论指的是物理量还是基本量纲,二者都具有量纲相互独立的性质。所谓量纲相互独立,是指任何两个物理量(或基本量纲)的代数结合(即代数转变,如乘、除、改变指数等)都不能产生第三个物理量的量纲(或第三个基本量纲)。这里,基本量纲的这种关系是明显的,无须赘述。对于物理量,可以举例说明。例如长度量纲$[L]$、速度量纲$[LT^{-1}]$和能量量纲$[ML^2T^{-2}]$三者是彼此独立的。因为相乘时,$[L] \cdot [LT^{-1}] \neq [ML^2T^{-2}]$,$[LT^{-1}] \cdot [ML^2T^{-2}] \neq [L]$,$[L] \cdot [ML^2T^{-2}] \neq [LT^{-1}]$。同理,相除或改变指数也都一样,无法建立等式。反之,如果将三个物理量改为长度、速度和加速度,则三者的量纲便不再是相互独立的,因为这时 $\{[L] \cdot [LT^{-2}]\}^{\frac{1}{2}} = [LT^{-1}]$。

k 值的含义如此,我们就来简单设想 $n=k$ 的特殊情况。这时由于所有参量的量纲都是相互独立的,故其自身便无法构成任一无量纲组合或相似准则(否则,如何将其量纲消去?)。用数学式表达,亦即此时相似准则数为$(n-k=0)$个。这是一种重要设想,因为它反过来说明,当 $k<n$ 时,相似准则数有可能是$(n-k)$个。

实际上,由于某种事前难以估计的原因,相似准则数也有大于$(n-k)$个的时候。一般来说,最多大出一个,这说明基本量纲中有一个是不起作用的。为了科学地说明问题,最好借助量纲矩阵,通过矩阵求出子行列式不为零的最高阶数——秩数,则该秩数便为 k 值。

将基本量纲与同一次提出的、量纲相互独立的物理量相比,用基本量纲说明问题较为方便,故一般提到的 k 值多指基本量纲。

与基本量纲对应的是导出量纲。导出量纲是由基本量纲推导出来的。因此,包括量纲相互独立的物理量在内,只要量纲是组合的,都是导出量纲。

证明 设有一物理过程,它包含 n 个正的、不消失的(即不等于零的)物理量,且构成如下面所示的函数关系:

$$f_1(s_1, s_2, \cdots, s_k, s_{k+1}, \cdots, s_{n-1}, s_n) = 0 \qquad (2.29)$$

或

$$s_n = f_2(s_1, s_2, \cdots, s_k, s_{k+1}, \cdots, s_{n-1}) \qquad (2.30)$$

其中,前 k 项假定为一次提出的独立变量。故如前述,k 的值一般小于或等于基本量纲的数目或量纲矩阵的秩数。

根据假定,如用下列符号代表前 k 项变量的量纲:

$$[s_1] = A_1, [s_2] = A_2, \cdots, [s_k] = A_k \qquad (2.31)$$

则其余$(n-k)$个变量的量纲可以看成是前 k 项变量量纲的函数,即

$$\begin{cases} [s_n] = A_1^{p_1} A_2^{p_2} \cdots A_k^{p_k} \\ [s_{k+1}] = A_1^{q_1} A_2^{q_2} \cdots A_k^{q_k} \\ \cdots\cdots \\ [s_{n-1}] = A_1^{r_1} A_2^{r_2} \cdots A_k^{r_k} \end{cases} \qquad (2.32)$$

式中，$A_1,A_2,\cdots,A_k$ 为各独立变量的具体测量单位,如厘米、秒、米/秒、公斤、千克米、巴、克/厘米³、转/分、秒/转,等等;$p_1,p_2,\cdots,p_k,q_1,q_2,\cdots,q_k,r_1,r_2,\cdots,r_k$ 为所讨论物理量与第 i 个基本物理量之间的相关指数。

现将前 k 项变量分别乘以某一倍数 $a_1,a_2,\cdots,a_k$,可得

$$\begin{cases} s_1' = a_1 s_1 \\ s_2' = a_2 s_2 \\ \cdots\cdots \\ s_k' = a_k s_k \end{cases} \tag{2.33}$$

根据式(2.33)、式(2.31),可得

$$\begin{cases} [s_1'] = [a_1 s_1] = a_1 A_1 = A_1' \\ [s_2'] = [a_2 s_2] = a_2 A_2 = A_2' \\ \cdots\cdots \\ [s_k'] = [a_k s_k] = a_k A_k = A_k' \end{cases} \tag{2.34}$$

式中,$[s_1'],[s_2'],\cdots,[s_k']$ 为各独立变量的新量纲;$A_1',A_2',\cdots,A_k'$ 为各独立变量新的测量单位。

因此,其余 $(n-k)$ 项变量的新量纲便相应地变为

$$\begin{cases} [s_n'] = a_1^{p_1} a_2^{p_2} \cdots a_k^{p_k} [s_n] \\ [s_{k+1}'] = a_1^{q_1} a_2^{q_2} \cdots a_k^{q_k} [s_{k+1}] \\ \cdots\cdots \\ [s_{n-1}'] = a_1^{r_1} a_2^{r_2} \cdots a_k^{r_k} [s_{n-1}] \end{cases} \tag{2.35}$$

举例来说,$[s_n']$ 项可这样导出:

$$\begin{aligned} [s_n'] &= (A_1')^{p_1} (A_2')^{p_2} \cdots (A_k')^{p_k} \\ &= (a_1 A_1)^{p_1} (a_2 A_2)^{p_2} \cdots (a_k A_k)^{p_k} \\ &= a_1^{p_1} a_2^{p_2} \cdots a_k^{p_k} (A_1^{p_1} A_2^{p_2} \cdots A_k^{p_k}) \\ &= a_1^{p_1} a_2^{p_2} \cdots a_k^{p_k} [s_n] \end{aligned}$$

其余以此类推。

将式(2.35)进行等效转换,可得其余 $(n-k)$ 项变量与式(2.33)相应的倍数关系为

$$\begin{cases} s_n' = a_1^{p_1} a_2^{p_2} \cdots a_k^{p_k} s_n \\ s_{k+1}' = a_1^{q_1} a_2^{q_2} \cdots a_k^{q_k} s_{k+1} \\ \cdots\cdots \\ s_{n-1}' = a_1^{r_1} a_2^{r_2} \cdots a_k^{r_k} s_{n-1} \end{cases} \tag{2.36}$$

式(2.33)及式(2.36)中的 $s_1',s_2',\cdots,s_k',s_{k+1}',\cdots,s_{n-1}',s_n'$ 构成了物理过程经过改造的、新的变元系列。它们满足以下函数关系:

$$s_n' = f(s_1',s_2',\cdots,s_k',s_{k+1}',\cdots,s_{n-1}') \tag{2.37}$$

或

$$a_1^{p_1} a_2^{p_2} \cdots a_k^{p_k} s_n = f(a_1 s_1, a_2 s_2, \cdots, a_k s_k, a_1^{q_1} a_2^{q_2} \cdots a_k^{q_k} s_{k+1}, \cdots, a_1^{r_1} a_2^{r_2} \cdots a_k^{r_k} s_{n-1}) \tag{2.38}$$

注意:式(2.38)中的 $a_1,a_2,\cdots,a_k$ 是任意的,不论选择何值都不会影响该式的成立。

这样，为了减少式中的变元数目，可令

$$\begin{cases} a_1 = \dfrac{1}{s_1} \\ a_2 = \dfrac{1}{s_2} \\ \cdots\cdots \\ a_k = \dfrac{1}{s_k} \end{cases} \tag{2.39}$$

将式(2.39)代入式(2.38)，便得式(2.38)的改造形式：

$$\frac{s_n}{s_1^{p_1} s_2^{p_2} \cdots s_k^{p_k}} = f\left(\overbrace{1,1,\cdots,1}^{k\uparrow}, \frac{s_{k+1}}{s_1^{q_1} s_2^{q_2} \cdots s_k^{q_k}}, \cdots, \frac{s_{n-1}}{s_1^{r_1} s_2^{r_2} \cdots s_k^{r_k}}\right) \tag{2.40}$$

这里，k 个"1"说明前 k 项变量的量纲都是"零指数"的。当基本量纲为$[L]$、$[F]$、$[T]$时，零指数为$[L^0 F^0 T^0]$；当基本量纲为$[L]$、$[M]$、$[T]$时，零指数为$[L^0 M^0 T^0]$。其余以此类推。

根据量纲齐次性（或因次和谐）原理，一个能完善、正确地反映物理过程的数学方程，必定是量纲齐次（或因次和谐）的。因此对照式(2.40)中的前 k 项量纲为"零指数"，即无量纲的特征，其余的$(n-k)$项也必定是无量纲的，这时把它们叫作相似准则或 π 项。

设式(2.40)中

$$\frac{s_n}{s_1^{p_1} s_2^{p_2} \cdots s_k^{p_k}} = \pi_1 \tag{2.41}$$

则必定有

$$\frac{s_{k+1}}{s_1^{q_1} s_2^{q_2} \cdots s_k^{q_k}}, \cdots, \frac{s_{n-1}}{s_1^{r_1} s_2^{r_2} \cdots s_k^{r_k}} = \pi_2, \cdots, \pi_{n-k} \tag{2.42}$$

将式(2.41)、式(2.42)代入式(2.40)，便得 π 定理的最后表达式为

$$\pi_1 = f(\pi_2, \pi_3, \cdots, \pi_{n-k}) \tag{2.43}$$

根据式(2.40)，也可以直接证明其余的$(n-k)$项也是无量纲的。下面以 $\dfrac{s_n}{s_1^{p_1} s_2^{p_2} \cdots s_k^{p_k}}$ 项为例进行说明。

将式(2.31)代入式(2.32)，得

$$[s_n] = A_1^{p_1} A_2^{p_2} \cdots A_k^{p_k} = [s_1]^{p_1} [s_2]^{p_2} [s_k]^{p_k} \tag{2.44}$$

因 $[s_n], [s_1], [s_2], \cdots, [s_k]$ 分别为参量 $s_n, s_1, s_2, \cdots, s_k$ 的量纲，故根据式(2.44)，比值 $\dfrac{s_n}{s_1^{p_1} s_2^{p_2} \cdots s_k^{p_k}}$ 必定是无量纲的，此即为式(2.43)中的 π_1。其余各项可同理推演。

2.2.3　相似第三定理(相似逆定理)

相似第三定理可表述为：对于同一类物理现象，如果单值量相似，而且由单值量所组成的相似准则在数值上相等，则现象相似。单值量是指单值条件中的物理量，而单值条件是将一个个别现象从同类现象中区分开来，即将现象群的通解(由分析代表该现象群的微分方程或方程组得到)转变为特解的具体条件。单值条件包括几何条件(或空间条件)、介

质条件(或物理条件)、边界条件和起始条件(或时间条件)。现象的各种物理量实质上都是由单值条件引出的。下面以流体为例说明各种单值条件的意义:

(1)几何条件——许多具体现象都发生在一定的几何空间内,所以参与过程的物体的几何形状和大小就应作为一个单值条件提出。例如,流体在管内流动,应给出管径 d 和管长 l 的具体数值(即特解,后同)。

(2)介质条件——许多具体现象都是在具有一定物理性质的介质参与下进行的,所以参与过程的介质物理性质应列为一种单值条件。例如,根据流体运动时的可压缩性程度以及温度特征,应给出介质密度 ρ、黏度 μ 的具体数值或物理参数随温度而变的函数关系。

(3)边界条件——许多具体现象都必然受到与其直接为邻的周围情况的影响,因此发生在边界的情况也是一种边界条件。例如,管道内流体的流动现象直接受进口、出口处流速大小及其分布的影响,因此应给出进口、出口处流速的平均值及其分布规律,而在不等温流动情况下,还应给出进口、出口处温度的平均值及其分布规律。

(4)起始条件——许多物理现象,其发展过程直接受起始状态的影响。就流体而言,流速、温度、介质性质于开始时刻在整个系统内的分布及特点直接影响以后的过程。因此除稳定过程外,都要把起始条件当作单值条件加以考虑。

需要说明的是,不一定每一种现象都会用到这四种单值条件,这要由现象的具体情况来确定。

由于相似第三定理直接同代表具体现象的单值条件相联系,并且强调了单值量相似,所以就显示出它在科学上的严密性。因为它既照顾到了单值量变化的特征,又不会遗漏掉重要的物理量。

如前所述,相似第一定理是从现象已经相似的这一事实出发来考虑问题的,它说明的是相似现象的性质。设有两个现象相似,它们都符合点运动的微分方程 $v=\dfrac{\mathrm{d}l}{\mathrm{d}t}$。如果这时从三维空间找出如图 2.5 所示的两组相似曲线(实线),便得

$$\frac{v_1' t_1'}{l_1'} = \frac{v_1'' t_1''}{l_1''}$$

$$\frac{v_2' t_2'}{l_2'} = \frac{v_2'' t_2''}{l_2''}$$

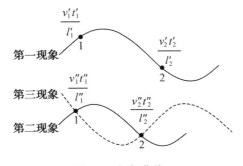

图 2.5　相似曲线

在图 2.5 中,"1""2"为两个现象的对应点(空间对应和时间对应)。现在,设想通过第二现象的点 1 和点 2,找出同类现象中的另一现象——第三现象,如图 2.5 中的虚线所示。显然,由于代表第二、第三现象的曲线并不重合,故第三现象与第一现象并不相似,说明通过点 1、点 2 的现象并不都是相似现象。为了使通过点 1 和点 2 的现象相似,必须从单值条件上加以限制。例如,在这种情况下,可考虑加入如下起始条件:$t=0$ 时,$v=0$,$l=0$。这样,既有起始条件的限制,又有由单值量组成的相似准则(vt/l)值的一致,两个现象便必定走向相似。

由此看来,同样是 vt/l 值相等,相似第一定理未必能保证现象的相似,而相似第三定理从单值条件上对它进行补充,保证了现象的相似。因此,相似第三定理是构成现象相似的充要条件,并且严格来说,它也是一切模型试验应遵循的理论指导原则。

但在一些复杂现象中,很难确定现象的单值条件,仅能凭借经验判断何谓系统最主要的参量。虽然知道单值量,但很难做到使模型和原型由单值量组成的某些相似准则在数值上的一致,例如在对汽车模型做风洞试验时,其单值量(如气压、温度、湿度等)的数值很难做到与汽车实际行驶时的同类数值成恰当比例,因此相似准则的数值常难以吻合。这就使得相似第三定理难以真正实行,并因而使模型试验结果带有近似的性质。

同理,如果相似第二定理中各 π 项所包含的物理量并非来自某类现象的单值条件,或者说参量的选择很可能不够全面、正确,则当将 π 关系式所得的实验结果加以推广时,自然也就难以得出准确的结论。

这个事实反过来说明,离开对参量(特别是主要参量)的正确选择,相似第二定理便失去了它存在的价值。在对一些复杂的物理现象(如土壤-机器系统)做相似分析时,总是把希望寄托在参量的正确选择上。但即使这样,也往往难以做到。

2.3　相似准则的推导方法

作为相似第二定理的补充,必须找到相似准则的导出方法。

相似准则的导出方法有三种:定律分析法、方程分析法和量纲分析法。从理论上说,三种方法可以得出同样的结果,只是用不同的方法来对物理现象(或过程)做数学上的描述。下面分别说明它们的特点:

(1)定律分析法要求人们对所研究的现象充分运用已经掌握的全部物理定律,并能辨别其主次。一旦这个要求得到满足,问题的解决并不困难,而且还可获得数量足够的、反映现象实质的 π 项。这种方法的缺点是:①流于就事论事,看不出现象的变化过程和内在联系,故作为一种方法缺乏典型意义。②由于必须找出全部物理定律,所以对于未能全部掌握其机理的、较为复杂的物理现象,运用这种方法是不可能的,甚至无法找到它的近似解。③常常会有一些物理定律,对于所讨论的问题表面看上去关系并不密切,但又不宜妄加剔除,而必须通过实验找出各个定律间的制约关系,决定哪个定律对解决问题来说是重要的,因此实际上给问题的解决带来了不便。

(2)方程分析法所说的方程主要是指微分方程,此外还有积分方程、积分-微分方程,它们统称为数理方程。这种方法的优点是：①结构严密，能反映对现象来说最为本质的物理定律，故在解决问题时结论可靠。②分析过程程序明确，分析步骤易于检查。③各种成分的地位比较明显，有利于推断、比较和校验。但是，也要考虑到：①在方程尚处于建立阶段时，需要人们对现象的机理有很深入的认识。②在有了方程以后，由于运算上的困难，也并非任何时候都能找到它的完整解，或者只能在一定假设条件下找出它的近似解，从而在某种程度上失去了它原来的意义。

（3）量纲分析法是在研究现象相似性问题的过程中，对各种物理量的量纲进行考察时产生的。它的理论基础是关于量纲齐次方程的数学理论。一般来说，用于说明物理现象的方程都是齐次的，这也是 π 定理得以通过量纲分析导出的基础。但 π 定理一经导出，便不再局限于带有方程的物理现象。此时根据正确选定的参量，通过量纲分析法考察其量纲，可求得和 π 定理一致的函数关系式，并据此进行相似现象的推广。量纲分析法的这个优点，对于一切机理尚未彻底弄清、规律也未充分掌握的复杂现象来说，尤其明显。它能帮助人们快速地通过相似性试验核定所选参量的正确性，并在此基础上不断加深人们对现象机理和规律性的认识。

以上三种方法中，方程分析法和量纲分析法目前应用较为广泛，其中又以量纲分析法为最。量纲分析法是解决近代工程技术问题的重要手段之一。与方程分析法相比：凡是能用量纲分析法的地方，未必能用方程分析法；在能用方程分析法的地方，必定能用量纲分析法（只要参量选择正确）。定量分析法也在许多场合下得到采用，并且有时还显得十分方便。在相似分析中，并不排除将各种方法综合使用的可能性。

2.3.1　定律分析法

2.3.1.1　前提与条件

对于一个现象，若要利用定律分析法导出其相似准则，前提是现象必须有可能利用这种方法解决问题。而在由"可能"变为"现实"的过程中，则需要考虑如何正确地选择物理定律。开始时，由于人们对现象机理的认识不足，可以先预想一些适用于现象的物理定律，对它们作出某种假设，然后通过试验验证它们对现象的适用程度。这就有必要在同样物理定律的指导下，将模型试验结果同原型所得结果加以比较，确定那些在模型和原型上能很好地取得一致的物理定律，把它们作为适用的物理定律加以肯定。对于陌生的物理现象，这个过程常常需要反复地进行，直至找到对现象适用且全部必要的物理定律。

例如，当研究吊桥在风力作用下的振动时，常常要经过这样的探索过程：开始时先假定振动是由桥的惯性力、弹力和风压间的相互作用引起的，忽略掉风作用于吊桥的黏滞力。然后据此建造模型桥并做相应试验。如果试验结果与原型吊桥一致，则上述假设成立。否则，说明黏滞力可能起着更为重要的作用。这就需要作出新的假设，并将所有假设公式化，直到模型试验结果与原型所得结果取得很好的一致。

但要注意，适用于现象的任何物理定律都不是孤立的，各个物理定律表现在同一现象上有着密切的联系。只有在总体效果上满足相似性要求时，才能说其中的某个定律是适用的。

适用的物理定律并不一定都是主要的。为了简化试验过程，突出主要矛盾，暴露现象本质,还应通过试验剔除一些次要的物理定律。

2.3.1.2 相似准则的导出

例1 假定做 6 kg 烤肉需要花费 3 h,问用同一温度的炉子做 3 kg 烤肉,需要花费多少时间?(设两个肉块的外形相似)

解:支配这一现象的物理定律是热传导以及由热量积蓄所引起的温度升高。

(1)传给每单位质量肉的热量可按如下物理定律计算:

$$Q_k = kA \frac{\theta}{l} t \xrightarrow{A \triangleq l^2} kl\theta t \tag{2.45}$$

(2)温度升高时,每单位质量肉内积蓄的热量可按如下物理定律计算:

$$Q_c = c\rho V\theta \xrightarrow{V \triangleq l^3} c\rho l^3 \theta \tag{2.46}$$

式中,k 为导热率 $[L^{-1}T^{-1}Q\Theta^{-1}]$;$\theta$ 为温度 $[\Theta]$;c 为比热 $[L^2T^{-2}\Theta^{-1}]$;ρ 为密度 $[L^{-5}T^2Q]$;t 为时间 $[T]$;l 为长度 $[L]$;A 为面积 $[L^2]$;V 为体积 $[L^3]$。

式(2.45)、式(2.46)中符号"$\triangleq$"的意义为"等效于",在相似分析中,允许做这种处理。

根据式(2.45)、式(2.46),可得两个 π 项分别为 $\pi_k = \dfrac{Q_k}{kl\theta t}$,$\pi_c = \dfrac{Q_c}{c\rho l^3 \theta}$。但对本例而言,简单而有用的 π 项为两个热量之比,即

$$\pi = \frac{Q_k}{Q_c} = \frac{kt}{c\rho l^2} \tag{2.47}$$

分析本例,要使 6 kg 和 3 kg 的烤肉现象相似,式(2.47)所示的 π 项在相似第一现象和相似第二现象中必须保持同值,即 $\pi_p = \pi_m$。此处下标"p"相当于重 6 kg 的原型,下标"m"相当于重 3 kg 的模型。如前所述,下标"p"常被省略。

以具体参量表示 π_p、π_m,可得

$$\frac{kt}{c\rho l^2} = \frac{k_m t_m}{c_m \rho_m l_m^2} \tag{2.48}$$

由于肉的种类相同,亦即 $c = c_m$,$\rho = \rho_m$,$k = k_m$,故上式变为

$$\frac{t}{t_m} = \left(\frac{l}{l_m}\right)^2 \tag{2.49}$$

将 $t = 3$,$l/l_m = \sqrt[3]{W/W_m} = \sqrt[3]{6/3} = \sqrt[3]{2}$ 代入上式,可得

$$t_m = 3\sqrt[3]{(1/2)^2} \approx 2$$

即用同一温度的炉子做 3 kg 烤肉需 2 h。

本例也可以用其他两种办法(方程分析法、量纲分析法)求解,以显示出几种方法间的本质联系。但由于种种原因,并不是所有现象都能同时用三种方法进行解答。

就本例而言,当用方程分析法时,可先根据由傅里叶定律所导出的热传导方程和热容量定律来建立方程

$$\frac{\rho c}{k} \cdot \frac{\partial \theta}{\partial t} = \frac{\partial^2 \theta}{\partial x^2} + \frac{\partial^2 \theta}{\partial y^2} + \frac{\partial^2 \theta}{\partial z^2} \tag{2.50}$$

然后求出如式(2.47)所示的相似准则。

当用量纲分析法求解此例时,其有关参量有 l、t、k、c、ρ(θ 可不作为参量,因为炉子可

保持恒温)5 个,而基本量纲有 $[L]$、$[T]$、$[Q]$、$[\Theta]$ 4 个。据此可求得如式(2.47)所示的相似准则。

例 2　建立一个模型,以预测原型梁自由振动的衰减时间。(设两个梁几何相似)

解:由于梁的振动过程与弹性力、惯性力以及内摩擦力有关,故在本例中应利用这三方面的物理定律。

(1)弹性力可由胡克定律描述。如果忽略掉泊松比的影响,则应力与应变间的关系服从下式:

$$\sigma = E\varepsilon \tag{2.51}$$

式中,σ 为应力;E 为弹性模量;ε 为应变。

(2)惯性力在任一微元上都是由牛顿第二定律控制的,即

$$\mathrm{d}f = \mathrm{d}m \cdot a \tag{2.52}$$

式中,f 为力;m 为质量;a 为加速度。

(3)内摩擦力表示成单位容积在每周期内的能量损失时,可假定与最大应力 $\sigma_{\max}$ 的三次幂成正比,而与频率无关,即

$$\mathrm{d}U = \mathrm{d}V \cdot c \cdot \sigma_{\max}^3 \tag{2.53}$$

式中,$\mathrm{d}U$ 为体积 $\mathrm{d}V$ 在每一个周期内的能量消耗;c 为材料常数。

在相似分析中,通过积分类比法(详见第 2.3.2.2 节)可将式(2.52)、式(2.53)中的微分符号除去,改由特征参量表示,即

$$f \triangleq ma \tag{2.54}$$

$$U \triangleq Vc\sigma^3 \tag{2.55}$$

根据式(2.51)、式(2.54)、式(2.55)可得三个 π 项分别为 $\pi_\sigma = \dfrac{\sigma}{E\varepsilon}$,$\pi_f = \dfrac{f}{ma}$,$\pi_U = \dfrac{U}{Vc\sigma^3}$,$\pi$ 项的这三种形式很难用于指导真正的模型设计,只有把它们都转化成由长度、时间和力所表示的 π 项,才能对解决本例的问题有利。这时

$$\sigma = E\varepsilon \xrightarrow{\ \sigma \triangleq f/l^2\ } f \triangleq l^2 E\varepsilon \tag{2.56}$$

$$f \triangleq ma \xrightarrow[a \triangleq l/t^2]{m \triangleq \rho V, V \triangleq l^3} f \triangleq \rho \frac{l^4}{t^2} \tag{2.57}$$

$$U \triangleq Vc\sigma^3 \xrightarrow[U \triangleq fl]{\sigma \triangleq f/l^2, V \triangleq l^3} f \triangleq \frac{l^2}{\sqrt{c}} \tag{2.58}$$

上面三个公式中,只有式(2.57)带有时间参量 t,故将该式除以式(2.56)或式(2.58),便得两个有用的 π 项,即

$$\pi_1 = \frac{\rho l^2}{E\varepsilon t^2}, \quad \pi_2 = \frac{\rho l^2 \sqrt{c}}{t^2} \tag{2.59}$$

由于模型梁与原型梁几何相似,故应控制住 $\varepsilon_m = \varepsilon$。同时,由于两个梁取相同材料,即 $\rho_m = \rho$,$E_m = E$,$c_m = c$,故按二梁 π 值(π_1 及 π_2)相等的原则,可得

$$\frac{t}{t_m} = \frac{l}{l_m} \text{ 或 } t = \left(\frac{l}{l_m}\right) t_m = C_l t_m \tag{2.60}$$

式(2.60)的意义在于说明,如果测得模型梁振动的衰减时间为 t_m,则只需将该值乘以

原型、模型间的几何缩尺比例 $C_l(C_l=l/l_m)$，便可用于预测原型梁振动的衰减时间 t。

本例如用其他两种方法求解，条件同样具备。但方程分析法必须首先列出方程，而量纲分析法必须首先找出正确的物理参量。

2.3.1.3 剔除多余物理定律的根据

对于例 2，由式(2.56)、式(2.58)各自除以式(2.57)所得的相似准则分别为 π_1，π_2［见式(2.59)］，在模型、原型采取同样材料的情况下都能得到如式(2.60)所示的结果，说明这三个定律在现象上是相互联系的，而现象选择这三个定律也是正确的。但我们应看到，为求解本例，式(2.56)与式(2.58)所代表的物理定律中有一个是多余的。显然，只有充分掌握现象机理，才能在一开始就排除这一多余的物理定律，使问题的分析过程简化。

实际上，剔除多余物理定律的意义不单单表现在分析过程的简化上。更多的时候，采取这种做法的必要性是从现象的本质或客观的效果上来理解的。下面举出若干实例：

(1)在一些低温现象中，热辐射作用十分次要，所以忽略热的辐射定律是可靠的。

(2)在某些类型的振动结构中，重力对固有频率的影响太小，重力定律可不作考虑。

(3)对于一些胶状物质，其内表面以及伴随着内表面而来的表面力都很大。在此情况下，亚微观颗粒的质量显得过小，可忽略不计。

(4)在运转过程中，液力变扭器的内部介质(液体)处于紊流状态，故液体的黏滞性定律可以不作考虑。

(5)车辆在撞击过程中，轮胎与地面的摩擦力比车辆的惯性力小得多，故忽略有关前者的物理定律是可靠的。

(6)当轮式越野车横向越过起伏不平的地面时，若采取较低车速，使车体振动频率不超出 10 Hz，则悬挂质量和非悬挂质量可视为一个整体，可将弹簧-阻尼系统的作用忽略。

(7)土壤-机器系统相似性的研究通常都着眼于系统在宏观上的整体效果，而不考虑土壤质点间以及轮胎质点间相互作用的微观影响。因此，土壤的粒度和弹性、轮胎的迟滞损失等都可当作次要成分予以忽略。

(8)大多数结构问题都不考虑诸如倒角、焊缝、凹槽、铆钉孔等对相似性研究所产生的影响，而仅着眼于结构的整体特征。

(9)研究爆炸成形问题时，由于总的爆炸能量直接影响着模拟效果，故爆炸的时间流程常被忽略。

(10)由于宇宙飞船的舱壁很薄，故当研究其热特性时，常不考虑壁厚和材料的影响，并把问题由三维简化为二维，采取与此相应的定律。

此外，借助于剔除多余的(或次要的)物理定律，常常还能帮助人们避免相似分析中出现的矛盾，从而使参量缩尺和模型试验成为可能。以流体的稳定流动为例，液体的稳定流动是被两个定律支配的，即牛顿的惯性定律和牛顿液体的黏滞性定律。这两个定律用在液体的稳定流动中，模型试验的相似性要求(或模型设计条件)不会出现矛盾。但若因运动状态的变化而必须加入其他定律时(例如研究船只行驶阻力时需加入重力定律)，情况就会发生变化。为了避免在这种情况下必然会出现的矛盾，常常根据具体情况，忽略掉上述两个定律中的一个。例如，液体的紊流运动主要受惯性力的支配，故反映黏滞力的黏滞性定律可作为次要物理定律加以剔除；反之，当液体做层流运动时，黏滞力的作用大于惯性力,故反映惯性力的惯性定律可作为次要定律而忽略。

在研究船只行驶阻力时,问题是这样处理的:把行驶阻力看成是船体阻力和兴波阻力之和,再对二者进行独立的研究。这时前者被认为主要受黏滞性定律和惯性定律的支配,即仅与雷诺数有关;后者被认为主要受惯性定律和重力定律的支配,即仅与弗鲁德数有关。显然,由于二者使用的定律都不存在矛盾,故最后能通过二者结果的叠加来求得问题的解。

飞机的风洞试验也具有与上述相仿的特点,但多了一个绝热气体压缩定律。这时为了避免出现相似分析中的矛盾,人们曾经考虑用运动黏度很小的水代替空气,但因要求水的流速过高,存在令人担心的技术问题,故只得作罢。人们也考虑过对空气增压以降低空气的流动速度,而同时又不致给声速和动力黏度带来很大影响,但伴随着增压而来的是风洞类装置的质量更大,价格更为昂贵,因此也缺乏现实意义而不得不求助于其他近似模拟方法。

2.3.2 方程分析法

用方程分析法来决定相似准则的方法有相似转换法和积分类比法。

2.3.2.1 相似转换法

本小节以弹簧-质量-阻尼系统为例介绍相似转换法的步骤,弹簧-质量-阻尼系统如图 2.6 所示。假定位移 y 是时间 t 的函数,系统中共有 7 个变量,如表 2.1 所示。

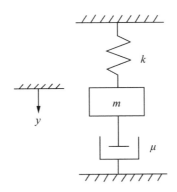

图 2.6 弹簧-质量-阻尼系统

表 2.1 弹簧-质量-阻尼系统所含变量

变量	量纲	变量	量纲
位移 y	L	初始速度 v_0	LT^{-1}
质量 m	$FL^{-1}T^2$	初始距离 y_0	L
阻尼系数 μ	$FL^{-1}T$	时间 t	T
弹簧刚度 k	FL^{-1}		

(1)写出现象的基本方程。在本例中,质量的位移是由动力学微分方程来描述的,方程形式如下:

$$m \frac{\mathrm{d}^2 y}{\mathrm{d}t^2} + \mu \frac{\mathrm{d}y}{\mathrm{d}t} + ky = 0 \tag{2.61}$$

(2)写出全部单值条件,并令其在两个现象上相似,因此可得各参量的相似常数为:

考虑物理条件相似时:

$$\frac{m''}{m'} = C_m, \quad \frac{\mu''}{\mu'} = C_\mu, \quad \frac{k''}{k'} = C_k \tag{2.62}$$

考虑边界条件相似时:

$$\frac{y''}{y'} = C_y, \quad \frac{t''}{t'} = C_t \tag{2.63}$$

考虑起始条件相似时(此时 $t=0$):

$$\frac{v_0''}{v_0'} = C_{v_0}, \quad \frac{y_0''}{y_0'} = C_{y_0} \tag{2.64}$$

(3)将微分方程按不同现象写出:

$$m' \frac{\mathrm{d}^2 y'}{\mathrm{d}t'^2} + \mu' \frac{\mathrm{d}y'}{\mathrm{d}t'} + k'y' = 0 \tag{2.65}$$

$$m'' \frac{\mathrm{d}^2 y''}{\mathrm{d}t''^2} + \mu'' \frac{\mathrm{d}y''}{\mathrm{d}t''} + k''y'' = 0 \tag{2.66}$$

(4)进行相似转换,即将式(2.66)中所有带"″"的参量都按式(2.62)~式(2.64)所示关系用带有符号"′"的参量置换。这时式(2.66)变为

$$\frac{C_m C_y}{C_t^2} m' \frac{\mathrm{d}^2 y'}{\mathrm{d}t'^2} + \frac{C_\mu C_y}{C_t} \mu' \frac{\mathrm{d}y'}{\mathrm{d}t'} + C_k C_y k'y' = 0 \tag{2.67}$$

作相似转换时,为了保持基本微分方程式(2.65)和式(2.66)的一致性,式(2.67)各项的系数必须彼此相等,即

$$\frac{C_m C_y}{C_t^2} = \frac{C_\mu C_y}{C_t} = C_k C_y \tag{2.68}$$

故得两个相似指标的方程如下:

$$\frac{C_m C_y}{C_t^2} = \frac{C_\mu C_y}{C_t} \Rightarrow \frac{C_\mu C_t}{C_m} = 1 \tag{2.69}$$

$$\frac{C_m C_y}{C_t^2} = C_k C_y \Rightarrow \frac{C_k C_t^2}{C_m} = 1 \tag{2.70}$$

另一相似指标方程要通过分析起始条件建立,即当 $t=0$ 时

$$\frac{\mathrm{d}y}{\mathrm{d}t} = v_0, \quad y = y_0 \tag{2.71}$$

若这时考虑相似第一现象和相似第二现象,可得

$$\frac{\mathrm{d}y'}{\mathrm{d}t'} = v_0', \quad y' = y_0' \tag{2.72}$$

$$\frac{\mathrm{d}y''}{\mathrm{d}t''} = v_0'', \quad y'' = y_0'' \tag{2.73}$$

再进行相似转换,得到

$$\left.\begin{array}{c}\dfrac{C_y}{C_t}=C_{v_0}\\[2mm]C_y=C_{y_0}\end{array}\right\}\Rightarrow\dfrac{C_{v_0}C_t}{C_{y_0}}=1 \tag{2.74}$$

(5)将式(2.62)~式(2.64)所表示的相似常数代入式(2.69)、式(2.70)、式(2.74),即可求得相似准则式:

$$\frac{\mu't'}{m'}=\frac{\mu''t''}{m''}=\frac{\mu t}{m}=\text{不变量} \tag{2.75}$$

$$\frac{k't'^2}{m'}=\frac{k''t''^2}{m''}=\frac{kt^2}{m}=\text{不变量} \tag{2.76}$$

$$\frac{v_0't'}{y_0'}=\frac{v_0''t''}{y_0''}=\frac{v_0t}{y_0}=\text{不变量} \tag{2.77}$$

此处,$\dfrac{\mu t}{m}$、$\dfrac{kt^2}{m}$、$\dfrac{v_0t}{y_0}$ 即为独立的相似准则。

2.3.2.2　积分类比法

积分类比法是一种比较简单的办法,一般都用它来代替相似转换法。积分类比法可按下述步骤进行:

(1)写出现象的基本方程(或方程组)及其全部单值条件,方法同前。

(2)用方程中的任一项除其他各项(对于类似的项,如 $v_x\dfrac{\partial v_x}{\partial x}$、$v_y\dfrac{\partial v_y}{\partial y}$、$v_z\dfrac{\partial v_z}{\partial z}$ 等,可只取其中一项。在本章所给实例中,不存在这个问题),故得

$$\frac{\text{第二项}}{\text{第一项}}=\frac{\mu\dfrac{dy}{dt}}{m\dfrac{d^2y}{dt^2}} \tag{2.78}$$

$$\frac{\text{第三项}}{\text{第一项}}=\frac{ky}{m\dfrac{d^2y}{dt^2}} \tag{2.79}$$

(3)将各项中涉及的导数用相应量比值,即所谓的积分类比来代替。也就是说,将所有微分符号去掉,仅留下量本身的比值,在本章所给实例中,就是以 $\dfrac{y}{t}$ 替换 $\dfrac{dy}{dt}$,以 $\dfrac{y}{t^2}$ 替换 $\dfrac{d^2y}{dt^2}$,这时由式(2.78)、式(2.79)可得

$$\frac{\mu\dfrac{y}{t}}{m\dfrac{y}{t^2}}=\frac{\mu t}{m}=\text{不变量} \tag{2.80}$$

$$\frac{ky}{m\dfrac{y}{t^2}}=\frac{kt^2}{m}=\text{不变量} \tag{2.81}$$

如果某现象的某物理量沿各轴有微分分量,则只取一个轴上的分量,而该微分分量又用参量的总量代替。例如,三微分分量 $\dfrac{\partial v_x}{\partial x}$、$\dfrac{\partial v_y}{\partial y}$、$\dfrac{\partial v_z}{\partial z}$ 的统一代替参量是 $\dfrac{v}{l}$。

(4)根据本章实例,由式(2.80)、式(2.81)所示的相似准则,由于只利用了物理和边界两种单值条件的参量,故为利用起始条件,可另立如下公式,即当 $t=0$ 时

$$\frac{\mathrm{d}y}{\mathrm{d}t} = v_0 \tag{2.82}$$

$$y = y_0 \tag{2.83}$$

对式(2.82)进行积分类比,可得

$$\frac{v_0}{y/t} = \frac{v_0 t}{y} = 不变量 \tag{2.84}$$

而由式(2.83),则可得因变 π 项为 $\dfrac{y}{y_0}$。

(5)至此,各 π 项全部求得。π 关系式为

$$\frac{y}{y_0} = f_1\left(\frac{\mu t}{m}, \frac{k t^2}{m}, \frac{v_0 t}{y}\right) \tag{2.85}$$

式(2.85)给出的 π 关系式并不合理,因为在自变 π 项中 $\dfrac{v_0 t}{y}$ 带有待测因变参量 y,不利于模型试验的进行。为此可将式(2.83)所示值代入该 π 项,使之改换成 $\dfrac{v_0 t}{y_0}$,而 π 的关系式也因此变为

$$\frac{y}{y_0} = f_2\left(\frac{\mu t}{m}, \frac{k t^2}{m}, \frac{v_0 t}{y_0}\right) \tag{2.86}$$

比较式(2.85)、式(2.86),可知前者的因变 π 项 $\dfrac{y}{y_0}$ 与自变 π 项 $\dfrac{v_0 t}{y}$ 的乘积即为后者的自变 π 项 $\dfrac{v_0 t}{y_0}$。由此得出结论:因变 π 项同样可以参与各 π 项的代数转变。

但更多的时候,因变 π 项参与代数转变的目的是改造自身的形式,使之对模型试验有利。

积分类比法需要从理论上阐明的一个问题是:为什么导数可用相应量的比值替代?因为在此之前,这个问题仅仅从相似常数的角度引出,并未触及问题本质。

设现象有两个同类参量 y_1、y_2,则若两个现象相似,可得

$$\frac{y_1'}{y_1''} = \frac{y_2'}{y_2''} = C_y = 常数 \tag{2.87}$$

根据比例的性质,又得

$$\frac{y_1' + y_2'}{y_1'' + y_2''} = \frac{y_2' - y_1'}{y_2'' - y_1''} = \frac{\Delta y'}{\Delta y''} = C_y = 常数 \tag{2.88}$$

由于常量的极限值就等于其自身,因此

$$\lim_{\Delta y \to 0}\left(\frac{\Delta y'}{\Delta y''}\right) = \frac{\mathrm{d}y'}{\mathrm{d}y''} = C_y = 常数 \tag{2.89}$$

联系式(2.87)、式(2.89),便得

$$\frac{\mathrm{d}y'}{\mathrm{d}y''} = \frac{y'_1}{y''_1} = \frac{y'_2}{y''_2} = \frac{y'}{y''} \tag{2.90}$$

现在把问题扩大到现象中两个相异参量 y、t 间的一次微分关系。根据式(2.90)所得结果,可知两个相异参量应满足

$$\frac{\mathrm{d}y'}{\mathrm{d}y''} = \frac{y'}{y''}, \qquad \frac{\mathrm{d}t'}{\mathrm{d}t''} = \frac{t'}{t''} \tag{2.91}$$

将两式相除,得

$$\frac{\mathrm{d}y'}{\mathrm{d}y''} : \frac{\mathrm{d}t'}{\mathrm{d}t''} = \frac{y'}{y''} : \frac{t'}{t''}$$

或

$$\frac{\mathrm{d}y'}{\mathrm{d}t'} : \frac{\mathrm{d}y''}{\mathrm{d}t''} = \frac{y'}{t'} : \frac{y''}{t''} \tag{2.92}$$

式(2.92)说明,对于相似现象,当对各参量作相似比较时,$\dfrac{\mathrm{d}y}{\mathrm{d}t}$ 的效果与 $\dfrac{y}{t}$ 一致。故在微分方程中,当遇有微分符号时,可直接将此符号除去。

我们再把问题发展到 y、t 的二次微分关系。此时为作相似比较,可按同理推得

$$\frac{\mathrm{d}^2 y}{\mathrm{d}t^2} = \frac{\mathrm{d}\left(\dfrac{\mathrm{d}y}{\mathrm{d}t}\right)}{\mathrm{d}t} = \frac{\mathrm{d}\left(\dfrac{y}{t}\right)}{\mathrm{d}t} = \frac{\dfrac{y}{t}}{t} = \frac{y}{t^2} \tag{2.93}$$

这就是说,推导物理现象的相似准则时,对于特征量的任意阶导数都可以用相应特征量的比值(即积分类比)来代替。当方程中有积分存在时,积分要用被积式来代替。这是因为,积分运算并不影响相似准则的形式和数目。例如,在相似分析中,积分式 $\int F(x)\mathrm{d}x$ 和微分式 $F(x)\mathrm{d}x$ 的效果从意义上说是一样的,故可将积分符号去除,使积分问题变成可以使用积分类比法的微分问题。

2.3.3 量纲分析法

2.3.3.1 量纲系统的转换

在研究量纲分析法之前,先要弄清楚量纲系统的转换。如果基本量纲按最常见的情况取为三种,则可得如下量纲系统:FLT 系统或 MLT 系统。前者又称力系统,后者又称质量系统。力系统和质量系统中的量纲 $[F]$ 和量纲 $[M]$,可按牛顿第二定律转换。

例如,牛顿第二定律的表达式为

$$f = ma \tag{2.94}$$

如以力 f 的量纲 $[F]$、质量 m 的量纲 $[M]$、加速度 a 的量纲 $[LT^{-2}]$ 代入式(2.94)中,则可得量纲间的转换关系为

$$[F] = [MLT^{-2}] \tag{2.95}$$

或

$$[M] = [FL^{-1}T^2] \tag{2.96}$$

一些常用物理参量在按不同系统表达时的量纲形式如表 2.2 所示。

表 2.2　常用物理量的量纲表示

物理量	力系统	质量系统	物理量	力系统	质量系统
力	F	MLT^{-2}	面荷载	FL^{-2}	$ML^{-1}T^{-2}$
质量	$FL^{-1}T^2$	M	位移	L	L
长度	L	L	力矩	FL	ML^2T^{-2}
时间	T	T	功	FL	ML^2T^{-2}
面积	L^2	L^2	应力	FL^{-2}	$ML^{-1}T^{-2}$
体积	L^3	L^3	内聚力	FL^{-2}	$ML^{-1}T^{-2}$
容重	FL^{-3}	$ML^{-2}T^{-2}$	弹性模量	FL^{-2}	$ML^{-1}T^{-2}$
速度	LT^{-1}	LT^{-1}	内摩擦角	$F^0L^0T^0$	$M^0L^0T^0$
加速度	LT^{-2}	LT^{-2}	泊松比	$F^0L^0T^0$	$M^0L^0T^0$
角度	$F^0L^0T^0$	$M^0L^0T^0$	应变	$F^0L^0T^0$	$M^0L^0T^0$
角速度	T^{-1}	T^{-1}	截面抗弯模量	L^3	L^3
线荷载	FL^{-1}	MT^{-2}	截面惯性矩	L^4	L^4
转动惯量	FLT^2	ML^2	功率	FLT^{-1}	ML^2T^{-3}

一般来说,工程问题的量纲系统以力系统较为常见,但质量系统也在不少场合下出现。它们的选择取决于量纲分析和物理量测量上的方便程度。

2.3.3.2　量纲方程及其作用

如前所述,量纲分析法较之其他两种方法(定律分析法、方程分析法)具有十分明显的优点。这些优点得以实现的前提在于正确地选择参数,或者对于现象的机理要有深刻的认识。

当人们使用量纲分析法时,发现这种方法本身所具备的一些特点在一定程度上和一定条件下又可以用来弥补这种方法在正确选择参数上可能存在的某些不足,从而改进人们对一些现象的认识,加深人们对现象本质的了解,提高人们的分析、判断能力,并得出较为符合客观实际的结论。

量纲分析法的这种特点是通过"量纲方程"来表现或说明的。量纲方程是量纲分析法的核心,以物理方程(不论掌握与否)的齐次性作为其依据。例如,式(2.94)所代表的牛顿第二定律就是一个已经为人们所掌握的物理方程。通过这个方程,人们很容易找到如式(2.95)、式(2.96)所示的量纲方程,尽管这两个公式又同时代表量纲间的转换关系。

但是,量纲方程的真正作用表现在物理方程尚未掌握的时候。下面以自由落体的运动情况为例说明这种作用。

（1）量纲方程能根据正确选择的参量建立起带未知系数的、供相似分析用的物理方程。

例 3　某一个物体在时间 t 内自由落体落下的距离为 S，试写出它的一般方程。

解：解这道题的关键是确定影响因变量 S 的因素。如果正确地选择了时间 t 和重力加速度 g 作为这种因素，即 $S = f(g, t)$，则物理方程的形式应该是

$$S = c_s g^{c_1} t^{c_2} \tag{2.97}$$

式中，c_s 为无量纲系数，待定。

将各参量的量纲代入上式，得

$$[L] = [LT^{-2}]^{c_1} [T]^{c_2} \tag{2.98}$$

根据方程量纲齐次的原则,式(2.98)的左、右侧应具有相同的量纲，故

$$\begin{cases} L : 1 = c_1 \\ T : 0 = -2c_1 + c_2 \end{cases} \tag{2.99}$$

解方程(2.99)，得

$$c_1 = 1, \quad c_2 = 2$$

故自由落体的一般方程为

$$S = c_s g t^2 \tag{2.100}$$

（2）剔除被多余考虑的物理量。

例 4　若某一物体自由落体所经历的距离 S 随物体的质量 W、所经历的时间 t 及重力加速度 g 而变，试写出它的一般方程式。

解：物理方程的形式为

$$S = c_s W^{c_1} t^{c_2} g^{c_3} \tag{2.101}$$

将各参量的量纲代入，可得

$$[L] = [F]^{c_1} [T]^{c_2} [LT^{-2}]^{c_3} \tag{2.102}$$

根据方程量纲齐次的原则，可解得

$$c_1 = 0, \quad c_2 = 2, \quad c_3 = 1$$

故自由落体的一般方程为

$$S = c_s g t^2 \tag{2.103}$$

从本例可以看出,这里质量的指数等于零,说明自由落体经历的距离不随质量而变。由于质量被自动剔除，故所得结果与式(2.100)相同。

（3）当正确的物理量被忽略时，能给以判断。

例 5　若某一物体自由落体所经历的距离 S 仅与时间 t 有关，试写出它的方程。

解：物理方程的形式为

$$S = c_s t^{c_1} \tag{2.104}$$

根据方程量纲齐次的原则，可知此处

$$\begin{cases} L : 1 = 0 \\ T : 0 = c_1 \end{cases} \tag{2.105}$$

从式(2.105)可以看出，$1=0$ 说明方程有错误；$c_1=0$ 说明与原假定不符。这些都造成方程无法求解，其原因在于原方程略去了正确的参量 g。

（4）减少方程的未知量数目，从而使试验工作得到简化。

例 6 若某一物体自由落体所经历的距离 S 与初速度 v_0、时间 t 和重力加速度 g 有关，试写出它的关系方程式。

解：物理方程的形式为

$$S = c_s v_0^{c_1} t^{c_2} g^{c_3} \tag{2.106}$$

将各参量的量纲代入，可得

$$[L] = [LT^{-1}]^{c_1} \ [T]^{c_2} \ [LT^{-2}]^{c_3} \tag{2.107}$$

根据方程量纲齐次的原则，可知此时

$$\begin{cases} L:1 = c_1 + c_3 \\ T:0 = -c_1 + c_2 - 2c_3 \end{cases} \tag{2.108}$$

式(2.108)代表两个方程、三个未知数，故无法解出 c_1、c_2、c_3 的具体值。因此只能用一个指数表示其他两个指数，即

$$\begin{cases} c_1 = 1 - c_3 \\ c_2 = 1 + c_3 \end{cases} \tag{2.109}$$

将式(2.109)代入式(2.106)得

$$S = c_s v_0^{1-c_3} t^{1+c_3} g^{c_3}$$

整理后得

$$S = c_s v_0 t \left(\frac{gt}{v_0}\right)^{c_3} \tag{2.110}$$

式(2.110)与式(2.106)相比，由于用两个未知数代替了四个未知数，结构显然更合理。

系数 c_s 和 c_3 可由试验确定（通过两次试验）。根据自由落体试验结果，可知 $c_3 = 1$，$c_s = \dfrac{1}{2} + \dfrac{v_0}{gt}$。将 c_s 和 c_3 代入式(2.110)，便得所求的物理方程为

$$S = v_0 t + \frac{1}{2} g t^2 \tag{2.111}$$

当 $v_0 = 0$ 时，由于 $c_s = \dfrac{1}{2}$，$c_3 = 1$，故式(2.110)亦适用于例 3、例 4，即其方程为 $S = \dfrac{1}{2} g t^2$。

显然，以上例题中，例 3、例 4 的 π 项为 $\dfrac{gt^2}{S}$，例 5 无 π 项，例 6 的 π 项为 $\dfrac{v_0 t}{S}$ 和 $\dfrac{gt^2}{S}$。π 项不需把系数考虑在内，因相似现象的系数值必定是一致的。

与自由落体现象相类似的还有小振荡的钟摆和深水（区）表面波等现象，它们具有与自由落体一样的变量和项，但具有不同的物理含义。如用 $t = K (l/g)^{1/2}$ 表示三者的通式（其中 t 为自由落体的下落时间或另外两个现象的周期；l 为自由落体的下落距离或钟摆的摆长、深水表面波的波长），则物理常数 K 对三种现象而言分别为 $2^{1/2}$、2π 以

及 $(2\pi)^{1/2}$。

从三种现象的对比中不难看出,量纲分析法由于着眼于量纲分析或量纲方程,因此具有比方程分析法更为明显的优点。三种现象中,尽管参量相同,由于从相似理论的角度看问题,它们不属于同一类型的现象,故从概念上必须分别加以分析、推导,并且有时需要通过试验决定各自有别于其他现象的常数,在此基础上才去谈同类现象的推广。这正是方程分析法的特点所在。但在量纲分析法中,我们感兴趣的首先是现象的参量。同时,量纲分析法的落脚点不在于求得方程而在于求得相似准则,所以只要正确确定了参量,便可找到用于相似推广的 π 项或 π 关系式。而这种推广并不局限于同类现象。也就是说,三现象因其参量相同,可以用一种现象的规律去预测另一种现象的规律。

2.3.3.3　相似准则的导出

当用量纲分析法决定相似准则时,只需知道现象所包含的物理量即可。但是,当物理量很多时,π 项的数目也会多起来,决定它们并不容易。为此,这里介绍一种新的推导方法,这种推导方法具有普遍意义。为了进行比较,仍从简单的、具有单一项的例子说起。

（1）自由落体例,同例 3。

参量为 S、g、t,如果参量选择得正确,则相似准则可取如下形式:

$$\pi = S^a g^b t^c \tag{2.112}$$

将量纲代入式(2.112),可得

$$[\pi] = [L^0 T^0] = [L]^a [LT^{-2}]^b [T]^c \tag{2.113}$$

分析式(2.113)可得

$$\begin{cases} L: a + b = 0 \\ T: -2b + c = 0 \end{cases} \tag{2.114}$$

式(2.114)代表两个方程、三个未知数,故无法解出 a、b、c 的具体值。为此需设定其中一个值。若设 $a = -1$,可得 $b = 1$,$c = 2$,代入式(2.112)便得所求 π 项为

$$\pi = \frac{gt^2}{S} \tag{2.115}$$

也可以将 a 设为其他值。例如,当 $a = 1$ 时,$b = -1$,$c = -2$,代入式(2.112)便得

$$\pi' = \frac{S}{gt^2} = \pi^{-1} \tag{2.116}$$

π' 仍是相似准则。

（2）质点的力学方程例,同相似第一定理。

参量为 f、m、v、t,如果参量选择得正确,则相似准则可取如下形式:

$$\pi = f^a m^b v^c t^d \tag{2.117}$$

将量纲代入式(2.117),可得

$$[\pi] = [M^0 L^0 T^0] = [MLT^{-2}]^a [M]^b [LT^{-1}]^c [T]^d \tag{2.118}$$

分析式(2.118)可得

$$\begin{cases} M: a + b = 0 \\ L: a + c = 0 \\ T: -2a - c + d = 0 \end{cases} \tag{2.119}$$

式(2.119)代表三个方程、四个未知数,故无法解出 a、b、c、d 的具体值。为此需设定其中一个值。若设 $a=1$,可得 $b=-1$,$c=-1$,$d=1$,代入式(2.119)便得所求 π 项为

$$\pi = \frac{ft}{mv} \tag{2.120}$$

也可以设 a 为其他值,但不会改变相似准则的实质。

以上两个例子虽然都符合相似第二定理关于相似准则数的论述,如(1)中 $n-k=3-2=1$,(2)中 $n-k=4-3=1$。但有时也有例外,即在某现象中有一基本量纲本不起作用,但在量纲分析开始时却考虑了它。

这里问题的关键,是要判断式(2.114)或式(2.119)的各方程是不是相互独立的。为了科学地判断它们的独立性,要利用线性代数中矩阵的"秩"的概念。如设前面两个例子中量纲矩阵的秩数为 r,则相似准则的数目便为 $n-r$。前面曾说过,矩阵的秩数 r 应恰好等于起作用的基本量纲的数目 k。

2.4 模拟试验常用的相似准则

2.4.1 常规模拟试验相似准则

以均质连续介质的弹性力学数学模型为例,其平衡方程为

$$\sigma_{ij} + X_j = \rho \frac{\partial^2 u_i}{\partial t^2} \quad (i,j=1,2,3) \tag{2.121}$$

式中,σ_{ij} 为总应力张量;X_j 为体积力张量;ρ 为密度;t 为时间;u_i 为位移张量。

对于式(2.121),结合其几何方程、物理方程,消去应力、变形分量可得到只包含位移分量的方程,即

$$\begin{cases} G\nabla^2 u + (\lambda+G)\dfrac{\partial e}{\partial x} + X = \rho\dfrac{\partial^2 u}{\partial t^2} \\[2mm] G\nabla^2 v + (\lambda+G)\dfrac{\partial e}{\partial y} + Y = \rho\dfrac{\partial^2 v}{\partial t^2} \\[2mm] G\nabla^2 w + (\lambda+G)\dfrac{\partial e}{\partial z} + Z = \rho\dfrac{\partial^2 w}{\partial t^2} \end{cases} \tag{2.122}$$

式中,$\nabla^2 = \dfrac{\partial^2}{\partial x^2} + \dfrac{\partial^2}{\partial y^2} + \dfrac{\partial^2}{\partial z^2}$,为拉普拉斯算子符号;$G = \dfrac{E}{2(1+\mu)}$,为剪切弹性模量;$\lambda = \dfrac{\mu E}{(1+\mu)(1-2\mu)}$,为拉梅常数;$e = \dfrac{\partial u}{\partial x} + \dfrac{\partial v}{\partial y} + \dfrac{\partial w}{\partial z}$,为体积应变;$X$、$Y$、$Z$ 分别为三个方向的体积力;u、v、ω 分别为三个方向的位移分量。

上述方程对原型(′)及模型(″)均适用。设 $G'=C_G G''$,$E'=C_E E''$,$x'=C_l x''$,$\lambda'=C_\lambda \lambda''$,$e'=C_e e''$,$u'=C_u u''$,$X'=C_\gamma X''$;$\rho'=C_\rho \rho''$,$t'=C_t t''$。同时,$\dfrac{\partial e'}{\partial x'} = \dfrac{1}{C_l}\dfrac{\partial e''}{\partial x''}$,$\nabla^2 u' = \dfrac{C_u}{C_l^2}\nabla^2 u''$,

$\dfrac{\partial^2 u'}{\partial t'^2} = \dfrac{C_u}{C_t^2} \dfrac{\partial^2 u''}{\partial t''^2}$。将上述关系代入原型方程(2.122)的第一个方程,得

$$C_G G'' \dfrac{C_u}{C_l^2} \nabla^2 u'' + C_\lambda \lambda'' \dfrac{C_e}{C_l} \dfrac{\partial e''}{\partial x''} + C_G G'' \dfrac{C_e}{C_l} \dfrac{\partial e''}{\partial x''} + C_\gamma X'' = C_\rho \rho'' \dfrac{C_u}{C_t^2} \dfrac{\partial^2 u''}{\partial t''^2}$$

因原型与模型均符合式(2.122),所以有

$$C_G \dfrac{C_u}{C_l^2} = C_\lambda \dfrac{C_e}{C_l} = C_G \dfrac{C_e}{C_l} = C_\gamma = C_\rho \dfrac{C_u}{C_t^2}$$

设 $\psi_1 = C_G \dfrac{C_u}{C_l^2}$,$\psi_2 = C_\lambda \dfrac{C_e}{C_l}$,$\psi_3 = C_G \dfrac{C_e}{C_l}$,$\psi_4 = C_\gamma$,$\psi_5 = C_\rho \dfrac{C_u}{C_t^2}$,由此可以推出:

(1)模型相似:由 $\psi_2 = \psi_3$ 得 $C_G = C_\lambda$。

(2)几何相似:由 $\psi_1 = \psi_3$ 得 $C_u = C_e C_l$。因变形后其几何仍要相似,即只有 $C_e = 1$,则有 $C_u = C_l$。

(3)重力相似:由 $\psi_3 = \psi_4$ 得 $C_G C_e = C_\gamma C_l$,由于 $C_G = C_E$,$C_e = 1$,则 $C_E = C_\gamma C_l$。

(4)应力相似:由 $C_\sigma = C_E C_e$ 得 $C_\sigma = C_\gamma C_l$。当等效孔隙压系数等于1时,$\sigma_{ij} = \bar{\sigma}_{ij} + \delta p$,则 $C_p = C_l C_\gamma$,即水压力相似。

(5)惯性力(时间)相似:由 $\psi_1 = \psi_5$ 得 $C_G \dfrac{C_u}{C_l^2} = C_\rho \dfrac{C_u}{C_t^2}$,由 $C_G = C_E$ 得 $C_t = C_l \sqrt{\dfrac{C_\rho}{C_E}}$。又由 $\psi_4 = \psi_5$ 得 $C_\gamma = C_\rho \dfrac{C_u}{C_t^2}$,而 $C_\gamma = C_\rho C_g$,且重力场内 $C_g = 1$,结合 $C_u = C_e C_l$ 得 $C_t = \sqrt{C_e C_l}$。当 $C_e = 1$ 时,有 $C_t = \sqrt{C_l}$。

(6)外载荷相似:$C_h = C_\gamma C_l^3$。

2.4.2　流-固耦合模拟试验相似准则

以均质连续介质的流-固耦合数学模型为例[27-28],渗透方程为

$$K_x \dfrac{\partial^2 p}{\partial^2 x} + K_y \dfrac{\partial^2 p}{\partial^2 y} + K_z \dfrac{\partial^2 p}{\partial^2 z} = S \dfrac{\partial p}{\partial t} + \dfrac{\partial e}{\partial t} + W \tag{2.123}$$

式中,K_x、K_y、K_z 分别为三个坐标方向的渗透系数,$K_x = K_y = K_z$;p 为水压力;S 为贮水系数;e 为体积应变;W 为源汇项。

平衡方程为

$$\sigma_{ij} + X_j = \rho \dfrac{\partial^2 u_i}{\partial t^2} \tag{2.124}$$

式中,σ_{ij} 为总应力张量;X_j 为体积力张量;ρ 为密度。

有效应力方程为

$$\sigma_{ij} = \bar{\sigma}_{ij} + \alpha \delta p \tag{2.125}$$

式中,$\bar{\sigma}_{ij}$ 为有效应力张量;α 为比奥(Biot)有效应力系数;δ 为克罗内克(Kronrcker)记号。

式(2.123)~式(2.125)组成了均匀连续介质的流-固耦合方程。显然,流-固耦合数学模型是在弹性力学数学模型的基础上,增加了渗透方程、有效应力方程。因此,流-固耦合相似准则仅需在常规模型试验相似准则的基础上,增加与流体相关的相似准则即可。

对于式(2.123)，可设 $K_x=K_y=K_z=K$，且有 $K'=C_K K''$，$S'=C_S S''$，$W'=C_W W''$，$x'=C_l x''$，$y'=C_l y''$，$z'=C_l z''$。

代入式(2.123)，可得

$$\frac{C_K C_p}{C_x^2}K''\frac{\partial^2 p''}{\partial x''^2}+\frac{C_K C_p}{C_y^2}K''\frac{\partial^2 p''}{\partial y''^2}+\frac{C_K C_p}{C_z^2}K''\frac{\partial^2 p''}{\partial z''^2}$$
$$=C_S S''\frac{C_p}{C_t}\frac{\partial p''}{\partial t''}+\frac{C_e}{C_t}\frac{\partial e''}{\partial t''}+C_W W'' \tag{2.126}$$

与原型相比，应有

$$\frac{C_K C_p}{C_x^2}=\frac{C_K C_p}{C_y^2}=\frac{C_K C_p}{C_z^2}=C_S\frac{C_p}{C_t}=\frac{C_e}{C_t}=C_W \tag{2.127}$$

由于 $C_e=1$，$C_p=C_\gamma C_l$，$C_t=\sqrt{C_l}$，$C_x=C_y=C_z=C_l$，所以有：

(1)源汇项相似：$C_W=\dfrac{1}{\sqrt{C_l}}$。

(2)贮水系数相似：$C_S=\dfrac{1}{C_\gamma\sqrt{C_l}}$。

(3)渗透系数相似：$C_K=\dfrac{\sqrt{C_l}}{C_\gamma}$。

2.4.1 节和 2.4.2 节中的相似准则即为流-固耦合模拟试验相似准则。

2.4.3　固气耦合模拟试验相似准则

由相似定理可知，首先应确定模型所需的数学模型及相关参数，采用已经推导出的数学模型来确定相似条件。此处以煤与瓦斯突出相似准则的建立为例进行讲解。

煤与瓦斯突出是能量积聚、转移和释放的过程。近年来，能量观点被越来越多的学者重视。文光才[29]、王刚[30]、胡千庭[31]等均提出了能量模型并得到了良好的验证。能量模型既能构建突出潜能与突出耗能的关系，又概括了煤与瓦斯突出的整个过程。因此，能量模型是推导煤与瓦斯突出相似准则的有效途径。本节在胡千庭[31]推导的能量方程思路的基础上重新推导了能量方程，使其能够使用相似变换法处理。式(2.128)为煤与瓦斯突出能量方程的无量纲方程形式。

$$\frac{\pi(1-2\mu)\sigma_0^2 R_P^3}{E}\int_{\frac{L}{2R_P}}^{1}\left[\left(\frac{R_{P1}}{R_P}\right)^3-1+\frac{k^2(1+\mu)}{2(1-2\mu)\sigma_0^2}\left(1-\frac{R_P^3}{R_{P1}^3}\right)\right]\mathrm{d}\cos\varphi+\eta n p_0\ln\left(\frac{p_0}{p_a}\right)V_S$$
$$=\xi\frac{2c\cos\varphi}{10(1-\sin\varphi)}V_S+\frac{1}{2}\rho v^2 V_S \tag{2.128}$$

$$R_P=R_0\left[\frac{3(\sigma_0+c\cot\varphi)(1-\sin\varphi)}{(3+\sin\varphi)c\cot\varphi}\right]^{\frac{1-\sin\varphi}{4\sin\varphi}} \tag{2.129}$$

$$R_{P1}=L\cos\varphi+\sqrt{R_P^2-L^2\sin^2\varphi} \tag{2.130}$$

$$k=-\sigma_0+c\cot\varphi\left[\left(\frac{R_P}{R_0}\right)^{\frac{4\sin\varphi}{1-\sin\varphi}}-1\right] \tag{2.131}$$

$$V_\mathrm{S} = 2\pi \int_0^{\arccos\left(\frac{L}{2R_\mathrm{P}}\right)} \sin\varphi \int_{R_\mathrm{P}}^{L\cos\varphi + \sqrt{R_\mathrm{P}^2 - L^2\sin^2\theta}} r^2 \,\mathrm{d}r\,\mathrm{d}\varphi \tag{2.132}$$

式中, μ 为煤体的泊松比; E 为煤体的弹性模量(MPa); φ 为煤体的内摩擦角(°); c 为煤体的内聚力(MPa); σ_0 为煤层地应力(MPa); ρ 为煤体的密度(t/m³); n 为煤体的孔隙率; v 为突出发生时煤粉涌出速度(m/s); p_a 为大气压力(MPa); p_0 为煤层中的瓦斯压力(MPa); η 为比例系数,表征吸附态瓦斯的作用; ξ 为煤体破碎功比例系数; R_P 为能量释放区半径(m); R_0 为巷道断面半径(m); V_S 为能量释放区体积(m³); $R_{\mathrm{P}1}$、k 为计算参量。

能量方程涉及的物理量很多,包含的计算参量中也包括不少物理量。因此,首先要将计算参量无量纲化处理。

$$\pi(1-2\mu)a^3 \int_{\frac{L}{2aR_0}}^{1} \left\{ \left(\frac{L\cos\varphi}{aR_0} + \sqrt{1 - \frac{L}{aR_0}\sin^2\varphi}\right)^3 - 1 \right.$$

$$+ \frac{1+\mu}{2(1-2\mu)} \left[-1 + \frac{c}{\sigma_0}\cos\varphi\left(a^{\frac{4\sin\varphi}{1-\sin\varphi}} - 1\right)\right]^2$$

$$\left. \times \left[1 - \frac{1}{\frac{L}{aR_0}\cos\varphi + \sqrt{1 - \frac{L}{aR_0}\sin^2\varphi}}\right]^3 \right\} \mathrm{d}\cos\varphi + \frac{\eta n p_0 E}{\sigma_0^2}\ln\left(\frac{p_0}{p_\mathrm{a}}\right)b$$

$$= \frac{b\cos\varphi}{5(1-\sin\varphi)}\frac{cE\xi}{\sigma_0^2} + \frac{b}{2}\frac{\rho V^2 E}{\sigma_0^2} \tag{2.133}$$

$$a = \left[\frac{3(\sigma_0 + c\cot\varphi)(1-\sin\varphi)}{(3+\sin\varphi)c\cos\varphi}\right]^{\frac{1-\sin\varphi}{4\sin\varphi}} \tag{2.134}$$

$$b = 2\pi \int_0^{\arccos\left(\frac{L}{2aR_0}\right)} \sin\varphi \int_a^{\frac{L}{R_0}\cos\varphi + \sqrt{a^2 - \frac{L^2}{R_0^2}\sin^2\varphi}} y^2\,\mathrm{d}y\,\mathrm{d}\varphi \tag{2.135}$$

式中, a、b 为无量纲计算参量。

根据相似原理,式(2.133)中的无量纲系数即为相似准数 $\pi_1' \sim \pi_8'$,即

$$\pi_1' = \frac{\eta n p_0 E}{\sigma_0^2}, \quad \pi_2' = \frac{\xi c E}{\sigma_0^2}, \quad \pi_3' = \frac{\rho v^2 E}{\sigma_0^2}, \quad \pi_4' = \frac{c}{\sigma_0}$$

$$\pi_5' = \frac{p_0}{p_\mathrm{a}}, \quad \pi_6' = \frac{L}{R_0}, \quad \pi_7' = \varphi, \quad \pi_8' = \mu \tag{2.136}$$

要保证试验模型与原型相似,必须满足相似准数对应相等。要保证试验模型和原型在突出过程中能量聚集、转移和释放具有相似性,理论上要满足式(2.136)中 8 个相似准数保持一致。但由于相似准数多,且相似准数间并非独立,例如 π_1' 与 π_5' 均含有瓦斯压力, π_1' 与 π_4' 均含有地应力,因此在设计相似模型时严格满足所有相似准数是很困难的,合理选取相似准数是决定定量模拟试验结果的关键因素。

式(2.136)中相似准数建立的基础是能量方程,为保证能量规律不变,可以依据相似准数对突出潜能的影响大小确定优先需要满足的相似准数。

煤与瓦斯突出发生总能量由弹性能和瓦斯内能构成,而瓦斯内能往往高于弹性能。因此瓦斯内能需要优先满足,即优先满足相似准数 π_1', π_5'; π_4', π_6' 来源于煤体弹性能,其次得到满足; π_7', π_8' 是无量纲量,自动满足; π_3', π_2' 中包含煤粉涌出速率及煤体破碎系数,

是突出发生后的物理量,最后予以考虑。鉴于以上分析,可得到煤与瓦斯突出的相似准数的优选顺序。

用 C 表示比尺,用下标"p"和"m"分别表示原型参数和模型参数。基于上文相似准数的优先顺序可确定相似比尺。在确定相似比尺时,有些物理量的比尺可根据相似准数直接确定,如 π_5' 中仅包含瓦斯压力,这些比尺的确定相对容易。根据相似准数 π_5',可得 $C_p = p_p/p_m = 1:1$,即瓦斯压力比尺为 1。有些相似准数中包含若干物理量,这些比尺的确定相对复杂,如 π_1' 中包含孔隙率比尺、吸附性比尺、弹性模量比尺、应力比尺。需要指出的是,这些相似比尺有若干种组合情况,但只要满足相似准数都能够实现相似性模拟。为了方便模拟试验的进行,需要给出一种既满足相似准数又方便实现的比尺组合。

结合相似材料的性质,孔隙率比尺可选定为 $C_n = n_p/n_m = 1:1$,即孔隙率比尺为 1;吸附性比尺可选定为 $C_\eta = \eta_p/\eta_m = 1:1$,即吸附性比尺为 1。那么根据 π_1',可得 $C_E = C_\sigma^2$,显然这是满足相似准数的。

需要指出的是,相似比尺不能任意选取,必须能够实现。例如,孔隙率比尺选择 1 或吸附性比尺选择 1 的依据需要结合相似材料的研发水平,确保相似材料能够达到比尺的要求。在含瓦斯煤相似材料研制方面,王汉鹏等研发了以腐植酸钠溶液为黏结剂的含瓦斯煤相似材料,该材料的孔隙率和吸附性与原煤十分接近,基本能达到 1:1 的要求,因此这种选择是合理的。

根据相似准数 π_4',可得 $C_c = C_\sigma$;根据相似准数 π_7',π_8',可得 $C_\varphi = \varphi_p/\varphi_m = 1:1$,$C_v = v_p/v_m = 1:1$。

根据相似准数 π_3',当容重比尺(密度比尺)取 $C_\gamma = \gamma_p/\gamma_m = 1:1$ 时(相似材料性质可以实现),可得煤粉涌出速率 $C_v = v_p/v_m = 1:1$。煤粉涌出速率是煤与瓦斯突出发生后的物理量,这个量不是试验条件,而是一种被动物理量,模拟试验时无法控制。但试验时可采用传感器实测煤粉涌出速率,对比试验原型和模拟试验中煤粉涌出速率的关系。

综合以上分析,基于能量模型推导的相似准则总结如下:

$$C_\gamma = 1, \quad C_n = 1, \quad C_\eta = 1, \quad C_\varphi = 1$$
$$C_c = C_\sigma, \quad C_E = C_\sigma^2, \quad C_v = 1, \quad C_p = 1 \tag{2.137}$$

由式(2.137)可以看出,应力比尺 C_σ 确定后,弹性模量比尺 C_E、黏聚力比尺 C_c 即可确定,煤与瓦斯突出相似准则随即建立。因此,应力比尺的确定是关键。

按照前人经验,应力比尺通常由几何比尺确定。分析由能量方程导出的相似准则可以发现,应力比尺与几何比尺无关。应力比尺无法根据几何比尺 C_l 换算是采用能量模型推导相似准数的弊端。

由于煤与瓦斯突出问题十分复杂,相似准则往往无法做到完全相似。因此,在无法完全相似时,要抓住主要因素保证近似相似。基于能量模型推导的相似准数可保证试验模型与原型能量集聚、转移和释放规律相似,需优先满足。基于气固耦合模型推导的相似准数仅可保证煤体变形破坏规律相似,其次获得满足[32-36]。

因此在式(2.137)的基础上,确定应力比尺后即可建立相似准则。由式(2.137)可知,任意的应力比尺均能满足能量相似,可保证煤体变形破坏规律相似,故可确定煤与瓦斯突出的相似准则[37-38]:

$$C_\sigma = C_L, \quad C_\gamma = 1:1, \quad C_p = 1:1,$$
$$C_n = 1:1, \quad C_\eta = 1:1, \quad C_E = C_\sigma^2, \qquad (2.138)$$
$$C_c = C_\sigma, \quad C_\upsilon = 1:1, \quad C_\varphi = 1:1$$

本章小结

本章在前人的研究基础上,总结整理了相似三定理、推导相似准则的三种方法以及模型试验的相似准则。

(1)相似第一定理和相似第二定理确定了相似现象的基本性质,而相似第三定理确定了现象成为相似的必要和充分条件,上述三个相似定理是相似理论的核心内容。

(2)定律分析法要求人们对所研究的现象能充分运用已经掌握的全部物理定律,方程分析法由现象已知的数学模型来确定相似准则,而在研究尚未建立适当数学模型时,以相似第二定理为主要理论基础的量纲分析法则是有力的分析手段。

(3)以常规模拟试验、固液耦合模拟试验、固气耦合模拟试验三种典型模拟试验为例,简要介绍了模型试验中常用的相似准则及其推导过程。

第3章　模型相似材料的选择与制备

通过前面的讲述,我们知道地下工程物理模拟试验是基于相似理论采用缩尺模型开展的,这个缩尺模型不仅是尺寸按比例缩小了(几何比尺),还应该满足由第2章的相似准则确定的模型的容重、弹性模量、泊松比、强度等参数与原型相似,即物理力学特性的相似,这就要求试验模型必须采用相似材料制作。

本章主要讲述模型相似材料的选择与制备,包括相似材料的概念及基本要求、原材料(包括骨料和黏结材料)的选择、相似材料制备方法、相似材料物理力学性质测试方法及影响因素分析方法,并给出了几种常用的不同特性的相似材料。

3.1　模型相似材料的确定与一般要求

3.1.1　相似材料物理力学参数的确定

能满足相似准则要求的材料称为相似材料或模型材料。在进行结构物理模拟(即模型试验)之前,首先要选择符合相似准则要求的相似材料制作相似模型。地下工程物理模拟要求试验模型的相似材料与工程原型岩体的物理力学特性满足相似性。

根据第2章2.4.1小节的推导,相似材料的弹性模量和应力的相似比尺应该符合$C_\sigma = C_E = C_\gamma C_l$,应变相似比尺应该符合$C_\varepsilon = 1$。单轴压缩试验下相似材料与原型岩体的应力-应变曲线应该如图3.1所示,其中σ_c为原型岩体的单轴抗压强度,σ_c'为相似材料的单轴抗压强度,$\sigma_c = C_\sigma \sigma_c'$,$E = C_E E'$。

对地下工程来说,主要的原型材料是混凝土和岩石,而它们的破坏机理都很复杂。如果所研究的问题仅限于弹性

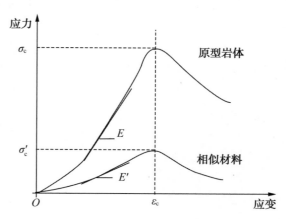

图 3.1　单轴压缩试验下相似材料与
原型岩体的应力-应变曲线

范围内的静力学问题,一般来说相似材料的选择并不困难;但如果所研究的问题超出了弹性范围涉及结构的破坏状态,则必须考虑原型材料物理力学性质的整个变化情况,相似材料的选择就要复杂得多。

由于物理模拟对象(工程原型岩体)的物理力学性质千差万别,再加上受力条件在内的各种外界因素和几何比尺不同,导致材料性质各不相同,模型相似材料的性质也不相同,但试验中必须遵守相似要求。所以,人们试图寻找一条可供遵循的、简单而通用的规律来指导相似材料的选择,但这是十分困难的。切实的方法是具体问题具体分析。在实际工作中,要同时满足所有相似条件是不可能的,因此只能尽量满足主要参数的相似要求,放宽或近似满足次要参数的相似要求。

3.1.2　相似材料的一般要求

对模型相似材料的一般要求为:

3.1.2.1　满足试验目的需要

对于静力模型,如只研究结构弹性阶段的应力状态,则材料必须保证模型在所测的范围内具有足够好的线弹性特性,即材料具有线性应力-应变关系。卸载后,材料应恢复到原来的状态,具有与原型相同或接近的泊松比。

对于强度模型,研究结构的全部特性(包括破坏时的特性),希望模型试验反映原型结构的破坏部位、破坏形态和破坏发展过程,则要求相似材料与原型材料在整个极限荷载范围内应力-应变关系保持相似;相似材料的极限强度应与原型有相同的相似常数。

对于动力模型,应特别注意,材料的非线性会使结构的自振特性随变形的大小而有所改变。

3.1.2.2　满足相似条件的要求

由于相似指标或相似指标中各物理量的相互制约,模型材料的性能(如弹性模量、泊松比、容重等)均应符合相似条件,其中相似材料的泊松比相似比尺要求为 1、容重的相似比尺一般取 1,以简化应力和弹性模量的相似比尺。

对于动力模型,还要求阻尼系数应尽可能小。因为阻尼值过大,不同振型会相互干扰,会影响共振特性的测定。如果要测定结构的动力反应,更要求材料容重符合相似要求。

3.1.2.3　满足必要的测量精度

结构模型试验总是希望模型在小载荷下产生足够的变形,以获得一定精度的试验结果。如为了提高应力测量精度,宜采用弹性模量较低和容重较大的材料;反之,若采用弹性模量较高的材料,则应变量太小,会导致测量精度下降。但是,弹性模量过低的材料常具有较显著的非线性特性,而且测点的刚度以及贴片胶水引起的刚化影响都会给测量带来困难。

另外,用于结构模型试验的材料,从试验技术的角度来衡量,也有许多具体问题是需要在选用材料时仔细考虑的。

如上所述,要获得一种全面、正确反映原型岩体物理力学性能的相似材料非常困难。因此,国内外许多从事结构模型试验的单位和个人都把相似材料的研究作为最重要的内容之一。

3.2 相似材料原材料的选择

3.2.1 原材料的选择原则

正确地选择相似材料往往是模型试验成功的关键。若相似材料选取得正确,则模型试验的成功就有了一大半的把握。为了使试验能够有效地模拟实际工程,试验模型所用的材料必须与实际地层性质相似,且力学参数应符合基本的相似比例。显然,单一的材料无法满足复杂的岩土性质,需要通过不同特性的材料进行搭配。

通常相似材料由骨料与黏结剂组成,骨料一般用石英砂、河砂、黏土、重晶石粉、铁精粉等若干天然材料,黏结剂一般用水泥、石膏、石灰、石蜡、松香、树脂等配制成溶液。因此,相似材料一般是多种成分的骨料与黏结剂的混合物。混合物的成分和配比要通过大量的配比试验才能满足人们对相似材料物理力学特性的需要。那么,如何选择相似材料的原材料,确定试验要求的相似材料配比呢?选取相似材料原材料时应当遵循以下几个原则[39]:

(1)相似材料应由一定级配的散粒状骨料组成,经黏结剂黏结并强压成砌块时应均匀且各向同性,具有结构致密且内摩擦角大的特点。

(2)采用黏结性较弱的黏结剂,可满足相似材料的弱强度属性,同时还易于量测。

(3)成型后的相似材料要保证力学参数与性质稳定,不受温度和湿度变化的影响。

(4)改变原材料配比,相似材料的物理力学特性变化应该具有一定规律,这可保证相似材料容易配制且性能稳定。

(5)相似材料应采用价格低、易获得的原材料。在相似材料配制与试验过程中,往往要消耗大量原材料,价廉易得的原材料可以降低试验成本,减少浪费。

(6)相似材料可以快速成型,并达到预期强度,即可以快速干燥并起效。

(7)相似材料的原材料应无任何毒副作用,且不会对环境造成任何污染。

(8)相似材料最好能重复利用,即做完试验后的模型材料可以回收利用,以提高材料利用率,降低试验成本。

总之,模型材料的选择必须兼顾各个方面,应考虑到所有可能影响试验结果的因素,权衡轻重,力求综合上述各种要求和考虑,择优用之,把因材料性质导致的模型畸变降至最低。

以上是对所有相似材料的原材料选择原则,对于不同的模拟对象,还有各不相同的特殊要求。对于地下工程,应首先对原型岩体材料的物理力学性质进行全面了解,尤其是对工程地质条件以及室内和现场原位试验的结果要了解清楚,只有这样才能使相似材料的研究更有针对性。

3.2.2 骨料的选择

骨料在相似材料中只起到骨架或填充作用,外表为松散的颗粒状。根据颗粒粒径的不同,可将其划分为细骨料和粗骨料,划分标准是 4.75 mm 的粒径尺寸。在模型试验中,配制的模型要求有稳定的物理力学性质,所以骨料一般选择惰性物质材料。骨料与黏结剂一般不发生化学反应,以免影响相似材料的性能。骨料一般会对相似材料的物理力学性质产生重大的影响,例如相似材料的强度、密度、晶体颗粒等。故在选择骨料时要充分考虑相似材料整体的性质,通过适当的选择可以达到调控相似材料性能的目的,使模型试验中重点关注的主要指标满足相似理论,试验的结果也会更加精确。

众多学者在对骨料的研究过程中总结出两类实验室常用的骨料:一类是高强度骨料,以河砂、海砂、石英砂和铁精粉(磁铁矿粉)等为代表;另一类是低强度骨料,以滑石粉、粉煤灰、重晶石粉、云母等为代表[40-41]。骨料选择主要考虑以下因素:

(1)对强度的影响:相似材料是由黏结剂和骨料黏结后形成的整体,所以骨料的力学性质也是影响相似材料强度的主要因素之一。因此,当需要配制强度较大的相似材料时,可以选取颗粒较硬的石英砂、河砂等作为骨料;当需要配制强度较低的相似材料时,可以选取粉煤灰、炉渣粉、滑石粉等作为骨料。为了满足相似材料的主要物理力学性质与原型材料相似的要求,甚至可以将两种或两种以上的材料作为骨料。

(2)对密度的影响:在模型试验中,一般要求相似材料与原型的容重相似比例常数接近,甚至相等,即相似材料的密度与原型的密度相等。这一目的除了可以通过改善模型成型工艺来实现外,还能通过改变骨料密度来实现。骨料是相似材料的主要组成之一,其密度也对相似材料的密度有着决定性影响。当然,为了控制相似材料的密度,还可以向其中加入一定量的添加剂。

(3)对晶体颗粒组成的影响:在相似材料中,骨料的颗粒一般比黏结材料的颗粒大得多。所以,相似材料的晶体颗粒往往由骨料的颗粒组成决定,而相似材料的颗粒组成情况对相似材料的物理力学性质有直接的影响,对相似材料的破坏过程也有着决定性影响。

3.2.3　黏结剂的选择

黏结剂能在物理、化学作用下,黏结其他材料并把浆体材料变成坚硬牢固的石状体材料,使其最终成为具备一定机械强度的复合固体物质。黏结剂的优势十分突出,所以其应用范围十分广泛,在岩土工程、建筑工程、日常生活中发挥着巨大的作用。

黏结剂在很大程度上影响着相似材料的性能,黏结剂的选择应该从模型材料的性能入手,例如抗拉强度、抗压强度、拉压比等,应在满足相似理论的基础上选择合适的黏结剂。

不同的黏结剂,其化学成分各不相同。以化学成分作为划分依据,可以将黏结剂分成无机黏结剂和有机黏结剂两大类:水泥、石膏、黏土、石灰等属于无机黏结剂,石蜡、沥青、松香酒精溶液、人工合成或者天然的树脂等属于有机黏结剂。还可以对无机黏结剂进行更为细致的分类:按硬化条件的不同将其分为水硬性黏结剂(此类黏结剂不仅可以在干燥状况下硬化,而且可以在水中硬化并保持、发展其强度)和气硬性黏结剂(能且只能在干燥条件下硬化并保持、发展其强度)。水硬性黏结剂的代表是水泥,水泥又有各种不同的规格和分类。气硬性黏结剂的代表是石膏、黏土、石灰等。这两种黏结剂的选择应该视硬化的条件而定。

3.2.4 国内外常用的相似材料

为方便分析和应用,现将常见的相似材料按标准试件的单轴抗压强度 σ_c 大致分为高强度($\sigma_c > 1.5$ MPa)、中强度($\sigma_c = 0.7 \sim 1.5$ MPa)、低强度($\sigma_c \leq 0.7$ MPa)三类。目前模型试验常用的普通相似材料如表 3.1 所示。

表 3.1 模型试验常用的普通相似材料

主要分类	主要成分 (骨料+黏结剂)	主要适用范围	参数	主要特点
低强度岩石	砂、滑石粉+石蜡	流-固耦合相似材料	抗压强度:0.3~0.66 MPa 渗透系数:$1.2 \times 10^{-9} \sim 5.0 \times 10^{-6}$ m/s	非亲水性好,遇水不软化
	石英砂、黄土+石膏、水泥	软岩、黄土	抗压强度:0.2~0.5 MPa	模型制作简单
	铁精粉、重晶石粉、红丹粉+松香、石蜡	—	渗透系数:0.54 m/s	有轻微毒性
中强度岩石	石英砂、重晶石粉、重晶石砂+松香	锦屏大理岩	抗压强度:0.93~1.33 MPa 渗透系数:2.582 m/s	容重和弹性模量可调
高强度岩石	砂、石膏+水泥、松香、酒精	岩爆材料	抗压强度:3.11~3.44 MPa 渗透系数:0.528 m/s	组分多,制作流程较复杂
中低强度岩石	重晶石粉、铁精粉+石膏、石灰	软岩	抗压强度:0.11~1.23 MPa 渗透系数:2.142 m/s	可近似模拟红层软岩的颜色特征
	砂、滑石粉、重晶石粉+水泥、凡士林	流-固耦合相似材料	抗压强度:0.18~1.36 MPa 渗透系数:$6.6 \times 10^{-10} \sim 7.4 \times 10^{-6}$ m/s	非亲水性好
	石英砂、重晶石粉+松香、酒精	突水突泥相似材料	抗压强度:0.21~0.94 MPa	模型制作简单
高中低强度岩体	铁精粉、重晶石粉、石英砂+松香、酒精	—	抗压强度:0.30~4.0 MPa	性能稳定,可重复利用
	铁矿粉、重晶石粉、石英砂+松香、酒精	—	抗压强度:0.50~3.5 MPa	无毒,性能稳定
	河砂+松香、酒精	—	抗压强度:0.43~2.20 MPa	组分简单,制作方便
	铁精粉、重晶石粉、石英砂+特种水泥	流-固耦合相似材料	抗压强度:0.66~8.86 MPa	渗透性低

3.3 相似材料制备方法

3.3.1 相似材料制备仪器

3.3.1.1 相似材料标准试件制作成型模具

（1）成型模具功能要求：材料的力学试验是非常关键的，为了研究新材料的配比，需将相似材料标准试件制作为成型模具。成型模具应满足以下要求：①模具高度应大于欲制作的相似材料试件的高度，试模和试件的高度比为 1.4～1.7。试模装满相似材料混合料后，随着压力机加压，压锤将压密相似材料并向下运动，故制成的试件的高度必将小于试模的高度。②模具应方便拆装且满足刚度要求。

（2）模具构成：双开式模具由四部分组成，分别为凹模、凹模卡箍、下模座和上压头，如图 3.2、图 3.3 所示。双开式模具的结构形式简单，脱模方便，便于操作，充分降低了操作者对试件制作精度的影响。模型材料选用不锈钢，结实耐用，能承受更高的压力，可以制作高密度试件，对标准试件的高度控制精准。

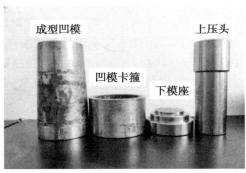

图 3.2　双开式模具实物图

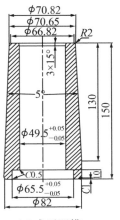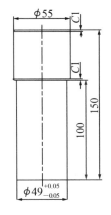

（a）成型凹模　　　　　　（b）凹模卡箍

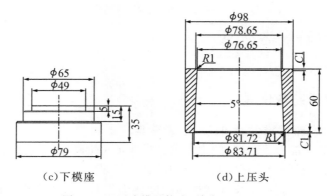

（c）下模座　　　　　　（d）上压头

图 3.3　双开式模具构成（单位：mm）

3.3.1.2　压力机

（1）微机控制电子万能压力机是电子技术与机械传动相结合的新型材料压力机，它具有宽广、准确的加载速度和测力范围，对载荷、变形、位移的测量和控制有较高的精度和灵敏度，可用于相似材料压制或测试相似材料试件的力学参数。

微机控制电子万能压力机如图 3.4 所示，该压力机主要由主机（包括机架、底座、传动系统）、软件控制系统（包括控制器、调速系统）、变形测量系统构成，采用双空间结构，压力试验空间在下部，主要适用于负载低于 20 kN 的金属、非金属材料试验，具有应力、应变、位移三种控制方式，可用来完成试样成型与单轴试验。

微机控制电子万能压力机的软件控制系统通过控制器，经调速系统控制伺服电机转动，减速后通过精密丝杆带动移动横梁上升、下降。

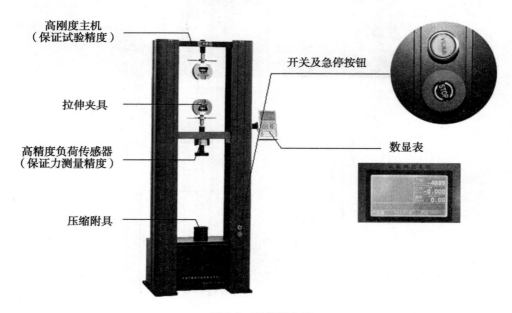

图 3.4　万能压力机

　　(2)MTS 岩石力学试验系统:美国 MTS 系统公司生产的 MTS815 型压力试验机(见图 3.5)可进行相似材料的单轴、三轴压缩试验。该试验设备配有全程计算机控制的伺服三轴加压和测量系统,可得到岩石单轴、三轴应力-应变全过程曲线。其中,单轴用来测试弹性模量、泊松比、单轴抗压强度等参数,三轴用来测试黏聚力(又称内聚力)和内摩擦角等参数。该试验机由以下三部分组成:

　　①加载部分:由液压源、反力架、三轴室、作动器、伺服阀等组成,可提供 4600 kN 的垂直压力,垂直活塞行程为 100 mm,最大围压为 140 MPa,试验框架整体刚度为 11.0×10^9 N/m。

　　②测试部分:由位移、应变、载荷、压力等传感器组成。

　　③控制部分:由计算机控制系统、数据采集器、反馈控制系统组成。

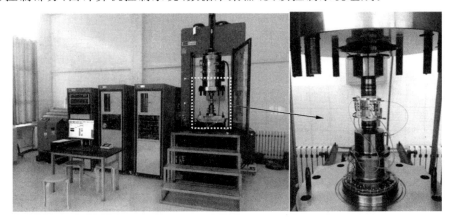

图 3.5　MTS 压力试验机

　　(3)RLW 型微机伺服岩石三轴蠕变试验机(见图 3.6)是由长春市朝阳试验仪器有限公司生产的研究岩石在多种环境下力学特性的先进设备,该机器可以自动完成岩石的单轴、三轴、蠕变试验。

　　RLW 型微机伺服岩石三轴蠕变试验机主机刚度达 10 GN/m 以上,最大轴向试验力为 2000 kN,有效测量范围在最大试验机的 2%~100% 范围内,最大围压为 100 MPa,轴向变形最大范围为 0~5 mm,径向变形最大范围为 0~3 mm。该机器主要由高刚度主机、压力自平衡式三轴压力室、增压器、伺服液压源、伺服阀、空气压缩机组、测控系统、计算机系统等部分组成。各部分组成如下:

　　①高刚度主机为门形框架式高刚度结构。工作油缸放置在框架的下横梁中部,两侧配置轨道,方便三轴压力室安装和拆卸。框架上横梁中部安装球面压板,可自动调心,使压板与压缩杆端部紧密接触。

图 3.6　岩石三轴蠕变试验机

②压力自平衡式三轴压力室采用压力自平衡技术,由合金结构钢制成,各压盘及传压活塞杆采用轴承钢经过热处理及精密加工而成。

③增压器是将系统的工作油液经过压力放大后而输出的压油源,压油液供给三轴压力室。

④伺服液压源由高压柱塞泵组、溢流阀、精密滤油器、温度传感器、冷却器等组成的伺服油路系统及围压增压系统等部分组合而成。

⑤排液总成可排出压力室内介质。

⑥微机控制电液伺服岩石三轴仪中的测量控制系统由轴向力传感器、围压传感器、轴向变形传感器、径向变形传感器、位移传感器、全数字式测控器、伺服阀等部分组成。

3.3.1.3 直剪仪

(1)仪器组成:直剪仪是一种对岩土的固定剪切面施加剪切力,以求得岩土在不同垂直压力条件下的抗剪强度(黏聚力 c、内摩擦角 φ)的土工试验仪器,如图 3.7 所示。它主要由剪切盒、垂直加载构件、剪切力施加构件、剪切力计量装置、附件等组成。抗剪强度试验设备包括试样盒(分上、下两部分,上盒固定,下盒放在钢珠上,可以在水平方向滑动)、百分表(用以量测竖直变形)、加荷框架、推动座、剪切容器、测力计(亦称应力环)、环刀、切土工具、滤纸(蜡纸)、毛玻璃板、秒表等。

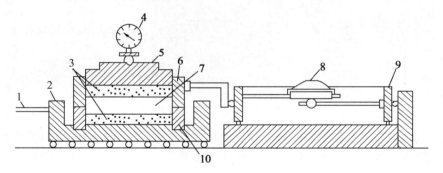

1—轮轴;2—底座;3—透水石;4—垂直变形量表;5—活塞;6—上盒;7—土样;
8—水平位移量表;9—量力环;10—下盒。

(a)原理图

(b)实物图

图 3.7　直剪仪

（2）工作原理：使用直剪仪测定抗剪强度时，将土样置于直剪仪上下剪切盒之间，通过传压板对土样施以一定的垂直压力，然后对下剪切盒施加水平推力，使试样沿上下剪切盒水平接触面发生剪切位移直至破坏。

3.3.1.4　低强度相似材料流变试验仪

目前蠕变试验装置大多数使用刚性液压伺服加载，虽然这些仪器可以实现自动化加载与数据采集，但也有明显的缺点：①试件通过液压伺服系统加载，无法保证长时间加载力恒定，易出现载荷过大的情况。②荷载量程过大，无法达到相似材料的加载精度要求。

相似材料与原岩相比强度较低，常用的液压伺服加载蠕变试验仪无法满足测试精度要求。因此，蠕变性质测试一般采用可实现高精度、小吨位加载的单轴蠕变试验仪。

新型单轴压缩蠕变试验仪如图 3.8 所示，它主要由加压板、配重、砝码、位移传感器等零部件构成。其中，四个配重的质量与加压板质量相同，通过定滑轮组与加压板相连形成自平衡系统，可以抵消加压板的自重，保证施加荷载的准确性。试验时将试件放置在位于底座的试件定位盘内，向下移动加压板，使之与试件顶部刚好接触，然后缓慢地将砝码放置到加压板上。位移传感器通过监测底座和加压板的相对位移来监测试件的轴向变形。位移传感器通过数据采集盒与计算机连接，实现试验过程中数据的实时采集，并可在计算机中实时绘制出轴向变形曲线。

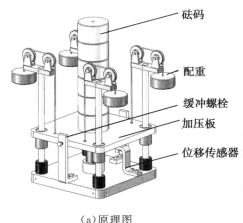

砝码

配重

缓冲螺栓

加压板

位移传感器

（a）原理图

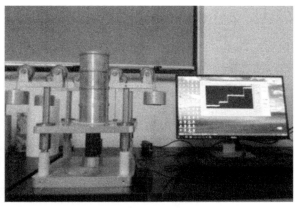

（b）实物图

图 3.8　新型单轴压缩蠕变试验仪

新型单轴压缩蠕变试验仪主要有以下特点：

（1）采用堆叠标准重块的方式加载，符合蠕变试验中分级加载的特点，操作相对简便，可以保证长时间加载过程中所施加的轴向荷载的稳定性和连续性。

（2）相比于刚性液压伺服加载，砝码每块仅提供 0.02 MPa 轴压，适合于强度较小的相似材料蠕变试验。

3.3.1.5　三轴力学渗透试验仪

（1）仪器总体结构：三轴力学渗透试验仪如图 3.9 所示，它主要由三轴压力及变形测量单元、气体充填与采集单元、液压加载单元以及流量控制和采集单元四个单元构成。

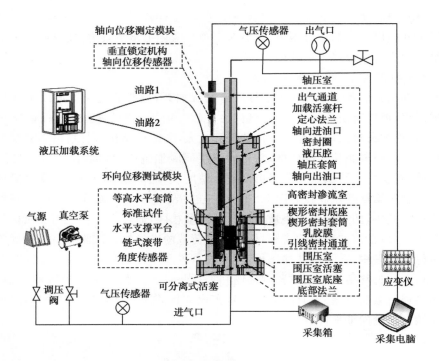

（a）结构原理图

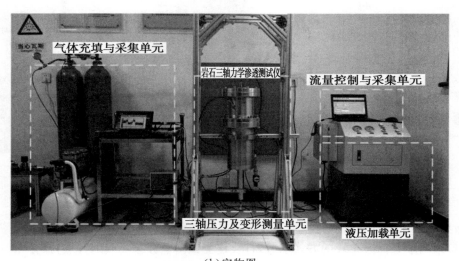

（b）实物图

图 3.9　三轴力学渗透试验仪

（2）仪器的主要功能：该仪器适用于测定相似材料的力学特性和渗透特性，为相似材料的制备、研究吸附瓦斯煤岩力学演化机制及揭示煤层瓦斯运移规律提供了科学的试验仪器。其主要功能和先进性如下：

①试验仪器功能完备，可同时进行多种工况下煤岩力学特性和渗流特性测试。

②可以在气固耦合条件下对试件预加静载并施加如同振动荷载一样的扰动荷载,真实模拟受扰动的煤岩体应力环境。

③配备了声发射监测系统,通过金属-煤岩材料的波速转换,实现三轴条件下外置探头的声发射信号准确获取。

④能同步高精度测量三轴条件下煤岩轴向和环向变形,且轴向位移测量精度达0.001 mm,环向位移测量精度达0.0041 mm。

⑤通过楔形面式密封方式,实现了渗流系统的高密封性能,从而精确获取整个受力变形过程中岩石渗透特性的演化规律。

⑥采用压力体积换算法和高精度质量流量控制器,分别实现了低渗和高渗岩石的渗透率精确测量。

(3)仪器主要技术指标:该仪器的主要技术指标如表3.2所示。

表 3.2　三轴力学渗透试验仪的主要技术指标

技术参数	指标值
轴压控制范围	0~300 kN
试验力加载速度	0.01~10 kN/s
力加载精度	±1%
位移加载速度	0.001~200 mm/min
围压控制范围	0~30 MPa
轴向位移测量范围	0~50 mm
轴向位移分辨率	0.001 mm
环向位移测量范围	0~20 mm
环向位移分辨率	0.001 mm
试样尺寸	$\phi 50$ mm×100 mm

3.3.1.6　渗透率测试仪

(1)水渗透系数测定仪:相似材料的水渗透性质测定是相似材料物理力学性质测定的重要部分,也是流-固耦合模型试验相似材料研发的核心步骤。水的渗透性通常以渗透系数来表示,渗透系数为判别材料水理性质强弱的一项重要指标,表征流体在材料中的渗透能力。

①主要功能:水渗透仪可以进行变水头渗透试验,测定自然状态下相似材料的渗透系数。水渗透仪主要由上盖、底座、螺杆等组成(外接供水装置),如图3.10所示。

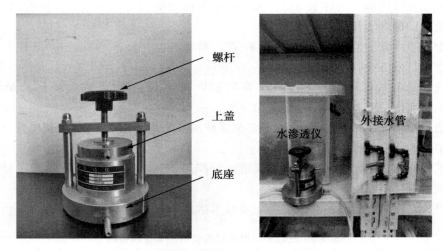

图 3.10　水渗透仪

②操作流程:先用环刀备样,然后把透水石放入底座中,将套筒内壁涂抹一层凡士林,放入土样环刀;放上上盖,拧紧螺杆,确保不漏水、漏气;把进水口与供水装置连通,在不大于 200 cm 的水头作用下,静置一段时间,待出口管处有水溢出后即可开始测定。

(2)气体渗透率测试仪:相似材料的气体渗透性测定是相似材料物理力学性质测定的重要部分,也是含瓦斯煤层顶底板岩石相似材料研发的核心步骤。然而,现有渗透率仪器主要针对高强度、低渗透性岩石试件而研发,渗透率测定范围较小,不适用于渗透率测定范围较大的岩石相似材料研发过程。另外,渗透率测定过程中采用涂抹甘油、橡胶套密封、施加围压的方法保证试件边界密封,该方法对于低强度、高孔隙率的相似材料密封效果一般。为了准确、高效地进行相似材料渗透率测定,进而推动含瓦斯煤层顶底板岩石的相似材料的研发进程,现采用密封效果好、渗透率测定范围大的相似材料气体渗透率测试仪。

①主要功能:该仪器可以实现自然状态下相似材料气体渗透率测定,具有压力、温度等参数方便可调,材料边界密封效果好,渗透率测定范围大的优点。

该仪器的装置主要包括样品罐、气体计量罐、流量计和压力传感器,仪器原理图和实物图如图 3.11 所示。

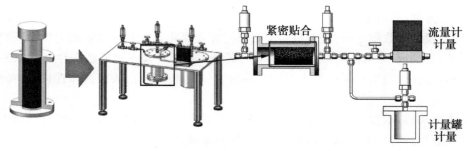

(a)原理图

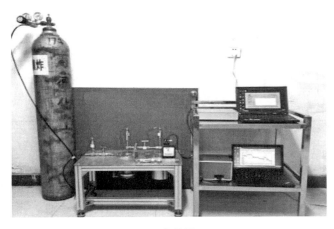

（b）实物图

图 3.11　气体渗透率测试仪

仪器工作原理：相似材料在样品罐中成型，并可通过螺栓安装到仪器上，保证了材料边界的密封。仪器采用紧凑科学的结构设计，配合高精度压力传感器，保证了进出口压力的精确采集。样品罐初级口设置流量计、气体计量罐，其中流量计可进行大量程流量计量，计量罐可进行小量程流量计量，保证了大范围的气体渗透率测定。

②主要技术参数：为解决试件四周与煤样罐之间的密封问题，可采用以下两种方法。一是直接在煤样罐内将试件压制成型，无须取出，等试件干燥后直接将煤样罐连接到仪器上进行试验；二是在煤样罐内壁加工沟槽，起到阻气作用，具体如图 3.12 所示。气体渗透率测试仪的主要技术参数如表 3.3 所示。

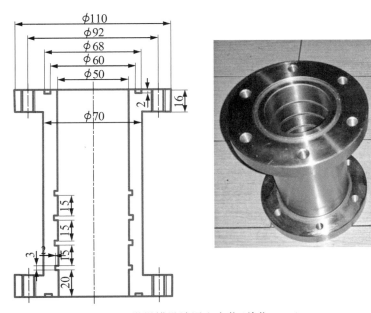

图 3.12　煤样罐设计图和实物（单位：mm）

表 3.3　气体渗透率测试仪的主要技术参数

外形尺寸/ (mm×mm×mm)	煤样罐尺寸/ (mm×mm)	入口压力/ MPa	流量/ (L/min)	温度	温度 精度/℃	压力 精度/MPa
600×350×500	ϕ50×100	0～6.0	0～20	室温～100 ℃	±0.1	0.1%F.S

3.3.2　相似材料配比确定方法

(1)骨料和黏结剂比例:骨料和黏结剂比例是影响相似材料性质的主要因素之一,因而调整骨料和黏结剂比例是控制和调整相似材料性质的主要手段。当使用多种材料作为黏结剂时,各种黏结剂间的比例也将影响相似材料的物理力学性质。

(2)用水量:用水量是影响相似材料力学性质的又一个主要因素。用水量一般是指相似材料中水和其他干混合料的质量比。对于选定的相似材料,用水量有一个最小值,此值是完成相似材料中有关原料的水化反应所必需的。

在满足最小用水量的前提下,用水量的确定还取决于相似材料的密实方法。目前,常用的密实方法有振动法和压密法。

(3)成型参数:成型参数主要指在制作相似材料试件或模型时所采取的密实方法及入模温度等。相似材料的密度和相似材料的物理力学性质密切相关,采用压力试验机压密时,可在较大范围内有效控制相似材料的密度。

采用化学材料作为黏结剂时,相似材料混合料的入模温度对相似材料的成型质量及物理力学性质影响较大,因而应根据所用材料的特征合理确定入模温度。

(4)辅料:辅料的作用在于调整相似材料的物理力学性质,并对相似材料的制作成型创造条件,如进一步调整相似材料的密度、加入缓凝剂或速凝剂改变相似材料配制时间等。

(5)养护条件:相似材料制作工作完成后,其力学性质的变化规律及最终值主要取决于养护条件,包括养护时间、湿度及温度。养护条件的确定主要考虑黏结剂、研究对象、养护设施、几何尺寸、试件物理力学性质的测试。

养护条件应根据研究对象,并充分考虑黏结剂力学性质的稳定周期来确定。养护设施应能提供自然干燥或快速干燥的环境。

在制作相似材料时,通常先制作小尺寸的相似材料试件,以确定相似材料配比及其他因素和相似材料物理力学性质间的关系,然后再根据设计的模型尺寸制作模型。对于小尺寸的试件,在其硬化后即可脱模,然后进行养护。对于大尺寸模型,在条件允许的情况下,一般在不拆除模具的条件下进行养护,这样不仅便于模型移动,也可以避免模型损坏,而且有时能更好地满足模型边界约束条件的要求。

(6)相似材料物理力学性质的测试:相似材料物理力学性质测试的目的是摸索相似材料的物理力学性质随配比及其他影响因素的变化规律,获得所需的配比,并进行力学性质测试,测试结果作为相似材料的物理力学参数。

3.3.3　相似材料制备步骤

相似材料制备步骤如图 3.13 所示。

(1)原材料的准备:严格按照试验配比将相似材料的各组分进行称量。

(2)搅拌:搅拌方法主要有两种,即人工拌和和机器(搅拌机)拌和。机器拌和通常被用于原料多且工程大的试验项目。相似材料各原材料,即骨料、黏结材料、水和添加剂,需要按照一定放料顺序添加混合并搅拌均匀。因骨料颗粒最大,黏结材料颗粒较小,为避免料理盆上下搅拌不均,需先放骨料,液体状的添加剂应在固体材料混合充分后放入,最后才能加水与添加剂。

(3)准备试模:将相似材料标准试件制作成型模具的下模座、成型凹模、凹模卡箍组装起来,为了保证拆模时不破坏试件表面平整度,在凹模内壁贴上一层塑料薄膜。

(4)装料:将拌制均匀的混合料倒入模具中,用上压头分层夯实,夯实后装量应控制在试件高度的 120%~150% 之间。

(5)压密:密实方法通常有仪器密实和人工密实两种,仪器密实方法采用的仪器主要有三种,分别是振动器、振动台以及压力机。

(6)脱模:在室温下放置 5 min,然后将模具整体倒立,取下下模座,轻敲两侧凹模,然后将试件取出并标号。试件加工时,其断面应该同其轴线垂直,且垂直的偏差不应该大于 0.25°;其高度尺寸和直径尺寸的误差均不应大于 0.3 mm;其两端表面的不平整程度误差不应该大于 0.005 mm。

(7)养护:将编号完成的试样放置在室温下,自然干燥条件下养护 48 h。

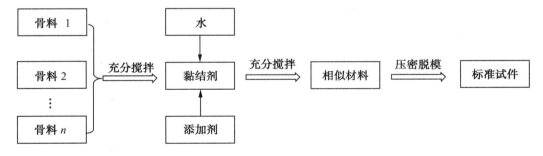

图 3.13　相似材料制备步骤

3.4　相似材料物理力学性质测试方法

3.4.1　相似材料物理性质测试方法

3.4.1.1　容重测试方法

容量测试方法依据《岩石物理力学性质试验规程 第 4 部分:岩石密度试验》中的称重法进行,试验的具体步骤如下:

（1）测量标准试件的尺寸，计算试件的总体积 V。

（2）在测量精度为 0.01 g 的天平上称质量。

（3）按 $\gamma = \dfrac{W}{V}$ 计算相似材料的天然容重。式中，γ 为相似材料的容重（$kN \cdot m^{-3}$）；W 为被测相似材料的重量（kN）；V 为被测相似材料的体积（m^3）。

3.4.1.2 相似材料孔隙度测试方法

（1）测试原理：根据波义耳定律，在恒定温度下，岩芯室体积一定，放入岩芯室岩样的固相（颗粒）体积越小，岩芯室中气体所占体积越大，与标准室连通后的平衡压力越低；反之，放入岩芯室内的岩样固相体积越大，平衡压力越高。

绘制标准块的体积（固相体积）与平衡压力的标准曲线，测定待测岩样平衡压力，根据标准曲线反求岩样固相体积。岩样孔隙度的计算公式如下：

$$\varphi = \frac{V_f - V_s}{V_f} \times 100\% \tag{3.1}$$

式中，V_f 为岩样体积；V_s 为标准块的固相体积。

（2）实验流程：实验流程如图 3.14 所示，其中 P_0 为大气压，P_1 为标准室内气体压力。实验中用到的夹持器、T 形转柄、气源阀如图 3.15 所示。

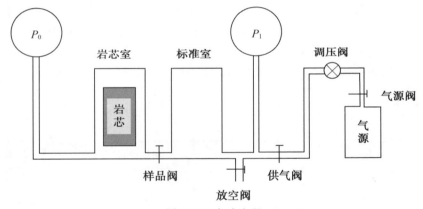

图 3.14 实验流程

 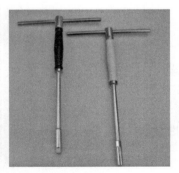 

（a）夹持器　　　　　　（b）T 形转柄　　　　　　（c）气源阀

图 3.15 夹持器、T 形转柄、气源阀

（3）实验步骤：

①用游标卡尺测量各个钢圆盘和岩样的直径与长度（为了便于区分,将钢圆盘从小到大分别编号为 1、2、3、4）,并记录在数据表中。

②将 2 号钢圆盘装入岩芯杯,并把岩芯杯放入夹持器中,顺时针转动 T 形转柄,使之密封。打开样品阀及放空阀,确保岩芯室气体为大气压。

③关闭样品阀及放空阀,打开气源阀和供气阀。调节调压阀,将标准室气体压力调至某一值,如 560 kPa。待压力稳定后,关闭供气阀,并记录标准室气体压力。

④打开样品阀,气体膨胀到岩芯室,待压力稳定后,记录平衡压力。

⑤打开放空阀,逆时针转动 T 形转柄,将岩芯杯向外推出,取出钢圆盘。

⑥用同样的方法将 3 号、4 号及全部（1～4 号）钢圆盘装入岩芯杯中,重复步骤②～⑤,记录平衡压力。

⑦将待测岩样装入岩芯杯,按上述方法测定装岩样后的平衡压力。

⑧计算各个钢圆盘体积和岩样外表体积。

外表体积的计算公式如下：

$$V_f = \frac{1}{4}\pi D^2 L \tag{3.2}$$

式中,D 为岩样直径；L 为岩样长度。

3.4.1.3　渗透率特性测试方法

（1）水渗透率测试：渗透性试验用来测试试件的渗透系数 K 和渗流量 Q。国内大部分学者采用变水头法进行渗透性试验,试验原理如图 3.16 所示。在变水头试验中,试样高度为 L,横截面积为 A,在初始水头差 Δh_1 作用下,水从带有刻度的变水头管中自下而上渗过试样,保持试样顶面的水头不变,变水头管中的水位将逐渐下降,渗流的总水头随之减小。试验时,记录初始时刻 t_1 和一定时间 t_2 对应的总水头差 Δh_1 和 Δh_2,计算（变水头）渗透系数 K_t。

$$K_t = \frac{aL}{A(t_2 - t_1)} \ln \frac{\Delta h_1}{\Delta h_2} \tag{3.3}$$

式中,a 为变水头管截面积；A 为试样的横截面积；L 为渗流路径长度；Δh_1 为 t_1 时刻水头差；Δh_2 为 t_2 时刻水头差。

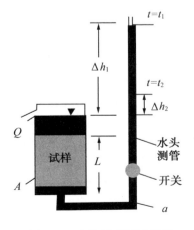

图 3.16　水渗透率测试原理

　　(2)气体瞬态测定法:瞬态测定法是室内试验测定煤岩渗透率最常用的测定方法之一,该方法在 1968 年由比尔·布雷斯(Bill Brace)等首次提出,其原理图如图 3.17 所示。气体瞬态测定法要在煤岩的进气口和出气口各加一个储存气体的罐体,分别为上游罐和下游罐。试验时为上游罐充入一定压力的气体,然后打开上游罐与煤岩之间的阀门,并记录上游罐和下游罐的气体压力变化,待上游罐压力降低到指定的数值时,关闭阀门停止试验。两个罐体之间的气体压力差的衰减曲线由式(3.4)拟合。

$$\frac{P_{us} - P_{ds}}{P_{us0} - P_{ds0}} = e^{-a_{trant} \cdot t} \tag{3.4}$$

式中,P_{us0} 为初始时刻上游罐的气体压力;P_{us} 为 t 时刻上游罐的气体压力;P_{ds0} 为初始时刻下游罐的气体压力;P_{ds} 为 t 时刻下游罐的气体压力;a_{trant} 为拟合参数。

　　a_{trant} 可由下式表示:

$$a_{trant} = \frac{k}{\mu C_g L_{core}} A_{core} \left(\frac{1}{V_{us}} + \frac{1}{V_{ds}} \right) \tag{3.5}$$

式中,k 为渗透率,V_{us} 为上游罐的体积;V_{ds} 为下游罐的体积;C_g 为气体的压缩系数;μ 为气体动力黏度;A_{core} 为煤样的横截面积;L_{core} 为煤岩长度。

　　式(3.4)、式(3.5)中,只有 k 为未知数,综合考虑两式,便可计算出渗透率 k。

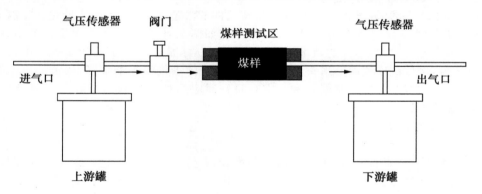

图 3.17　气体瞬态测定法渗透率测试原理

　　(3)气体稳态测定法:稳态测定法也是室内试验测定煤岩渗透率最常用的测定方法之一,其原理图如图3.18所示。该方法是在进气口为煤岩充气,然后待煤样吸附平衡,且进气口压力、出气口压力和出气口的流量稳定后,采集进气口压力、出气口压力和出气口的流量数据,此时测得的煤岩渗透率较稳定。气体稳态测定法渗透率测试试验的控制方式有两种:第一种是控制进气口和出气口压力差恒定,观察出气口气体流量,待出气口流量稳定后,采集进气口和出气口压力差和出气口气体流量,然后代入公式计算渗透率;第二种是保证进气口压力恒定,待数据稳定后,采集稳定后的出气口压力和出气口气体流量,然后代入公式计算渗透率。

　　对于稳态测定法试验,渗透率计算公式有式(3.6)和式(3.7)两个:

$$k = \frac{\mu Q_{\text{out}} L_{\text{core}}}{A_{\text{core}}(P_{\text{in}}^2 - P_{\text{out}}^2)} \qquad (3.6)$$

$$k = \frac{2\mu Q_{\text{out}} L_{\text{core}} P_{\text{out}}}{A_{\text{core}}(P_{\text{in}}^2 - P_{\text{out}}^2)} \qquad (3.7)$$

式中, k 为渗透率; Q_{out} 出气口气体流量; μ 为气体动力黏度; A_{core} 为煤样的横截面积; L_{core} 为煤岩长度; P_{in} 为煤样进气口气压; P_{out} 为煤样出气口气压。

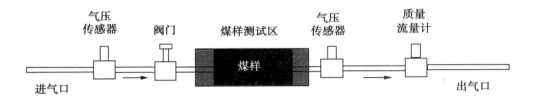

图 3.18　气体稳态测定法渗透率测试原理图

气体作为可压缩性流体,当压力增大时流体体积被压缩,当压力减小时流体体积膨胀扩大,气体在恒定的温度下按波义耳定律膨胀变形。假设以最简单的平面线性渗流方法计算渗透率,设进气口压力为 P_{in} ,出气口压力为 P_{out} ,当气体经过煤样后压力从 P_{in} 减小到 P_{out} ,其气体体积也发生变化。相应地,其流速也发生变化。因此我们必须采用平均流量 $\bar{Q}$ 代替之前的出气口流量 Q_{out} ,然后代入达西方程计算渗透率,如式 (3.8)所示:

$$k = \frac{\mu \bar{Q} L_{\text{core}}}{A_{\text{core}}(P_{\text{in}} - P_{\text{out}})} \qquad (3.8)$$

若把气体膨胀看作等温过程,根据气体状态方程得

$$P_{\text{in}} Q_{\text{in}} = P_{\text{out}} Q_{\text{out}} = P_0 Q_0 = \bar{P} \bar{Q} \qquad (3.9)$$

可得

$$\bar{Q} = \frac{P_0 Q_0}{\bar{P}} = \frac{2 P_0 Q_0}{P_{\text{in}} + P_{\text{out}}} \qquad (3.10)$$

将式(3.10)代入式(3.8),可得

$$k = \frac{2\mu Q_0 L_{\text{core}} P_0}{A_{\text{core}}(P_{\text{in}}^2 - P_{\text{out}}^2)} \qquad (3.11)$$

式中, P_0 为大气压力; Q_0 为在大气压 P_0 状态下的流量。

3.4.2　相似材料力学特性测试方法

3.4.2.1　单轴抗压强度测试

单轴抗压强度测试依据《岩石物理力学性质试验规程　第 18 部分:岩石抗拉强度试验》进行,这是最简单、最基本、使用最多的一类试验项目。

国际岩石力学学会(ISRM)建议岩石单轴压缩试件的高径比为 2.5～3,主要是为了避免或减轻端部效应,取试件中部分布比较均匀的应力作为计算依据。ISRM 还建议

在岩石试件的上、下加垫块。垫块直径等于试件直径（D）或比试件直径多 2 mm，垫块厚度不得小于 $D/3$。这项建议也是为了减轻端部效应或使端部效应规范化，以便互相比较。

（1）单轴抗压强度：单轴抗压强度是指在无侧限条件下，岩石试件破坏前所能承受的最大轴向压力，通常表达为

$$\sigma_c = \frac{P}{A} \tag{3.12}$$

式中，σ_c 为单轴抗压强度，有时也称无侧限强度；P 为在无侧限条件下，试件（破坏前）承受的最大轴向压力；A 为试件的横截面积。

（2）在单向压缩荷载作用下试件的破坏形态：据观察，岩石试件单轴受压时，由于受到多种因素的干扰，真实的破裂形式不大明确，常常观察到的是剪切破坏、锥形破坏和劈裂破坏，如图 3.19 所示。对试件破坏形态影响最大的是端面摩擦约束效应。对于比较坚硬的脆性岩石，当采取减少端面摩擦约束的措施时，会出现纵向劈裂破坏。

（a）剪切破坏　　　　　　（b）锥形破坏　　　　　　（a）劈裂破坏

图 3.19　岩石试件单轴压缩破坏形态及其应力分布

3.4.2.2　抗拉强度测试

抗拉强度测试依据《岩石物理力学性质试验规程　第 21 部分：岩石单轴抗压强度试验》进行。岩石的抗拉强度是指岩石在拉伸破坏过程中的极限应力值。一般情况下，岩石的抗拉强度远小于抗压强度，因此岩石在实际荷载作用下，往往首先发生拉伸破坏。岩石的抗拉强度通常用巴西劈裂法测定。

（1）劈裂法试验要点：劈裂法也称作径向压裂法，因为是由巴西人杭德罗斯（Hondros）提出的试验方法，故被称为巴西劈裂法。这种试验方法是使一个实心圆柱形试件承受径向压缩荷载至破坏，再利用弹性理论推算出岩石的抗拉强度。劈裂法试验原理如图 3.20 所示，图中的钢丝（垫条）直径为 5 mm，其作用是将试验机压板荷载转换为线性荷载传递给试件。我国试件标准尺寸是直径 $d=50$ mm、长度 $l=25$ mm。

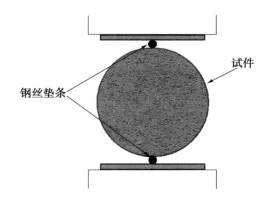

图 3.20 劈裂法试验原理

(2)换算公式:由弹性理论中的布辛奈斯克(J. Boussinesq)半无限体上作用着集中力的解析解,求得试件纵向直径平面上的拉应力与荷载 P 的关系为

$$\sigma_t = \frac{2P}{\pi dt} \tag{3.13}$$

式中,σ_t 为试件中心的最大拉应力,即为单轴抗拉强度;d 为试件的直径;t 为试件的长度。

(3)试验应力分析:由弹性力学分析得知,在试件中心附近的拉应力分布均匀。劈裂法试验试件中的应力分布如图 3.21 所示,图中 σ_x 和 σ_y 分别为试件在 x 方向和 y 方向上的受力。如果作用在试件上的载荷不是理想的线性集中载荷,则在两端受力点处压应力最大,其值为拉应力值的 10 倍以上。因为岩石的抗压强度远远大于抗拉强度(10～100倍)。所以,虽然在靠近受力点处压应力很大,但是压应力低于岩石的抗压强度,故岩石试件是在拉应力作用下被拉断的,此拉应力值就是岩石的单轴抗拉强度。

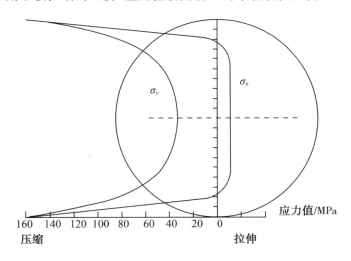

图 3.21 劈裂法试验试件中的应力分布

3.4.2.3　相似材料 c、φ 值的测试

(1) c、φ 值的定义:相似材料的抗剪强度由 c(黏聚力)和 φ(内摩擦角)两部分组成。内摩擦角从物理意义上来说,其实就是摩擦系数,表征材料内部颗粒之间的抗滑动能力。内摩擦角越大,相似材料越不容易出现滑动破坏,结构越稳定,抗剪强度越高。黏聚力包括颗粒之间分子引力形成的原始黏聚力和黏结作用形成的固化黏聚力,黏聚力越大,抗剪强度越高。

相似材料的抗剪强度指标 c、φ 可通过直剪试验或者三轴压缩试验测试。

(2)直剪试验:直剪试验主要采用直剪仪完成。具体试验方法如下:对同一配比的试件施以不同的正应力 σ,得到相应抗剪强度 τ;以 σ 为横坐标,τ 为纵坐标,标出 σ_i 和 τ_i;过各点重心作垂线,该直线与 σ 轴的夹角即为材料的内摩擦角 φ,在 τ 轴上的截距为材料的黏聚力 c。也可以根据式(3.14),用最小二乘法对所测得数据进行拟合直接得到所求的 c、φ。

直剪试验在土力学直剪仪上进行,计算公式为

$$\tau = \sigma \tan \varphi + c \tag{3.14}$$

式中,τ 为抗剪强度(MPa);σ 为正应力(MPa);φ 为内摩擦角(°);c 为黏聚力(MPa)。

直剪试验只能近似得到相似材料的 c、φ,误差较大,相同材料的配比得到的 c、φ 值误差也很大,试验结果只能作为参考。要得到精确结果,只能通过三轴压缩试验。

(3)三轴压缩试验:三轴压缩试验的最重要成果就是对于同一种岩石的不同试件或不同的试验条件给出几乎恒定的强度指标值。这一强度指标值以莫尔强度包络线(Mohr's strength envelop)的形式给出。为了获得相似材料的莫尔强度包络线,须对该相似材料的 5~6 个试件做三轴压缩试验,每次试验的围压值不等,由小到大,得出每次试件破坏时的应力莫尔圆,通常也将单轴压缩试验破坏时的应力莫尔圆用于绘制应力莫尔强度包络线。各莫尔圆的包络线就是莫尔强度曲线。若岩石中一点的应力组合(正应力加剪应力)落在莫尔强度包络线以下,则岩石不会破坏;若应力组合落在莫尔强度包络线之上,则岩石将出现破坏。

莫尔强度包络线的形状一般是抛物线形的,但也有试验得出某些岩石的莫尔强度包络线是直线形的,与此相对应的强度准则为库仑强度准则。直线形强度包络线与 τ 轴的截距称为相似材料的黏聚力,记为 c(MPa);与 σ 轴的夹角称为相似材料的内摩擦角,记为 φ(°)。

对曲线形强度包络线(见图3.22),曲线斜率变化的,如何确定 c 和 φ 值? 一种方法是将包络线和 τ 轴的截距定为 c,将包络线与 τ 轴相交点的包络线外切线与 σ 轴的夹角定为内摩擦角;另一种方法是根据实际应力状态在莫尔强度包络线上找到相应点,在该点作包络线外切线,外切线与 σ 轴的夹角为内摩擦角,外切线及其延长线与 τ 轴相交点之截距即为黏聚力。实践中采用第一种方法的人较多。

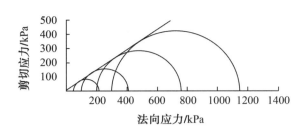

图 3.22　材料的莫尔强度包络线

3.5　相似材料性质影响因素分析方法

3.5.1　单因素方差分析

单因素方差分析研究的是一个分类型自变量对一个数值型自变量的影响。单因素方差分析实质上采用了统计推断的方法。由于方差分析有一个比较严格的前提条件,即在不同的水平下,各总体均值服从方差相同的正态分布,因此方差分析问题可以转换成研究不同的水平下各个总体的均值是否有显著差异的问题[42]。

在进行单因素方差分析时,可得到如表 3.4 所示的数据结构。

表 3.4　单因素方差分析时的数据结构

观测值 (j)	因素(i)			
	A_1	A_2	$\cdots$	A_k
1	x_{11}	x_{21}	$\cdots$	x_{k1}
2	x_{12}	x_{22}	$\cdots$	x_{k2}
$\vdots$	$\vdots$	$\vdots$	$\vdots$	$\vdots$
n	x_{1n}	x_{2n}	$\cdots$	x_{kn}

在单因素方差分析中,为了叙述和计算使用方便,通常用字母 A 表示因素,因素有 k 个不同取值代表 k 个不同水平,分别用 $A_1,A_2,\cdots,A_k$ 来表示,用 $x_{ij}(i=1,2,\cdots,k;j=1,2,\cdots,n)$ 表示观测值,x_{ij} 表示第 i 个水平的第 j 个观测值。

单因素方差分析的操作步骤如下:

(1)第一步:提出两种假设(原假设与备择假设)。

$H_0:C_\gamma=1$,因素对试验结果的影响比随机误差对试验结果的影响小。

$H_1:\mu_1,\mu_2,\cdots,\mu_k$ 不全相等,因素对试验结果的影响比随机误差对试验结果的影响大。

如果拒绝原假设 H_0,说明因素对试验结果的影响比随机误差对试验结果的影响大;

如果不拒绝原假设 H_0，则还没有充分证据证明因素对试验结果的影响比随机误差对试验结果的影响大。

特别指出，当拒绝原假设 H_0 时，所有的总体均值 $\mu_1, \mu_2, \cdots, \mu_i, \cdots, \mu_k$ 应该至少有两个总体的均值不相等，但不能保证所有的总体均值同时都不相等。

（2）第二步：选择并且构造检验统计量。

为了检验原假设 H_0 是否成立，需要先选择合适的检验统计量，并且计算检验统计量的值。

分别计算因素在不同水平的均值：$\bar{x}_i = \dfrac{\sum\limits_{i=1}^{n_i} x_{ij}}{n_i}$，$i = 1, 2, \cdots, k$，其中，$n_i$ 是第 i 个总体试验数据的个数。

计算全部观测值的总均值：$\bar{\bar{x}} = \dfrac{\sum\limits_{i=1}^{k} \sum\limits_{j=1}^{n_i} x_{ij}}{n} = \dfrac{\sum\limits_{i=1}^{k} n_i \bar{x}_i}{n}$，其中，$n = n_1 + n_2 + \cdots + n_k$。

为了构造检验统计量，首先需要计算 3 个误差平方和，分别是总误差平方和（Q_{SST}）、因素误差平方和（Q_{SSA}）、随机误差平方和（Q_{SSE}），其计算公式分别为

$$Q_{SST} = \sum_{i=1}^{k} \sum_{j=1}^{n_i} (x_{ij} - \bar{\bar{x}})^2 \tag{3.15}$$

$$Q_{SSA} = \sum_{i=1}^{k} \sum_{j=1}^{n_i} (\bar{x}_i - \bar{\bar{x}})^2 = \sum_{i=1}^{k} n_i (\bar{x}_i - \bar{\bar{x}})^2 \tag{3.16}$$

$$Q_{SSE} = \sum_{i=1}^{k} \sum_{j=1}^{n_i} (x_{ij} - \bar{x}_i)^2 \tag{3.17}$$

三者之间的恒等关系式为

$$\sum_{i=1}^{k} \sum_{j=1}^{n_i} (x_{ij} - \bar{\bar{x}})^2 = \sum_{i=1}^{k} n_i (\bar{x}_i - \bar{\bar{x}})^2 + \sum_{i=1}^{k} \sum_{j=1}^{n_i} (x_{ij} - \bar{x}_i)^2 \tag{3.18}$$

即

$$Q_{SST} = Q_{SSA} + Q_{SSE} \tag{3.19}$$

三个误差平方和的大小都受到观测数据数目多少的影响，观测值数目越多，计算得到的误差平方和越大。为了消除观测值数目多少对误差平方和计算结果大小的影响，需要用各平方和计算结果除以它们各自所对应的自由度，即均方。三个自由度分别为 $n-1$、$k-1$ 和 $n-k$。

Q_{SSA} 的均方也被称为组间均方或组间方差，记为 M_{SSA}。计算公式可以表示为

$$M_{SSA} = \frac{\text{组间平方和}}{\text{自由度}} = \frac{Q_{SSA}}{k-1} \tag{3.20}$$

Q_{SSE} 的均方也被称为组内均方或组内方差，记为 M_{SSE}。其计算公式为

$$M_{SSE} = \frac{\text{组内平方和}}{\text{自由度}} = \frac{Q_{SSE}}{n-k} \tag{3.21}$$

统计理论已经证明，组间均方与组内均方之比是一个服从 F 分布的统计量。本节直

接利用结果,不再给出详细的证明过程。

将 M_{SSA} 与 M_{SSE} 进行对比,可得到所需要的 F 检验统计量为

$$F = \frac{M_{SSA}}{M_{SSE}} \sim F(k-1, n-k) \tag{3.22}$$

(3)第三步:根据给定的显著性水平 α,查 F 分布表,确定临界值 $F_\alpha(k-1, n-k)$。

根据给定的显著性水平 α,分子(组间均方)自由度 $df_1 = k-1$、分母(组内均方)自由度 $df_2 = n-k$,查找 $F_\alpha(k-1, n-k)$,确定相应的临界值。

(4)第四步:做出统计意义上的决策。

根据计算得到的检验统计量的 F 值,与查表所得的临界值 $F_\alpha(k-1, n-k)$ 进行比较,做出统计意义上的决策。若 $F > F_\alpha$,则拒绝原假设 H_0,即 $\mu_1 = \mu_2 = \cdots = \mu_i = \cdots = \mu_k$ 的假设不成立,表明因素对试验结果的影响比随机误差对试验结果的影响大;若 $F < F_\alpha$,则不能拒绝原假设 H_0,没有充分的证据证明因素对试验结果的影响比随机误差对试验结果的影响大。

3.5.2　正交试验分析

正交试验分析简称为正交法,是以概率论、数理统计、实践经验为基础,利用标准化的正交表格安排多因素影响试验,并对试验结果进行分析的一种试验方法。正交试验是在全面试验的基础上选取出最具代表性的组合进行试验,选取的试验组合具有均匀散布、齐整可比的性质。相比于全面试验,正交试验不仅能减少试验次数,缩短试验周期,试验结果还能反映出因素与试验指标之间的关系,得出组合的最优方案等[43]。$L_8(4^1 \times 2^4)$ 正交表如表 3.5 所示。

表 3.5　$L_8(4^1 \times 2^4)$ 正交表

试验序号	列号				
	1	2	3	4	5
1	1	1	2	2	1
2	3	2	2	1	2
3	2	2	2	2	2
4	4	1	2	1	2
5	1	2	1	2	2
6	3	1	1	2	2
7	2	1	1	1	1
8	4	2	1	2	1

正交表是进行正交试验的基础,分为等水平正交表 $L_n(r^m)$ 和混合水平正交表 $L_n(r^{m_1} \times r^{m_2})$。其中,$L$ 为正交表代号;n 为正交表的行数即试验总次数;r 为因素水平个数,表示可以把因素划分为 r 个值;m 为正交表列数,表示该正交表能安排的最大因素

个数。正交表具有以下特点：

(1)表中任意一列，各个水平都出现且出现次数相同。

(2)表中任意两列，各个不同水平的所有组合都出现且出现次数相同。

这两个特点称为正交性，它使得试验点在试验范围内排列整齐、规律、均匀散布，即"整齐可比、均衡分散"。

正交试验设计主要包括两个部分：一是正交试验设计，二是对试验数据进行处理。试验设计的具体步骤如下：

(1)明确目的：任何一个试验都是为了得到某种结论而进行的，任何试验都应该有明确的目的，这也是正交试验设计的基础。

(2)挑选因素，确定水平：一个研究当中对试验结果产生影响的因素较多，但由于试验条件限制不可能全面考察，一般3～7个为宜。在确定影响因素的水平个数时，对试验结果影响较大的因素的水平个数可多取，各水平之间应该保持合理间距，便于试验结果分析。

(3)选取正交表，进行表头设计：正交表应根据因素和水平个数来进行选择，根据正交试验要求，因素的个数需小于正交表列数，因素水平个数与正交表对应的水平个数相同。设计正交表时必须留有空白列作为误差列，误差列一般放在靠后的位置。

(4)进行试验，记录结果：根据正交表设计的试验序号和试验方案依次进行试验，并做好试验结果记录。

(5)正交试验结果与分析：

①极差分析：极差分析(也称直观分析)是通过简单地计算各因素水平对试验结果的影响，并用图表形式将这些影响表示出来，再通过极差分析(找出最大值、最小值)，最终确定出优化的水平搭配方案(生产方案)，或找出因素对试验结果的影响程度。

$$R_j = \max(\bar{K}_{j1}, \bar{K}_{j2}, \cdots, \bar{K}_{jm}) - \min(\bar{K}_{j1}, \bar{K}_{j2}, \cdots, \bar{K}_{jm}) \qquad (3.23)$$

式中，R_j 为 j 因素的极差；K_{jm} 为 j 因素 m 水平对应的试验指标之和；$\bar{K}_{jm}$ 为 j 因素 m 水平对应的试验指标平均值。

②方差分析：通过方差分析可以比较因素水平和误差波动两者引起的试验结果差异，可以判断出因素对试验指标影响的显著性。若因素水平变化引起的试验结果差异大于误差波动引起的试验结果差异，则说明该因素对试验指标影响具有显著性，反之亦然。

各因素偏差平方和 S_j 及总偏差平方和 S_T 分别为

$$S_j = \frac{1}{m} \sum_{i=1}^{m} K_{ji}^2 - \frac{1}{n} \left(\sum_{i=1}^{n} x_i \right)^2, \quad S_T = \sum_{i=1}^{n} x_i^2 - \frac{1}{n} \left(\sum_{i=1}^{n} x_i \right)^2 \qquad (3.24)$$

式中，x_i 为第 i 个试验组的指标值；n 为试验组数；m 为水平个数；K_{ji} 为 j 因素 i 水平对应的试验指标之和。

误差的计算公式为

$$S_{误差} = S_T - \sum_{j=1}^{r} S_j \qquad (3.25)$$

式中，r 为因素个数。

各因素自由度 f_j 和误差自由度 $f_{误差}$ 的计算公式分别为

$$f_j = m - 1, \quad f_{误差} = n - 1 - \sum_{j=1}^{r} f_j \tag{3.26}$$

由因素水平改变引起的平均偏差平方和与误差的平均偏差平方和之比 F_j 的计算公式为

$$F_j = \frac{S_j / f_j}{S_{误差} / f_{误差}} \tag{3.27}$$

将试验结果计算出的比值 F_j 与标准分布表的 F_a 进行对比,即可对各因素的显著性进行分析。

3.6　几种新型相似材料

3.6.1　具有流变特性的铁晶砂相似材料

在地质力学模型试验的相似材料研制方面,常以脆性硬岩的相似材料为主,用以模拟硬岩的力学性质。国内外有关盐岩、泥岩、盐岩夹层等较为软弱的油气储库地质模型相似材料的研究成果较少。在此背景下,山东大学岩土与结构工程研究中心结合其他各种相似材料的优点以及盐岩的特有性质,通过不同配比的调试,调整相似材料的力学参数,研制出了 IBSCM(铁晶砂胶结材料)相似材料[44]。该相似材料由铁精粉、重晶石粉、石英砂、松香、酒精配制而成,具有与盐岩相似的流变特性,如图 3.23 所示。

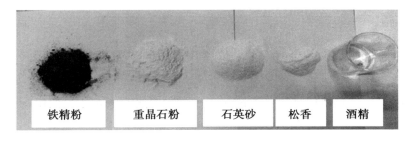

图 3.23　IBSCM 相似材料的原材料

3.6.1.1　各材料组分的作用

通过单轴抗压试验,得出了各成分材料对相似材料物理力学性质的影响。结论如下:

(1)松香酒精溶液:相似材料的黏结剂,松香溶于酒精中,待酒精挥发后起到胶结作用。溶液浓度是改变相似材料各项物理参数的关键因素,松香溶液的浓度越高,相似材料的抗压强度与弹性模量越大,如图 3.24、图 3.25 所示。

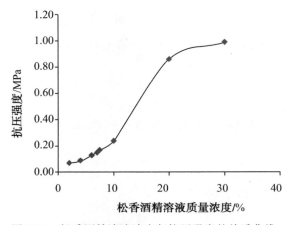

图 3.24　松香酒精溶液浓度与抗压强度的关系曲线

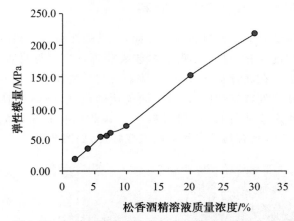

图 3.25　松香酒精溶液浓度与弹性模量的关系曲线

（2）石英砂：作为相似材料的粗骨料，可以起到优化相似材料颗粒级配，调节材料的力学特性的作用。通过改变石英砂的含量，可以改变相似材料的抗压强度与弹性模量，如图3.26、图 3.27 所示。

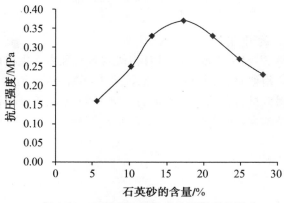

图 3.26　石英砂的含量对抗压强度的影响

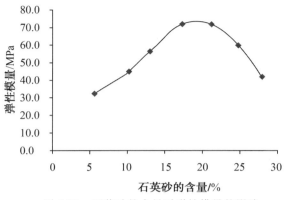

图 3.27　石英砂的含量对弹性模量的影响

（3）重晶石粉：作为相似材料的细骨料，有助于相似材料的成型。

（4）铁精粉：铁精粉的重度较大，可以用来调整相似材料的容重。铁精粉在铁精粉和重晶石粉总量中比重越大，相似材料的重度越大。铁精粉的含量与重度的关系如图 3.28 所示。根据相似理论公式，当相似材料的容重与原岩的容重相同时，可以简化模型与实际工程其他参数之间的换算。

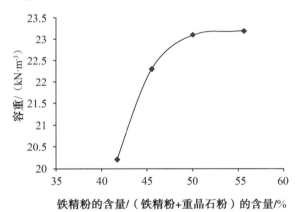

图 3.28　铁精粉的含量与容重的关系曲线

3.6.1.2　蠕变试验

相似材料的蠕变过程包含初始蠕变、稳态蠕变和加速蠕变三个蠕变阶段，与原岩蠕变性质相似，如图 3.29 所示。

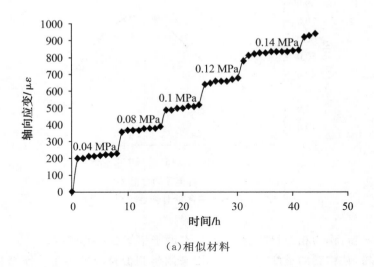

（a）相似材料

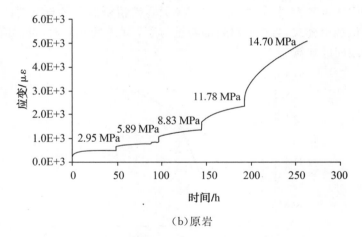

（b）原岩

图 3.29　相似材料与原岩蠕变强度对比

3.6.2　具有流-固耦合特性的岩体相似材料

　　在流-固耦合物理模型试验中，相似材料物理性质、力学性质、水理性质的相似性决定了试验成功率和结果的准确性[45]。相似材料需要具有强度低、吸水率可调、遇水不崩解、制作方便的特点。

　　山东大学岩土与结构工程研究中心以石英砂、重晶石粉和滑石粉为骨料，以 C325 白水泥为黏结剂，以硅油为添加剂，以水为融合剂（见图 3.30、图 3.31），共同制成具有流-固耦合特性的岩体相似材料。其中，石英砂作为骨料可以起到骨架和支撑作用，重晶石粉和滑石粉主要起到增加材料堆积密度和降低材料变形模量和抗压强度的作用，适量的水泥和水主要起胶凝作用，硅油主要起到试件遇水不崩解的作用。

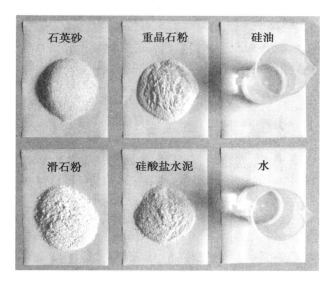

图 3.30　相似材料原材料

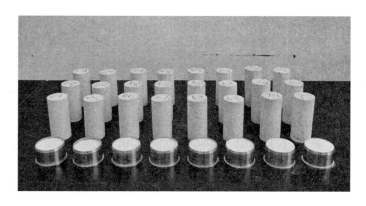

图 3.31　养护中的试件

以石英砂含量、重晶石粉含量、水泥含量和硅油含量作为影响因素,采用正交试验获取了相似材料的物理性质、力学性质、水理性质及其影响因素:密度为 1.87～2.21 g/cm^3,随石英砂含量减少而显著减小;单轴抗压强度为 0.75～5.24 MPa,随水泥含量增加而显著增大;弹性模量为 117.76～505.05 MPa,随石英砂含量减少而显著减小,随水泥质量增加而显著增大;吸水率为 1.85%～23.55%,随硅油含量增加而显著减小,随石英砂含量增加而大致呈增大趋势。

3.6.3　具有吸附解吸特性的煤岩相似材料

煤岩相似模拟试验不仅要求相似材料的常规物理力学特性满足相似准则,而且要求满足吸附解吸性。

选定骨料与黏结剂的比例为 95∶5 作为相似材料配比,并进行吸附性试验,所测得的吸附等温线如图 3.32 所示[46]。由吸附等温线可以看出,水泥、松香、硅酸钠等都严重降低了相似材料的吸附性,松香对相似材料吸附性的影响最大,仅为原煤的一半左右。上述四种黏结剂中仅有由腐植酸钠作为黏结剂制成的相似材料展现了良好的吸附性。因此,选用腐植酸钠水溶液作为煤岩相似材料的黏结剂。

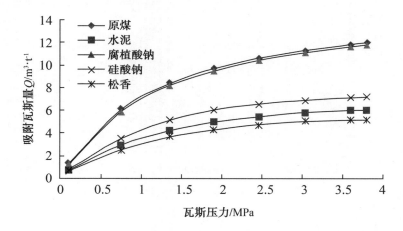

图 3.32　由不同黏结剂制成的相似材料的吸附等温线

水分对标准试件制作的影响很大:若水分过少,煤粒湿润不均,部分煤粒不能附着黏结剂,导致型煤强度降低;若水分过多,拌和后的材料太过湿润,高压成型时有水分溢出,影响试件干燥。因此,成型水分取煤粉质量的 8%。

通过上面的分析,选定煤岩相似材料原材料的骨料是粒径分布为 1～3 mm∶0～1 mm＝24∶76 的煤粉,黏结剂是腐植酸钠水溶液,其中水分含量占煤粉质量的 8%。相似材料的原材料如图 3.33 所示。

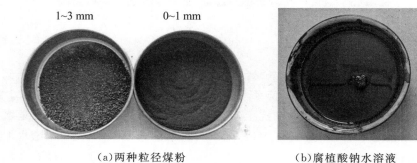

（a)两种粒径煤粉　　　　　　　　　（b)腐植酸钠水溶液

图 3.33　煤岩相似材料的原材料

考虑煤岩特有的物理力学特性,本书完全按照相似比尺要求研制了煤岩相似材料,测定并分析了煤岩相似材料的容重、孔隙率、吸附性、单轴抗压强度、弹性模量、泊松比、黏聚力、内摩擦角等 8 项参数的影响因素和变化范围,为配制不同物理力学性质的原煤提供了参考。某煤矿原煤的物理力学性质和按照相似比尺（$C_l = 20$）换算后的煤岩相似材料参数对比如表 3.6 所示。

表 3.6　原煤与煤岩相似材料的参数对比

	弹性模量/MPa	抗压强度/MPa	内摩擦角/(°)	黏聚力/MPa	泊松比	瓦斯吸附量/(m³/t)
原煤	15 500	20	28	1.46	0.31	8
相似材料（$C_l = 20$）	38	1	25	0.073	0.31	8
相似材料范围	40~295	0.5~2.8	25~30	0.07~0.200	0.3 左右	8 左右

由表可看出，计算出的煤岩相似材料参数值大多包含在本书研究的相似材料范围内，说明相似材料具有良好的应用性，为今后相似材料的应用提供了科学依据。

3.6.4　超低渗透特性的岩层相似材料

3.6.4.1　相似材料组分

在流-固耦合模型中，相似材料必须同时满足固体变形和渗透性相似两个条件。其中，煤与瓦斯突出、页岩气开采等气固耦合模拟则要求相似材料具有超低渗气密性。

铁精粉、重晶石粉、石英砂常被用作岩土相似材料的骨料，具有性质稳定，容易调节相似材料的密度、弹性模量、内摩擦角等优点。超低渗透特性的岩层相似材料采用 200 目的铁精粉、200 目的重晶石粉、20~40 目的石英砂为骨料，三种高密度骨料采用粗细结合的方式，可以获取较大的重度、稳定的材料性能。

水泥是性质稳定的低渗性材料之一，在模型试验领域作为黏结剂使用广泛。但普通水泥作为黏结剂时，材料渗透率过大，无法模拟低渗性岩石。为此，试验采用凝固快、强度低、密封性好的特种水泥作为黏结剂，以能够增强水泥密封性的密封防水剂作为添加剂。其中，特种水泥以硫铝酸盐水泥及添加剂经特殊工艺加工而成。密封防水剂以无机盐为主要渗透材料，添加活性催化剂及功能型助剂配制而成，可渗入水泥内部发生化学反应，产生乳胶体，堵塞孔隙。

综上，确定低渗性岩层相似材料的配比如下：200 目的铁精粉、200 目的重晶石粉、20~40 目的石英砂为骨料，特种水泥为黏结剂，密封防水剂为添加剂。

3.6.4.2　相似材料参数

该相似材料可采用电动夯实机振动压实成型，干燥快速。本书通过以特种水泥含量、水泥添加剂含量、淀粉含量作为影响因素的正交试验方法，测试了材料的力学渗透性质及影响规律。结果显示，该相似材料性质可调范围大，密度为 2.47~2.66 g/cm³，单轴抗压强度为 0.66~8.86 MPa，弹性模量为 66.65~438.17 MPa，渗透率为 3.71×10^{-3} ~4.63 mD；该材料性质稳定，渗透率可在 1.5 MPa 气压下维持恒定（见图 3.34），可应用于气固耦合模型试验。

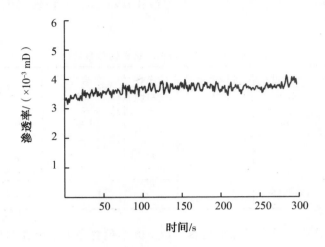

图 3.34　1.5 MPa 气压下相似材料的实时渗透率

3.6.4.3　超低渗气密性岩层相似材料的适用性

本书研发的相似材料,其密度与实际岩体材料密度接近,即 $C_\gamma = 1$。为了兼顾模拟的相似性及试验成本,几何相似常数一般取 20～50。为清晰展示本材料的适用性,本书基于上述相似准则分别计算了 20～50 几何相似常数下该相似材料可模拟的岩石性质,结果如表3.7所示。

表 3.7　相似材料可模拟的岩石性质

几何相似常数	密度/(g·cm⁻³)	单轴抗压强度/MPa	弹性模量/GPa	渗透率/mD
20	2.47～2.66	13.2～177.2	1.33～8.76	0.016～20.75
30	2.47～2.66	19.8～265.8	2.00～13.15	0.020～25.41
40	2.47～2.66	26.4～354.4	2.67～17.53	0.023～29.35
50	2.47～2.66	33.0～443.0	3.33～21.91	0.026～32.81

由表发现,该相似材料可模拟的岩石渗透率范围为 0.016～32.81 mD。单就渗透率来说,该相似材料可覆盖大部分超低渗岩石,用于煤与瓦斯突出、页岩气开采等气固耦合模型试验中超低渗气密性岩层的模拟。将该相似材料与常见岩石的物理力学性质(见表3.8)作比较,发现该相似材料可以在气固耦合模型试验中很好地模拟致密的砂岩、石灰岩、花岗岩、片岩等。然而,该相似材料的密度仅可在小范围内调整,对很多岩石来说都无法实现密度的绝对相似,尚需进一步研究与性质优化。

表 3.8　常见岩石的物理力学性质

岩石名称	密度/(g·cm⁻³)	单轴抗压强度/MPa	弹性模量/GPa	现场渗透率/mD
砂岩	2.20～2.71	72.4～214	5～100	0.03～1000
页岩	2.30～2.62	35.2	10～80	0.00001～0.01
石灰岩	2.40～2.80	51～245	10～190	0.01～1000
玄武岩	2.50～3.10	355	60～120	0.8～104
花岗岩	2.30～2.80	226	20～100	0.001～100
片岩	2.50～3.70	10～100	2～80	0.2

本章小结

本章介绍了如何基于相似原理制作试验模型用的相似材料,分别从原材料的选择、相似材料制备、物理力学性质测试方法等方面论述。

(1)介绍了相似材料的基本要求及选型原则,以及如何根据不同试验要求确定相似材料的基本参数和配比,提出了不同的相似材料制备方法。

(2)介绍了常规的相似材料的物理力学性质测试方法,通过材料性质影响因素分析方法,分析了不同因素对相似材料性质的影响。

(3)以具有流变特性的铁精粉相似材料、具有流-固耦合特性的岩体相似材料、具有吸附解吸特性的煤岩相似材料、超低渗透特性的岩层相似材料为代表,介绍了典型相似材料的特点与适用条件。

第4章 物理模拟试验装备系统

物理模拟试验装备是地下工程物理模拟试验的设备基础,直接决定了试验的相似性与科学性[47]。物理模拟试验装备结构复杂,依据功能的不同,可将其分为模型反力装置、应力加载系统、注水充气系统、智能采掘系统、信息采集系统等五大部分。本章重点介绍各部分的构成与基本原理。

4.1 物理模拟试验装备系统构成

如前所述,物理模拟试验主要是采用缩尺的方式,在实验室对各种工程参数进行模拟,而物理模拟试验装备的主要作用是在实验室形成与工程现场相似的工程环境,并使模拟的工程环境满足相似准则,同时对模拟的工程环境进行信息反馈。

针对地下工程的特点,物理模拟试验装备常常需要具备以下功能:

(1)开展试验的物质基础可以形成满足几何尺寸缩尺条件的相似地质模型。

(2)形成试验的力学受力环境可以进行高地应力加载。

(3)可以进行高压水气赋存模拟,从而形成多相耦合赋存环境。

(4)可以对模型进行采掘,从而模拟现场施工过程。

(5)可以对物理模拟试验装备的工作信息进行可视化及时反馈,从而提高试验过程的定量化。

基于上述物理模拟试验装备系统的五项功能需求,可将物理模拟试验装备系统划分为五个既彼此独立又相互配合的装置或系统:模型反力装置、应力加载系统、注水充气系统、智能采掘系统、信息采集系统。物理模拟功能与试验系统的对应关系如图 4.1 所示。

模型反力装置可形成相似地质模型的制作空间以及高压水气赋存空间,并可为高地应力加载提供高刚度反力;应力加载系统可实现高地应力加载模拟;注水充气系统可对地质模型注入高压水气,形成高压水气赋存环境;智能采掘系统可模拟煤层回采及隧洞掘进的施工过程;信息采集系统对其余四个装置或系统反馈的信息进行采集及存储,方便对试验过程进行回溯及分析。五大系统相互配合的示意图如图 4.2 所示。

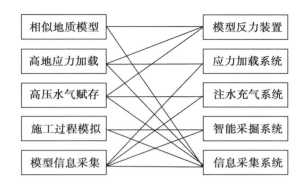

图 4.1　物理模拟功能与试验系统的对应关系

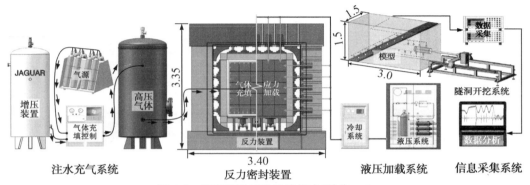

图 4.2　物理模拟试验系统构成(单位:m)

4.2　模型反力装置

目前,针对不同的工程地质条件,形成了各具特色的模型反力结构及装置,可适应不同尺寸及相似比尺的模拟试验要求,满足不同边界条件和赋存环境的模拟要求。

根据试验过程中相似地质模型所处的力学环境与赋存状态,可将现有模型反力装置划分为平面应力模型反力装置、平面应变模型反力装置、准三维模型反力装置、真三维模型反力装置、真三维多场耦合槽式模型反力装置。

4.2.1　平面应力模型反力装置

根据弹性力学知识,平面应力问题讨论的弹性体一般为薄板结构,薄板厚度远远小于结构另外两个方向的尺度,仅在平面内有应力,在厚度方向无约束,因此厚度方向上的应力可忽略[48]。

常见的工程平面应力问题(如煤层工作面回采过程)也主要利用平面应力模型反力装置开展物理模拟试验研究。由于试验采用的几何比尺(C_l)一般都在 100 以上,且模型表面加载的应力一般较小,因此,平面应力模型反力装置是物理模拟试验装置中结构最简单的,一般由长条形钢结构搭接而成,主要由底板、侧梁及顶部应力加载装置构成,前后方向无约束,如图 4.3 所示。

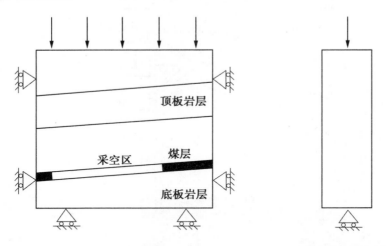

（a）模型受力正视图 　　　　　　　　　（b）模型受力侧视图

（c）平面应力模型反力装置实物（河南理工大学）

图 4.3　平面应力模型反力装置

平面应力模型反力装置在相似试验模型铺设过程中需要安装侧板,在侧板的限制下分层铺设试验模型,试验模型铺设完成后拆除侧板,然后再进行加载及采掘模拟。

4.2.2　平面应变模型反力装置

平面应变问题讨论的弹性体是具有很长的纵向轴的柱形物体,其横截面大小和形状沿轴线长度不变,作用外力与纵向轴垂直。因此,平面应变只在平面内有应变,与该面垂直方向的应变可忽略[49]。平面应变模型反力装置如图 4.4 所示。

常见的工程平面应力问题,如隧洞开挖稳定性问题,由于采用的几何比尺（C_l）一般为 10~50,且模型表面加载的应力一般较大,因此,平面应变模型反力装置的刚度要求高,特别是前、后面应该具有很好的约束刚度,限制试验模型的侧向变形,以满足平面应变模型的加载条件,挠跨比一般应小于 1/3000。

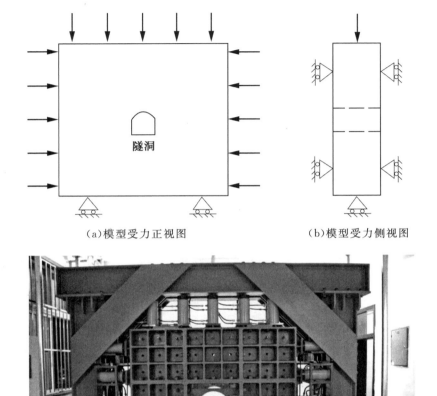

<table>
<tr><td>(a)模型受力正视图</td><td>(b)模型受力侧视图</td></tr>
</table>

（c）平面应变模型反力装置实物(山东大学)

图 4.4　平面应变模型反力装置

4.2.3　准三维模型反力装置

准三维模型反力装置一般是在平面模型反力装置的基础上,为适应工程厚度方向的模拟范围要求,将反力装置的厚度进行延伸,但是主动加载方向一般只有顶部单向或者顶部、左右双向,其余方向采用反力装置约束被动加载,如图 4.5 所示[50]。准三维模型反力装置前后方向没有主动加载,仅靠前后约束提供反力,适应隧洞轴向地应力不大的情况,可以方便地将隧洞从前部挖到后部。

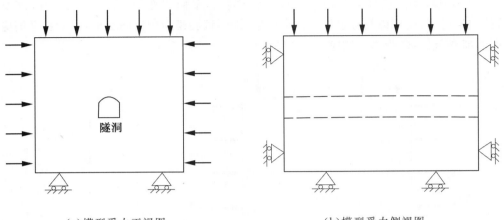

（a）模型受力正视图　　　　　　　　　　　（b）模型受力侧视图

（c）准三维模型反力装置实物（山东大学）

图 4.5　准三维模型反力装置

4.2.4　真三维模型反力装置

　　真三维模型反力装置在准三维模型反力装置的基础上，进一步增加了后部方向的应力加载，即"三轴四面加载"。真三维模型反力装置有的底部也可加载，即"三轴五面加载"；还有的前部也可加载，即"三轴六面加载"。真三维模型反力装置可满足地下工程三维地应力赋存的真实模拟要求，如图 4.6 所示。对于深部隧洞物理模拟来说，从方便开挖的角度考虑，一般采用"三轴四面加载"或"三轴五面加载"。但对于不考虑开挖的模型，例如盐穴储气库注采模拟试验，可采用"三轴六面加载"。

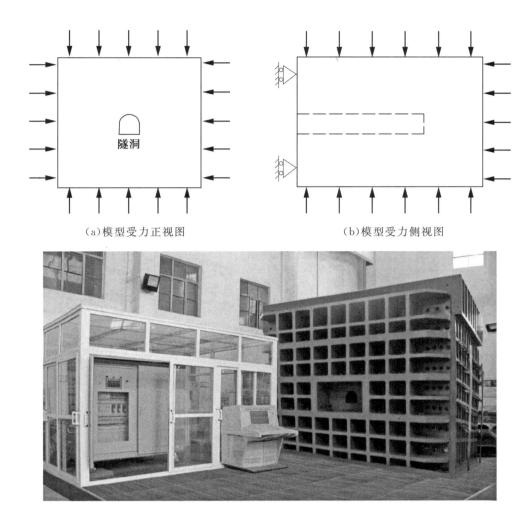

（a）模型受力正视图　　　　　　　　（b）模型受力侧视图

（c）真三维模型反力装置实物（山东大学）

图 4.6　真三维模型反力装置

4.2.5　真三维多场耦合榀式模型反力装置

随着工程建设深度的不断增加，工程围岩赋存环境越来越复杂，常面临着高地应力、高压水气赋存的复杂地质环境，对此类工程的物理模拟试验装备提出了新的气液高压密封要求[51]。为此，以山东大学为代表的国内外科研单位研发了刚度大、整体稳定性好、组装灵活方便、尺寸可任意调整的真三维多场耦合榀式模型反力装置。由于其性能优越且应用广泛，本节将其作为典型的真三维反力装置进行介绍。

4.2.5.1 嵌入式油缸安装的新型反力装置

真三维多场耦合榀式模型反力装置采用了嵌入式油缸安装结构。与传统的将油缸通过后法兰安装在反力装置内部不同,嵌入式油缸安装结构是通过前法兰将油缸嵌入式安装在反力装置内部,如图 4.7 所示。这样不仅可以减小模型装置外部尺寸,降低用钢量,还可以提升反力装置的整体刚度和强度。假设传统结构反力装置外部宽度为 l,采用嵌入式油缸结构后反力装置外部宽度将减小为 $0.8l$,装置尺寸降低了约 20%。

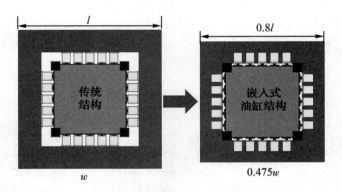

图 4.7　油缸嵌入式安装力学结构

根据材料力学知识可知,反力装置挠度(w)的计算公式如式(4.1)所示,传统结构和嵌入式油缸结构的反力装置挠度的计算公式分别如式(4.2)和式(4.3)所示。由式(4.4)的计算可知,嵌入式油缸结构的整体挠度降低了约 60%。

$$w = \frac{qx}{24EI}(l^3 - 2lx^2 + x^3) \tag{4.1}$$

$$w_{\text{传统结构}} = \frac{q\left(\frac{1}{2}l\right)}{24EI}\left[l^3 - 2l\left(\frac{1}{2}l\right)^2 + \left(\frac{1}{2}l\right)^3\right] = \frac{q}{24EI}\frac{5}{16}l^4 \tag{4.2}$$

$$w_{\text{嵌入式油缸结构}} = \frac{q\left(\frac{2}{5}l\right)}{24EI}\left[\left(\frac{4}{5}l\right)^3 - 2\left(\frac{4}{5}l\right)\left(\frac{2}{5}l\right)^2 + \left(\frac{2}{5}l\right)^3\right] = \frac{q}{24EI}\frac{16}{125}l^4 \tag{4.3}$$

$$\frac{w_{\text{嵌入式油缸结构}}}{w_{\text{传统结构}}} = 0.4096 \tag{4.4}$$

式中,q 为模型反力装置内部承受的均布荷载;x 为计算挠度的位置到固定支点的距离;E 为模型反力装置的弹性模量;l 为模型反力装置的最大跨度;I 为模型反力装置的惯性矩。

嵌入式油缸安装在反力装置钢结构梁的肋中间,如图 4.8 所示[52]。嵌入式油缸安装结构除了上述有益效果外,还有利于多场耦合加载密封(可以通过增加组合垫圈和密封圈的方法实现),方便连接油管和检修,采用薄板将其掩盖,可起到美观的效果。

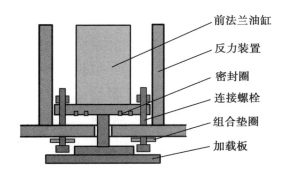

前法兰油缸

反力装置

密封圈

连接螺栓

组合垫圈

加载板

图 4.8 嵌入式前法兰密封油缸

4.2.5.2 试验空间可变的组合榀式反力装置

为克服常规真三维模型反力装置尺寸固定、无法根据模型试验范围进行灵活调整的缺陷,真三维多场耦合榀式反力装置采用模块化设计理念,它主要由底梁、侧梁、顶梁、前后梁组成,可实现试验空间可变,如图 4.9 所示。

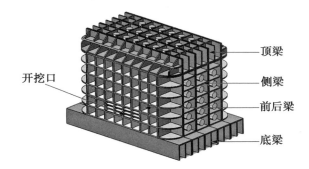

开挖口

顶梁

侧梁

前后梁

底梁

图 4.9 真三维多场耦合榀式模型反力装置

底梁、侧梁、顶梁、前后梁通过法兰、螺栓等辅助构件连接成一个整体。模型厚度方向为榀式结构,整个榀式反力装置可以根据试验要求组装,可拆装成单榀独立加载反力装置,从而改变试验模型的尺度,适应不同相似比尺及模拟范围的试验要求。厚度方向尺寸调整如图 4.10 所示。

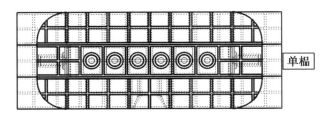

单榀

(a)俯视图

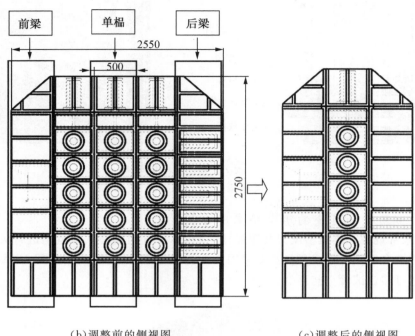

（b）调整前的侧视图 　　　　　（c）调整后的侧视图

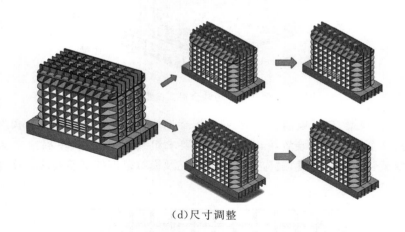

（d）尺寸调整

图 4.10　真三维多场耦合榀式模型反力装置厚度方向尺寸调整（单位：mm）

模型反力系统的左右侧梁可同时按固定尺寸的倍数内移，如图 4.11 所示。

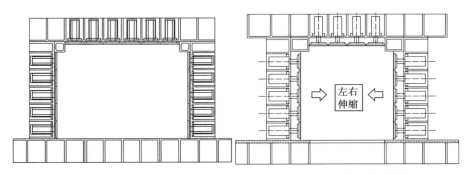

<table>
<tr><td>(a)缩尺前组装正视图</td><td>(b)缩尺后组装正视图</td></tr>
</table>

图 4.11　真三维多场耦合榀式模型反力装置侧梁尺寸调整

4.2.5.3　反力装置主体结构密封

　　真三维多场耦合榀式模型反力装置考虑了高压水气密封要求,其主体结构主要采用丁腈橡胶条或液态密封胶进行密封[53]。

　　丁腈橡胶是一种合成橡胶,是由丙烯腈与丁二烯单体聚合而成的共聚物,具有耐油性好、耐磨性高、气密性好、耐热性好、黏结力强、耐老化性能较好等优点[54]。每榀反力装置之间的拼接面上设有凹槽,将直径 10 mm 的丁腈橡胶条放置在凹槽内,接头处采用强力瞬干胶进行搭接,通过高强度螺栓固定各榀反力装置后,即可实现榀与榀之间的密封,如图 4.12 所示。

　　液态密封胶在一定紧固力下密封性能好,耐压、耐热、耐油性能好,对介质(油、水)有良好的稳定性,对金属不腐蚀。在受到振动、冲击以及过度压缩时,液态密封胶不会像固体垫圈那样产生龟裂、脱落等破坏性泄漏现象。组装反力装置时,在各榀的拼接面涂抹适量的液态密封胶,用螺栓固定。安装完毕后,密封胶体将与空气中的水分结合发生固化反应,形成密封结构。

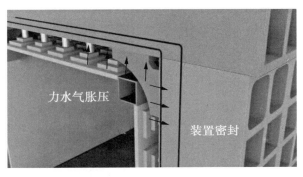

力水气胀压

装置密封

图 4.12　模型反力装置主体结构密封

4.2.5.4　可视化开挖窗口及其密封

　　针对巷道开挖类物理模拟试验,常常有可视化观测巷道周边的变形及破坏的要求,此时需在开挖口安装可视化钢化玻璃或亚克力板。若要实现开挖口的密封,应在玻璃与模型框架之间安装密封垫圈,密封垫圈形状与玻璃外边框形状相同,通过螺丝将密封垫圈以及框架固定,开挖时只需将框架外部洞口玻璃拆除,在保证试验可视化的情况下实现开挖洞口密封,如图 4.13 所示。

（a）未开挖前密封状态　　　　　　　　（b）开挖后打开状态

图 4.13　开挖口密封

4.2.5.5　传感器引线密封

真三维多场耦合楄式模型反力装置考虑了传感器引线密封,具体结构如图 4.14 所示,模型内部压力、应变、渗压、温度等传感器的信号线通过模型框架侧面引出,在侧梁设置了数据监测孔,监测孔外部安装密封管,框架内部传感器通过密封管引出,密封管布置于侧梁加强筋之间。试验时,利用穿孔螺母将引线引出,然后在孔中灌入高强密封胶并通过胶带与密封管之间拧紧。更换传感器时,只需将相应的穿孔螺丝卸下更换即可,不影响其他引线的密封。密封管最外端用法兰盘加密封圈固定。

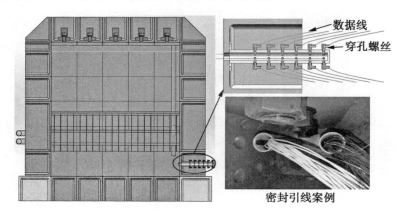

图 4.14　模型内部预埋传感器密封引线

4.2.6　试验装置自动化技术

为提高试验效率与试验精度,试验装置自动化技术应运而生,逐步实现了试验装备安装调试、试验模型制作和取出等过程的自动化。比较有代表性的自动化技术与装置有用于倾斜岩层制作的旋转装置、提高试验效率的顶梁滑移锁定系统、试验模型移入移出的模型升降平移系统等,以下进行具体介绍。

4.2.6.1　用于倾斜岩层制作的旋转装置

为了解决倾斜岩层制作的难题,研究人员设计研发了双向多角度智能翻转模型试验装置。该装置主要包括模型反力装置、左右翻转装置、前后翻转装置,将模型反力装置安装在左右翻转装置和前后翻转装置内,可同时实现左右和前后多角度组合翻转(见图4.15),可模拟不同地质条件、不同岩层倾角、不同模型尺寸岩层的变形破坏特征和岩层运动规律。

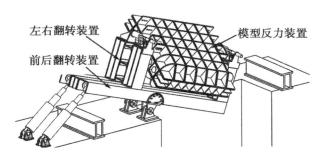

图 4.15　任意多角度旋转效果图

4.2.6.2　提高试验效率的顶梁滑移锁定系统

顶梁滑移锁定系统可实现顶梁拆装的自动化,制作模型时先解除顶梁锁定并将其移走,试验时将顶梁移回锁定后再进行加载试验。模型反力装置整体设计的三维效果如图4.16所示,该装置减少了人工用螺栓将顶梁与侧梁和前后梁锁定在一起的麻烦,大大提高了试验效率。

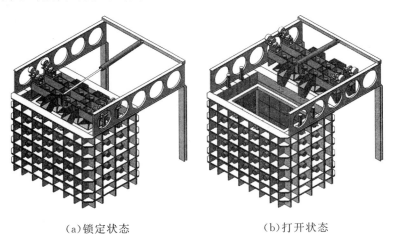

(a)锁定状态　　　　　　　　(b)打开状态

图 4.16　顶梁滑移锁定系统整体设计的三维效果图

　　顶梁滑移锁定系统的结构如图 4.17 所示,主要由顶梁、平移油缸、轨道、滚轮、平推油缸、顶升油缸等组成。顶梁锁定装置安装在侧梁和前后梁内,中间为锁定油缸,左右各有三个插销,锁定油缸伸缩带动六个插销运动,从而使穿过侧梁和前后梁的导向孔与顶梁锁定在一起,解锁时反向操作即可。

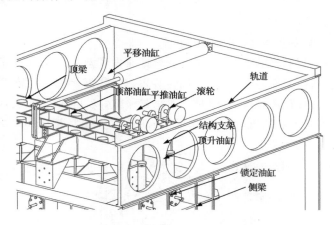

（a）顶梁升降平移系统

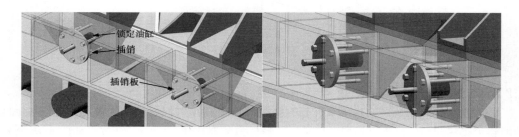

（b）顶梁锁定装置

图 4.17　顶梁滑移锁定系统的结构

4.2.6.3　试验模型移入移出的模型升降平移系统

　　为方便模型制作和试验后观察,研究人员设计研制了可实现试验模型自动化移入移出的模型升降平移系统,其具体工作原理和构成如图 4.18 所示。平移油缸安装在模型承载板中间,后部与反力支座相连,前部与承载板前支座相连,用于该系统的水平移动。防剪切升降轮组对称地安装在模型承载板下部两侧,前后至少有 2 排。防剪切升降轮组由升降油缸、防剪切导向缸、滚轮构成,其中升降油缸控制滚轮的升降。试验时,滚轮升起,使之与固定于反力装置底梁上的轨道脱离,模型承载板的肋板与底梁接触,此时模型自重与顶部荷载均由模型承载板承担。当试验结束时,模型卸载后滚轮下降,使之与固定于反力装置底梁上的轨道接触,模型承载板的肋板与底梁脱离,模型自重由承载板的滚轮承担,此时控制平移油缸可将模型移出试验装置外部。

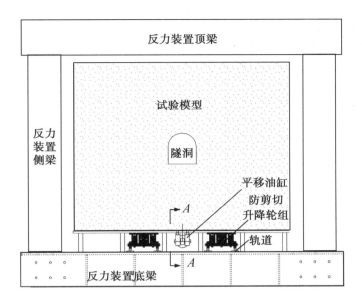

（a）正视图

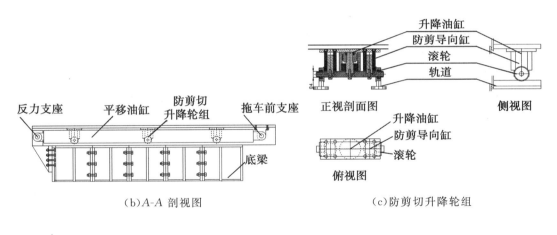

（b）A-A 剖视图

（c）防剪切升降轮组

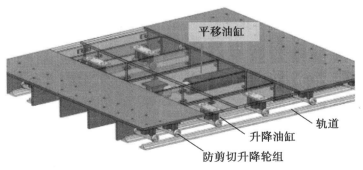

（d）立体图

　　　　(e)防剪切升降轮组　　　　　　　　　　(f)工作过程

图 4.18　模型升降平移系统的工作原理与结构

4.3　应力加载系统

　　目前,应力加载系统装置可分为重力加载装置、油(气)囊加载装置、气缸加载装置、液压加载装置、伺服电缸加载装置、周期荷载加载装置、冲击荷载加载装置。各种加载装置配合多种加载辅助装置,共同实现地应力及扰动荷载的定量施加。

4.3.1　重力加载装置

　　重力加载装置利用物体本身的质量,施加在试验模型上作为荷载。该物体既可以采用专门制作的标准质量铸铁砝码、混凝土立方试块、水箱等,也可以采用砖、袋装砂(石)、袋装水泥、废构件、钢锭等方便获取的重物。重物可以直接加在试验系统上,也可以通过杠杆系统间接加在试件上,如图 4.19 所示[55]。重力加载法简单直接,稳定性好,荷载值稳定,不会因结构的变形而减少,而且不影响结构的自由变形,特别适用于长期荷载和均布荷载试验,但是很难施加较高的地应力。

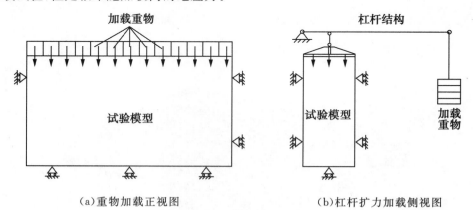

　　　　(a)重物加载正视图　　　　　　　　　(b)杠杆扩力加载侧视图

图 4.19　重力加载装置原理

重物加载应注意以下问题：

(1)当采用铸铁砝码、砖块、袋装水泥等作为均布荷载时,应注意重物尺寸和堆放距离。

(2)当采用砂、石等松散颗粒材料作为均布荷载时,切勿连续松散堆放,宜采用袋装堆放,以防止砂石材料摩擦角引起拱作用而产生卸载影响以及砂石质量随环境湿度不同而引起的含水率变化,造成荷载不稳定。

(3)重物加载装置进行集中荷载试验时,常采用杠杆原理将荷载值放大。杠杆应保证有足够的刚度,杠杆比一般不宜大于 5,三个作用点应在同一直线上,避免因结构变形、杠杆倾斜而导致杠杆放大的比例失真,从而保持荷载稳定、准确。

(4)用重物加载进行破坏性试验时,应特别注意安全。在加载试验结构的底部均应有保护措施,以防止倒塌造成事故。

4.3.2　油(气)囊加载装置

油(气)囊加载装置利用安装在反力装置上的橡胶囊,通过充油或气对模型施加荷载。此方法尤其适用于均布荷载施加,且加、卸载方便。

油(气)囊加载装置属于柔性加载,一般应用于对加载均匀性要求较高的模型结构试验。橡胶囊内注入的气液压力直接作用于模型表面,当模型表面产生不均匀变形时仍能进行均匀加载。但由于该装置加载压力小、行程小、易漏油、使用寿命短,故不适应高地应力的加载要求。油(气)囊加载装置的使用案例如图 4.20 所示。

  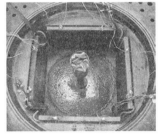

(a)油囊实物　　　　　　　(b)油囊安装　　　　　(c)油囊外部安装加载板

图 4.20　油(气)囊加载装置的使用案例(中国矿业大学)

4.3.3　气缸加载装置

气缸加载装置是将气缸安装在模型反力装置内,为试验模型表面施加应力的加载装置。气缸主要由缸筒、活塞杆、前端盖、后端盖、拉杆等构成,其中前端盖和后端盖上分别设有回气口和进气口,如图 4.21 所示。

由于气缸采用压缩空气加载,压缩空气的压力最大一般不会超过 0.8 MPa,因此,气缸的出力一般较小,仅适用于地应力较小的模型加载。同时,由于气体相对于液体可压缩性大,气缸加载能够快速跟随模型变形加载,但气缸加载也容易出现冲击危险性。因此,采用气缸加载的试验装置较少。

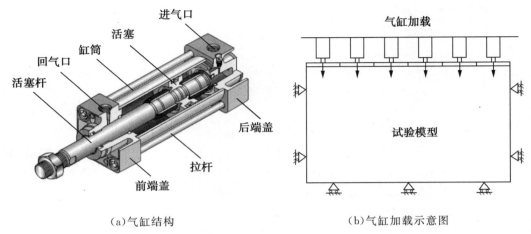

（a）气缸结构   （b）气缸加载示意图

图 4.21 气缸结构与气缸加载

4.3.4 液压加载装置

相对于重力加载装置及油(气)囊加载装置,液压加载装置结构更加复杂,加载精度更高,适用范围更大,长时保压效果更好。液压加载装置主要包括液压油缸、液压泵站及智能控制系统。

4.3.4.1 液压加载原理

液压加载装置以油液作为工作介质,通过油液内部的压力来传递动力。首先是在液压泵站内将原动机的机械能转换为油液的压力能(势能),然后将液压泵站产生的高压油通过油管输入到液压油缸,将油液压力能转换为带动液压油缸向前加载的机械能。智能控制系统用来控制和调节油液的压力、流量和流动方向,主要包括各种压力控制阀、流量控制阀。此外,液压加载装置还需软硬管路、接头、油箱、滤油器、蓄能器、密封件和显示仪表等各种辅助部分,将液压油缸、液压泵站及智能控制系统连接在一起,组成一个系统,并起储油、过滤、测量和密封等作用。液压加载装置原理图如图 4.22 所示。

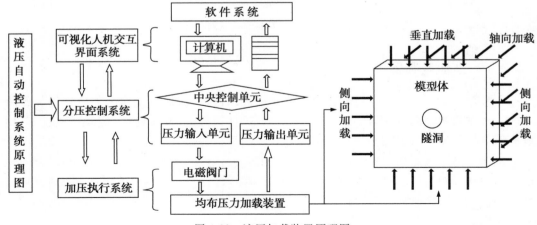

图 4.22 液压加载装置原理图

液压加载装置的同一液压泵站可实现多级加压，便于分级加压；智能控制系统可伺服控制液压泵站，并配备保压、压力补偿等功能，实现了模型试验真三维逐级加、卸载，且加、卸载精度高，长时保压效果好，能真实模拟地下工程围岩高地应力赋存环境及开挖卸载过程。

4.3.4.2　液压油缸

液压油缸工作原理如图 4.23 所示。当需要加载时，液压油缸通过智能控制系统控制液压泵站将高压油注入油压腔，在高压油的作用下活塞向外移动，并对外加载做功；当需要卸载时，液压油缸通过智能控制系统控制液压泵站向回程腔注油，油压腔内的高压油返回液压泵站，活塞反向移动完成卸载。

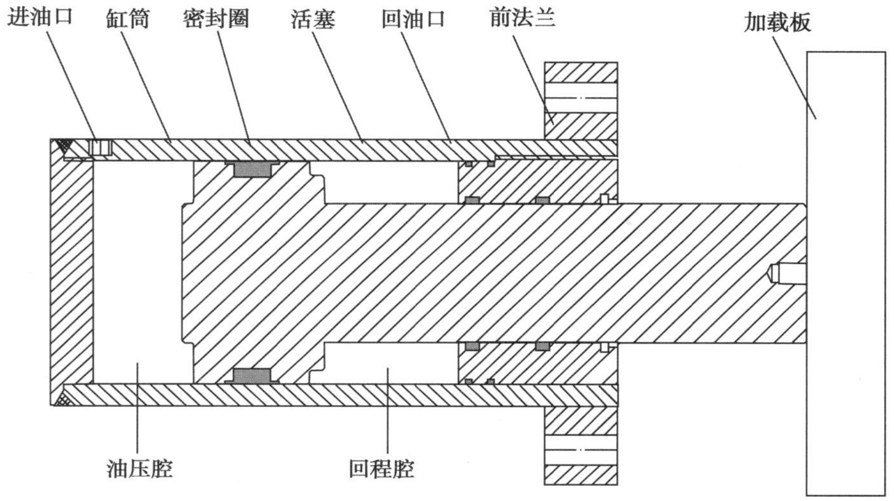

图 4.23　液压油缸工作原理

液压油缸一般采用前法兰嵌入式安装在榀式反力装置上，通过油管与液压泵站及智能控制系统连接。液压油缸的具体尺寸需根据最大加载地应力确定。真三维榀式模型反力装置中液压油缸的安装布置如图 4.24 所示。

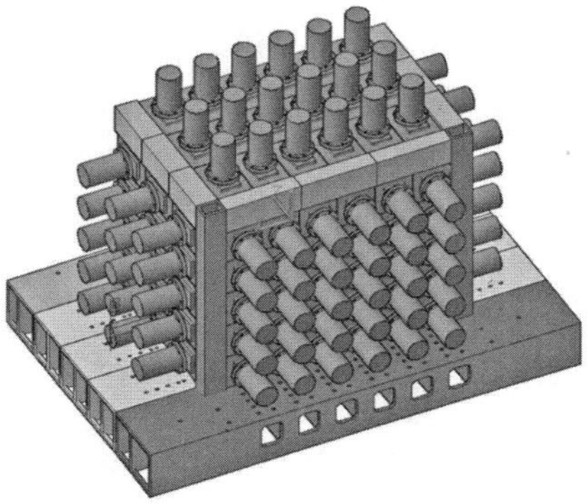

图 4.24　真三维榀式模型反力装置液压油缸的安装布置

4.3.4.3 液压泵站

液压泵站用来产生高压油,主要包括油箱、滤油器、电机、柱塞泵、电-液比例溢流阀、总路蓄能器、总路压力变送器、连接管路、可控电磁单向阀、三位四通电磁阀、分路蓄能器、分路压力变送器等器件。液压泵站通过系统集成实现各油路不同压力精确控制,长时间保压、稳压以及智能梯度加、卸载。液压泵站工作原理如图 4.25 所示。

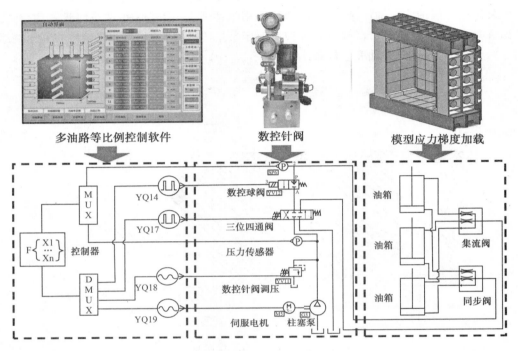

图 4.25 液压泵站工作原理

液压泵站由液压泵提供液压动力源,并通过电液伺服阀调节压力和流量,控制双作用液压缸进行加载和保压。该系统提供压力同步控制方式,该控制方式以压力作为主要控制目标,并辅以位移调整(根据公差)来均衡加载和保压。液压泵站实物如图 4.26 所示。

图 4.26 液压泵站实物图

在获得模型拟加载地应力的基础上,反算液压泵站的输出压力。计算时需考虑油缸活塞面积、推力板面积、油管摩阻等因素,保证试验过程中压力的准确性。液压泵站的输出压力为

$$P_{液压泵站} = \frac{A_{推力板} \cdot P_{地应力}}{A_{油缸}} \cdot f \qquad (4.5)$$

式中,$A_{推力板}$ 为推力板面积,为固定值;$P_{地应力}$ 为计算获得的模型地应力(MPa);$A_{油缸}$ 为油缸活塞面积,为固定值;$P_{液压泵站}$ 为液压泵站的输出压力(MPa);f 为系统阻力产生的摩擦系数,因是静载一般忽略不计,取 1.0。

4.3.4.4　智能控制系统

智能控制系统可实现多油路等比例同步梯度加载,可逐级加载和卸载,平滑无冲击,具有长时保压、稳压性能优良等优点。试验过程中,智能控制系统实时监测压力,自动控制补压,保压时系统停机,节能减排。智能控制系统操控界面如图 4.27 所示。

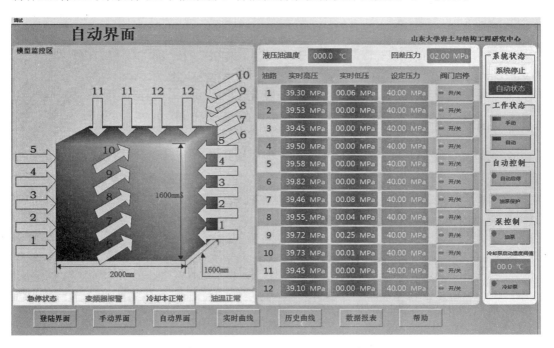

图 4.27　智能控制系统操控界面

智能控制系统中液压加载实时曲线如图 4.28 所示。

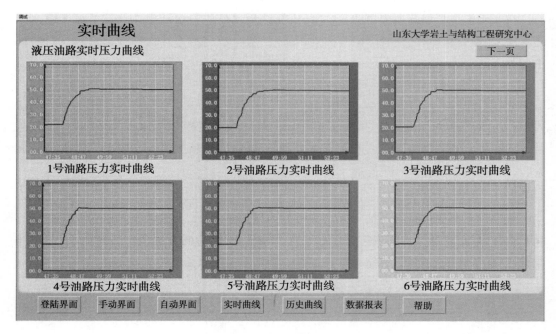

图 4.28　各分路实时压力曲线

4.3.5　伺服电缸加载装置

伺服电缸是将伺服电机与丝杠一体化设计的模块化产品,将伺服电机的旋转运动转换成直线运动,同时将伺服电机的精确转速控制、精确转数控制、精确扭矩控制转变成精确速度控制、精确位置控制、精确推力控制,从而实现高精度直线运动[56]。伺服电缸加载原理及实物如图 4.29 所示。

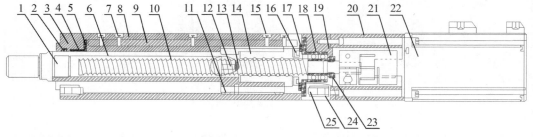

1—活塞杆螺柱;2—防尘组合圈;3—前端盖;4—导向套;5—防撞垫;6—空心活塞杆;7—短头内六角螺钉;8—缸筒;9—防转键;10—滑珠丝杠;11—耐磨环;12—紧定螺钉;13—磁环;14—丝杠螺母;15—活塞;16—内六角圆柱头螺钉;17—轴承压盖;18—角接触球轴承;19—后端盖;20—电机座;21—联轴器;22—伺服电机;23—锁紧螺母;24—拉杆螺帽;25—拉杆。

(a)伺服电缸原理图

（b）伺服电缸实物图

图 4.29　伺服电缸加载装置

伺服电缸具有如下特点：

（1）可闭环伺服控制，控制精度达 0.01 mm。

（2）可精密控制推力，控制精度可达 1%。

（3）很容易与可编程逻辑控制器（PLC）等控制系统连接，实现高精密运动控制。

（4）噪声低，节能，干净，高刚性，抗冲击力，超长寿命，操作维护简单。

伺服电缸模型加载在物理模拟试验领域已有应用。图 4.30 是为北京低碳清洁能源研究院研发的试验系统，采用 7 个伺服电缸代替液压油缸，安装于模型反力装置的顶部，为试验模型加压，取得了良好的试验效果。

图 4.30　伺服电缸模拟加载试验系统实物图

伺服电缸采用 PLC，通过 Modbus TCP 通信协议来控制，能够精准控制伺服电缸的推杆进行伸缩运动，并通过推杆尾端球铰安装的加压板来实现对模型上表面加压的目的。硬件方面，伺服电缸主要由 PLC、伺服驱动器、伺服电机、伺服电缸、压力传感器、控制软件等组成。控制系统界面如图 4.31 所示。

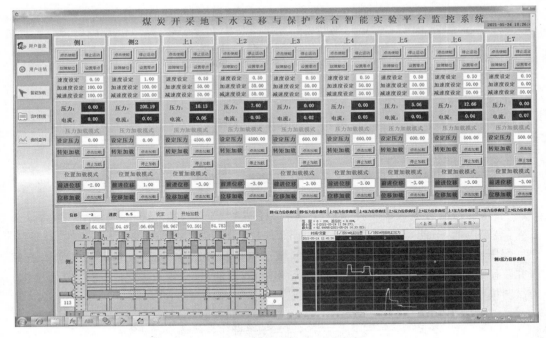

图 4.31 控制系统界面

4.3.6 周期荷载加载装置

地下工程除受静载地应力作用外,还常常受到周期性荷载的作用,如冲击钻工作时的周期性荷载、列车运行时的周期性振动荷载等。周期荷载加载系统主要分为两类:电液式脉动、电液伺服式脉动。周期荷载加载系统如图 4.32 所示。

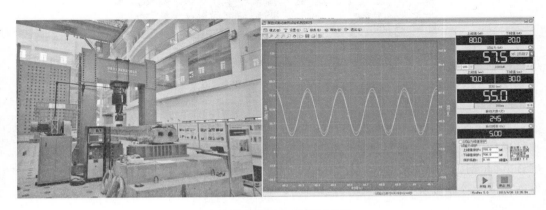

(a)电液式脉动加载控制系统

 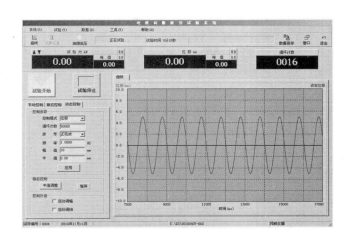

（b）电液伺服泵站及其控制系统

图 4.32　周期荷载加载系统

　　电液式脉动采用机械方式加压，结构简单，功耗低，仅能按照正弦曲线加载，但比较耐用；电液伺服式脉动采用伺服阀进行数字控制，可按照任意波形加载，但功耗高。二者的技术要点对比如表 4.1 所示。

表 4.1　电液式脉动与电液伺服式脉动的技术要点对比

序号	比较内容	电液式脉动	电液伺服式脉动
1	结构形式	使用电机带动的曲柄连杆机构驱动一个柱塞泵，将液压油打入作动器的油缸中以驱动活塞顶出	采用动摆式伺服阀、射流管式伺服阀控制作动器
2	作动器结构	柱塞式结构，回程通过弹簧拉回	双出头等截面作动器
3	负荷控制方式	通过调整溢流阀进行控制，控制系统不能控制负荷大小，开环控制	通过控制器进行闭环控制，可准确控制
4	位移控制	不能控制	可准确控制
5	变形控制	不能控制	可准确控制
6	输出波形	正弦波	正弦波、三角波、梯形波、方波以及给定的任意波形
7	频率范围	≤8 Hz，且最小频率≥0.5 Hz	0.001～100 Hz 或更高
8	载荷比范围	0.1～0.9	−1～0.9
9	疲劳形式	拉伸疲劳	拉伸疲劳、拉压疲劳、压压疲劳

续表

序号	比较内容	电液式脉动	电液伺服式脉动
10	综合技术比较	成本较低，节能；只能做动态试验，不能做动刚度试验、静态拉压试验。目前，该技已淘汰	闭环控制，可进行位移、负荷精确控制，主流技术，频率范围宽广，控制类型多；可做动态疲劳试验、动刚度试验，也可做静态拉、压试验

图 4.33 是山东大学为石家庄铁道大学研制的岩土动静联合试验系统，拆卸掉静态加载顶梁后可更换为伺服作动器来为模型加动载。伺服作动器采用电液伺服式脉动控制加载[57]。

图 4.33　石家庄铁道大学动静联合试验系统

4.3.7　冲击荷载加载装置

地下工程除受静载地应力作用外，还常常受到冲击荷载的作用，如顶板冒落导致的冲击、断层滑移破断导致的冲击、围岩爆破导致的冲击等[58]。这些冲击荷载的模拟可以通过落锤/摆锤冲击加载装置、氮气炮冲击加载装置、电火花震源设备来进行[59]。

4.3.7.1　落锤/摆锤冲击加载装置

落锤/摆锤冲击加载装置主要依靠重物自由落体或者重物施加初速度叠加自由落体，对试验模型施加冲击荷载。冲击载荷大小可通过改变落锤或摆锤的质量与提升高度，或者更换不同初速度的施加装置来进行调整，装置如图 4.34 所示。

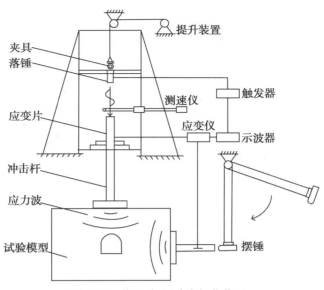

图 4.34　落锤/摆锤冲击加载装置

4.3.7.2　氮气炮冲击加载装置

氮气炮冲击加载装置利用高压气源提供动力,利用发射装置以及高精密发射管提供加速通道,利用撞击杆对试验模型进行冲击力加载,其原理图和实物图如图 4.35 所示[60]。

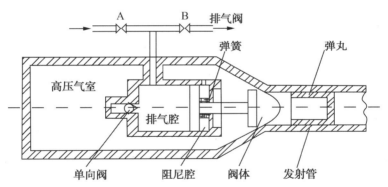

（a）氮气炮冲击加载装置原理图

（b）氮气炮冲击加载装置实物图

图 4.35　氮气炮冲击加载装置的原理图及实物图

4.3.7.3　电火花震源设备

在物理模拟试验中,为保证试验效果,对爆破荷载模拟提出如下要求:①方法安全、可靠,符合实验室安全管理要求。②爆破能量可控,以准确模拟现场能量。③爆破次序、过程可控,以准确模拟现场爆破过程。然而,真实炸药与起爆器材具有极高的破坏性和危险性,不适用于模型试验。为此,研究人员常常采用电火花震源设备模拟爆破冲击加载。

电火花震源设备通过压缩电能的方式,即将储存在高压(高达 10 000V)电容器中,通过同轴电缆连接至放电电极,在短时间(微秒至毫秒量级)内接通电开关瞬间放电,放电电极在水或导电介质中释放脉冲大电流,使周围介质汽化,形成高温高压区,从而产生冲击波,成为震动波的震源。电火花震源设备原理及系统构成如图 4.36 所示。

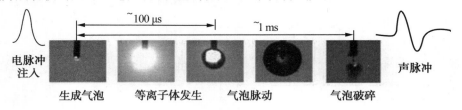

（a）电火花震源设备原理图

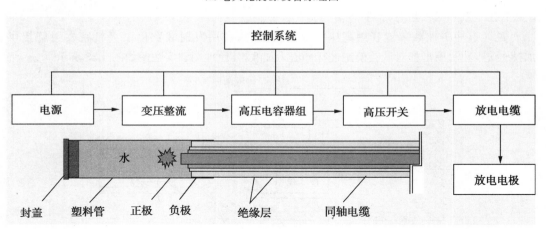

（b）电火花震源设备系统构成

图 4.36　电火花震源设备原理图及系统构成

电火花震源设备作为一种可控震源新技术,具有操作简单、携带方便、无破坏、无污染等优点,可很好地替代炸药,实现模型试验中爆破的安全模拟。国内外已有许多不同厂家生产电火花震源设备,下面以武汉长大物探科技有限公司生产的 CD-2 便携式电火花震源设备为例说明其性能及在物理模拟中的应用。

CD-2 便携式电火花震源设备主要由一体式主机、电容器、发射震源、触发器及连接电缆与放电电极组成(见图 4.37),其主要技术特点为:

图 4.37 CD-2 便携式电火花震源设备实物图

(1)一体化主机,具有便携性好、安全性高、体积最小、质量最轻等优点,适用于各种复杂施工环境。

(2)震源激发穿透性好,可用蓄电池供电,能量可控(可通过控制器设定每次释放能量的大小)。

(3)采用光纤同步触发,触发精确,一致性好,抗干扰能力强,可匹配国内外各种采集仪器。

(4)操作方便,无线遥控操作,最大无线传输距离可达 300 m,采用专利技术缩短了充电时间,大大提高了工作效率。

进行物理模拟试验时,如果需要模拟模型隧洞围岩的爆破效应,可先将模型开挖出一定深度的隧洞,进而在模型隧洞掌子面钻孔,然后将放电电极插入钻孔内。电极后面的同轴电缆杆为一个整体。因为钻孔为水平布置,为保证每次爆破的效果,王汉鹏[61]研制了独特的放电电极。该放电电极是在同轴电缆的前端套了一个塑料管(用胶带密封),塑料管内可装满水(可加入盐以提高爆破效果),然后将封盖盖上,如图 4.38 所示。为保证爆破效果,可利用支撑机构将同轴电缆杆水平固定。同轴电缆与便携式电火花震源连接,试验时通过控制电容储电量和电压模拟不同当量的爆破效果。

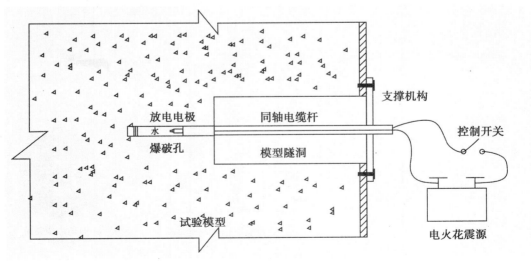

(a)试验装置安装示意图

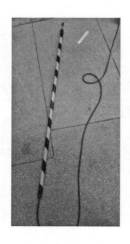

（b）放电电极　　　　　　（c）同轴电缆杆　　　　（d）利用支撑机构安装于模型

图 4.38　电火花震源爆破系统整体结构

4.3.7.4　多应变率动静荷载叠加模拟

（1）动静组合加载油缸：为适应深部地下工程受动静荷载叠加影响的特点，研究人员研发了动静组合加载油缸，其原理如图 4.39 所示。动静组合加载油缸通过其油腔与动静态液压系统连接，实现静载及任意波形动态加载。气液分离活塞的后部气腔可充入一定压力的气体，实现气液复合变刚度加载，模拟深部煤岩弹性能快速释放过程及应力边界，不充气时为刚度加载。中间贯通冲击杆可与重锤、摆锤、霍普金森杆等配合，实现静载条件下耦合施加多种冲击荷载。

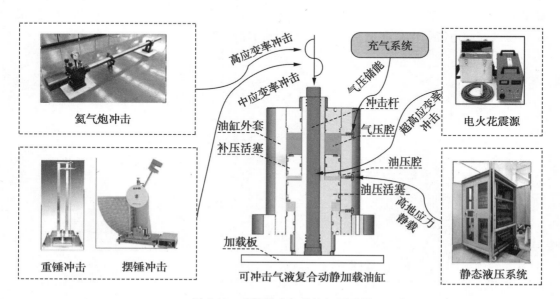

图 4.39　动静组合加载油缸原理图

动静组合加载油缸的工作流程如图 4.40 所示。

①向液压回程腔中注气或注油,使液压活塞和冲击杆移动到初始位置。

②向储能腔中注入设定压力的气体,为气腔储能。

③将油压回程腔打开,向油压腔注油,同时进一步压缩储能腔中的气体,为模型施加一定量值的静载。

④对中间冲击杆施加不同能量和应变率的冲击荷载,通过冲击杆传递给试件,模拟断层破断、断层滑移及整体结构失稳等动力扰动,但此过程中加载板可能与活塞脱离。

⑤储能腔气体发生膨胀做功,通过补压活塞传递给油压腔实现快速跟随补压,模拟岩石弹性能释放过程。

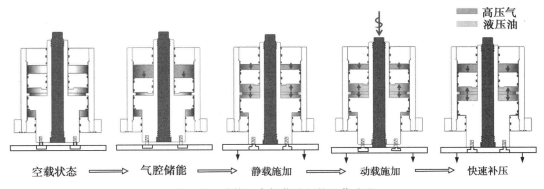

图 4.40　动静组合加载油缸的工作流程

（2）多应变率动静荷载叠加模拟:在物理模拟试验中,多应变率动静荷载叠加模拟可在需要为模型施加动载的部位将普通油缸更换为动静组合加载油缸。该试验先通过施加静载来模拟模型地应力,再施加不同应变率动载来模拟动力扰动,从而实现对模型进行高精度真三维地应力梯度加载以及低频交变振动、中高应变率冲击和超高应变率爆炸等不同应变率动态扰动叠加加载。多应变率荷载及加载设备如图 4.41 所示。

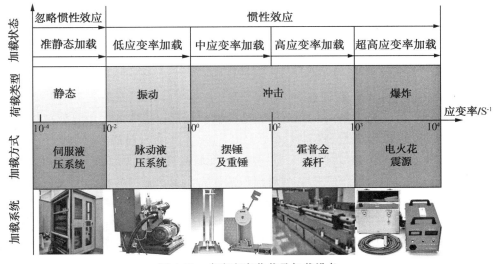

图 4.41　多应变率荷载及加载设备

多应变率动静荷载叠加模拟可以模拟地下工程围岩近场和远场动静叠加荷载,既可实现近场围岩受静载后的应变能快速释放(模拟应变型岩爆),又可实现近场和远场动载扰动模拟(模拟爆破施工、岩层破断、断层滑移等扰动荷载诱发的冲击地压、煤岩复合动力灾害),其中近场动载扰动可通过在模型内部施加,远场动载扰动可通过可冲击气液复合动静加载油缸由外部输入。

4.3.8 模型地应力高精度加载技术与装置

在物理模拟试验中,地应力及扰动荷载的定量施加不仅需要依托上述加载装置,还需要依托加载辅助装置,以实现复杂加载功能和超高加载精度。较为典型的加载辅助技术有真三轴导向加载技术、阵列式梯度加载技术、模型自适应加载技术、模型加载减摩技术。

4.3.8.1 真三轴导向加载技术

为防止模型加载时在边界上相互影响,出现碰撞现象,试验装置内部可设置模型真三轴导向加载装置,以实现模型左右、上下、前后六面独立真三轴梯度加载。真三轴导向加载装置在模型六面体的 12 条棱边上设置了立体加载框架,加载框架起到约束加载装置的作用,加载框架的宽度等于油缸的行程。加载时,模型保证不会超出加载框架,防止模型边界棱边相互垂直的加载装置碰撞。模型真三轴导向加载如图 4.42 所示。

(a)液压油缸加载装置　　　　　(b)真三轴导向装置　　　　　(c)模型加载示意图

图 4.42　模型真三轴导向加载

4.3.8.2 阵列式梯度加载技术

地下工程现场地应力随深度增加而增大,为模拟深部地应力的非均匀分布状况,模型表面地应力加载也应该能够反映这种梯度变化。为此,研究人员研发了阵列式梯度加载技术,以实现梯度非均匀荷载施加[62]。阵列式梯度加载技术即通过在每个加载方向上平行布置多个液压油缸,每个液压油缸可对模型试件表面单独施加荷载。在试验过程中,智能液压控制系统根据实际地应力大小通过多条油路通道进行梯度非均匀加载,模拟地应力梯度变化;同时,适应边界不均匀变形,保持远场地应力。

以地下工程现场实测垂直地应力 24.5 MPa 为例,得出实际模拟地层顶部垂直地应力为20 MPa,底部垂直地应力为 27 MPa。假设根据 200 的应力相似比尺进行折算,采用四级梯形加载,得出的物理模型加载方案的原理如图 4.43 所示。

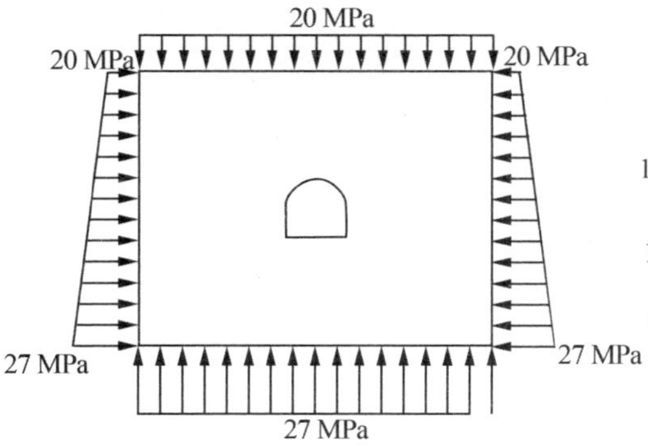

(a)原型地应力　　　　　　　　　　(b)模型地应力

图 4.43　阵列式梯度加载原理

4.3.8.3　模型自适应加载技术

由于岩土体为非均匀、非连续的材料,边界处刚性加载导致模型边界处应力分布具有不均匀性和不确定性,在模型试验过程中洞室的开挖更加剧了应力场的不确定性。除此之外,刚性加载板与模型材料之间的切向摩擦力也会干扰试验结果。虽然通过离散化多加载面加载控制或设置减摩层等措施,可以在一定程度上降低这些不利影响,但无法从根本上解决边界处的应力场不均匀问题。实际工程中,洞室周围破坏区以外的岩体变形是连续的,在离洞壁足够远处,围岩中的应力分布应是均匀的。为了保证模型试验中模型边界条件与实际情况一致,必须克服由模型边界变形不均匀引起的应力分布异常。要解决上述问题,需要确保施加的边界应力是均匀的,即等应力边界条件。近年来发展起来的柔性加载技术正是为了解决刚性加载边界条件与实际工程围岩应力状态不符的问题而提出的。柔性加载技术通过对加载系统的改造,向模型边界提供均匀的应力边界条件。

模型自适应加载技术(见图 4.44)主要通过新型柔性均布压力加载系统来实现。新型柔性均布压力加载系统由液压自动控制系统和柔性均布压力加载装置组成,实现了柔性均布压力加载,并在模型试验中获得了较好的效果。模型自适应加载装置由液压油缸、球铰、刚性传力垫块和柔性传力橡胶组成。液压自动控制系统控制液压油缸出力,通过刚性传力垫块和柔性传力橡胶加载到模型表面,柔性传力橡胶对均布压力加载起关键性作用。

柔性传力橡胶是实现柔性均布压力加载的关键,它应具有邵氏硬度低(柔软)、易变形(超弹性)、能承受高压(4 MPa)、本身体积不可压缩等特性,类似于水囊等液体加载囊,能将油缸出力均匀地传递到模型表面,并能随模型表面变形而变形。特种聚氨酯橡胶垫块的邵氏硬度在 15~25 度,用手按压即可呈现明显变形,柔性非常好。

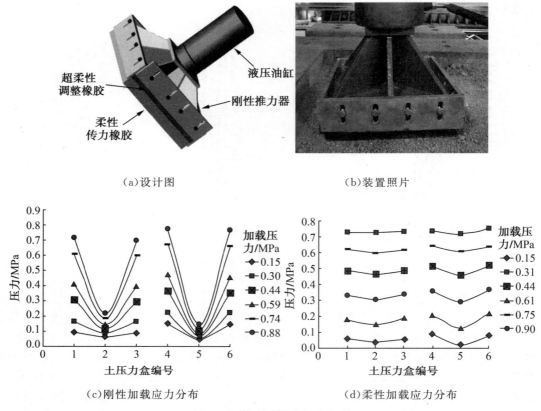

<table>
<tr><td>（a）设计图</td><td>（b）装置照片</td></tr>
<tr><td>（c）刚性加载应力分布</td><td>（d）柔性加载应力分布</td></tr>
</table>

图 4.44　模型自适应加载技术

4.3.8.4　模型加载减摩技术

在地质力学模型试验中，加载系统与模型体各接触面间有很大的摩擦力，这会降低加载系统的加载效果，并对模型体的整体变形特征以及内部测点的位移、应力变化情况有着巨大的影响。如何实现合理的真三轴加载系统和降低加载系统与模型体各接触面间的摩擦力一直是备受关注且难以解决的问题[63]。经理论分析和模型试验证实，模型边界摩擦阻力是影响模型试验不可忽视的主要因素，减少摩擦阻力影响的有效措施是降低模型边界的摩擦系数。不采取减摩措施的边界摩擦系数约为 0.5。

目前，国内外通用的降低加载系统与模型体间摩擦阻力的措施包括在反力装置与试验模型之间铺设聚四氟乙烯减摩板、青稞纸、滑石粉与减摩垫等。常规减摩材料铺设如图 4.45 所示。聚四氟乙烯薄膜厚度仅 3 mm，具有耐高压、耐腐蚀、高润滑和不黏附的特点，在固体材料中摩擦因数和表面张力最小，异常光滑，极少黏附其他物质。青稞纸不仅可以减摩，还可以起到封闭模型间隙的作用，有利于模型成型。

 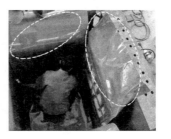

（a）聚四氟乙烯减摩板铺设　　　（b）青稞纸铺设

图 4.45　常规减摩材料铺设

　　铺设减摩材料在一定程度上减少了加载系统与模型体接触面间的摩擦力,在试验中发挥了一定作用。但是,其减少摩擦力的程度不是很大,摩擦系数过高(高达 0.1),摩擦力问题依然存在。

　　新型模型减摩技术为一种滑动滚珠减摩装置。在墙面和各加载面内使用滚动轴承做成滚珠型滑动墙,滑动墙由两层钢板、保持架及中间钢滚珠组成。两层钢板采用 Cr12 材料制作,热处理后洛氏硬度达到 HRC60 度以上。外层钢板与加载设备紧密连接,内层钢板与模型体紧密连接,钢板之间为保持架及滚珠。滑动滚珠减摩装置布设示意图如图 4.46 所示。

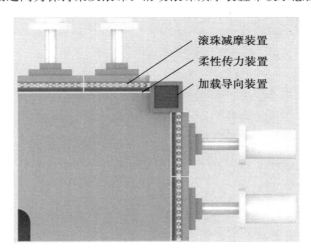

（a）模型表面减摩加载

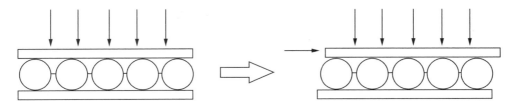

（b）仅有法向压力　　　　　　　　　（c）既有法向压力又有剪力（摩擦力）

图 4.46　滚珠减摩装置布设示意图

保持架有两层薄钢板,两层薄钢板平行固定且中间留有一定的间隔,钢板上设有与滚珠直径相匹配的圆孔。圆孔中放入滚珠,并对其进行定位。滚珠可在圆孔中自由转动。滑动墙装置中的轴承保持架上每平方米设有 25 000 个钢滚珠。轴承保持架及内层钢板由 10 cm×10 cm 大小的小部件组装而成,小部件的尺寸可以根据试验进行调整,且各部件之间均留有一定空隙并采取了防尘处理,以保证各滚动组块相互间有自由的相对位移。

工作时,滑动墙外层钢板与加载系统连成一体,内层钢板与模型体连接,钢珠与钢板以及保持架各部分之间均有自由的相对位移,模型体与内层钢板的摩擦力就是滚珠的滚动摩擦力,从而极大地减少了摩擦。其摩擦因数仅为聚四氟乙烯薄膜摩擦因数的 1/30,最大摩擦因数仅为 0.005,有效降低了模型与加载板之间切向力对应力场的干扰。滑动滚珠减摩装置应用案例如图 4.47 所示[64]。

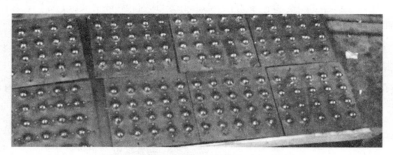

图 4.47　滑动滚珠减摩装置应用案例

4.4　注水充气系统

地下工程领域诸多工程地质灾害实际上是应力场、温度场、渗流场、震动场等多场耦合作用下固、液、气多相并存的动力学过程。在深部煤岩体中蕴含着丰富的煤层气和高压水,采深大于 1000 m 的深部,其岩溶水压高达 7 MPa,甚至更高;我国埋深 2000 m 以浅煤层气地质资源量约 $3.6×10^{13}$ m^3,主要分布在华北和西北地区。

地层富水含气的复杂特性是岩体物理力学响应复杂多变的重要原因,也是流-固耦合模拟试验的模拟重点之一。在流-固耦合模型试验中,流体边界条件模拟主要通过注水充气系统实现。在传统的流-固耦合模型试验中,研究人员通常采用简单的设备系统对试验模型进行流体边界条件控制。在气固耦合模型试验中,采用高压气瓶对模型直接充气,采用减压阀控制注入气体的压力,采用压力传感器或压力表监测注入气体压力。传统充气系统如图 4.48 所示。在流-固耦合模型试验中,采用注水泵或水箱对模型直接注水,采用压力传感器或压力表监测注水压力。传统注水系统如图 4.49 所示[65]。

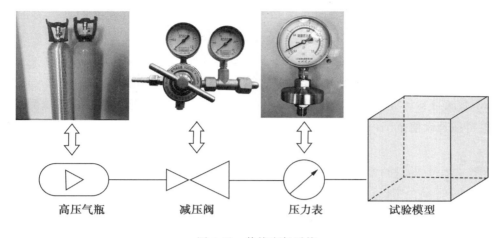

图 4.48　传统充气系统

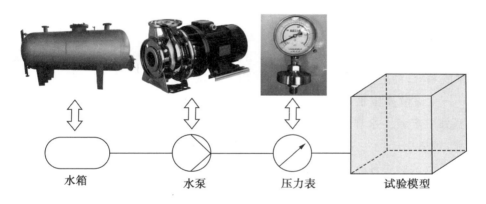

图 4.49　传统注水系统

　　传统注水充气方法操作简单、技术门槛低,相关设备获取方便,但在注水充气能力、控制精度、试验安全等方面存在诸多不足,严重限制了其适用性。

　　(1)传统注水充气系统的充填能力低、效率低。例如,《中等尺度煤与瓦斯突出物理模拟装置研制与验证》中公开的煤与瓦斯突出模拟试验,对尺寸为 1.5 m×0.6 m×1.0 m 的试验模型进行了长达 100 h 的充气,以使模型在 0.3 MPa 气压中达到吸附平衡。

　　(2)传统注水充气系统的流体充填精度低。其一是因为现有仪器无法实现注入流体压力、流量的同时控制;其二是对于气固耦合试验,现有仪器将气瓶中气体减压后直接充入模型,由于气体减压过程吸热,气瓶减压后输出的气体温度极低,直接充填会影响气体充填精度。

　　(3)传统注水充气系统在流体充填过程中自动化程度低、危险程度高。试验中,多项操作均需手动完成,耗费了大量人力,并且各操作人员之间的协同配合问题影响了试验安全。

随着工程问题中流体边界条件的复杂性提高,对模拟试验中注水充气系统的充填能力、充填效率、控制精度、自动化程度提出了更高的要求。

重庆大学主导研发的深部煤岩工程多功能物理模拟系统配备了充气控制子系统(见图 4.50),由高压气瓶、减压阀、压力表、恒压阀、电磁阀、球阀和压力传感器组成。通过电磁阀,该系统可实现气体喷射过程的自动控制,电磁阀与压力传感器形成控制电路,确保压力保持在预设值范围内。

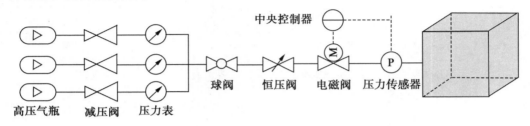

图 4.50　深部煤岩工程多功能物理模拟系统配备的充气控制子系统

山东大学、中国矿业大学、淮南矿业集团联合研发的大型真三维煤与瓦斯突出定量物理模拟试验系统、巷道掘进诱发煤与瓦斯突出模拟试验系统均配备了一种新型的注水充气系统——大流量高压水气充填系统。该系统通过伺服控制气压驱水(驱气)技术,实现了模型分层定域注水和面式均匀充气,解决了千米以上高水头和 30 个以上大气压的稳压加载,可适用于绝大多数流-固耦合模型试验。鉴于该系统的适用性广、通用性高,且涵盖了模型试验中注水充气过程的基本原理和技术要点,本书将重点围绕该系统进行介绍。

4.4.1　系统构成

依据注水或充气功能的不同,注水充气系统可分为充气系统和注水系统。

4.4.1.1　充气系统

充气系统包括气源模块、动力模块、增压模块、储气模块、真空模块、气体充填模块、采集控制模块。系统原理和系统结构分别如图 4.51 和图 4.52 所示。

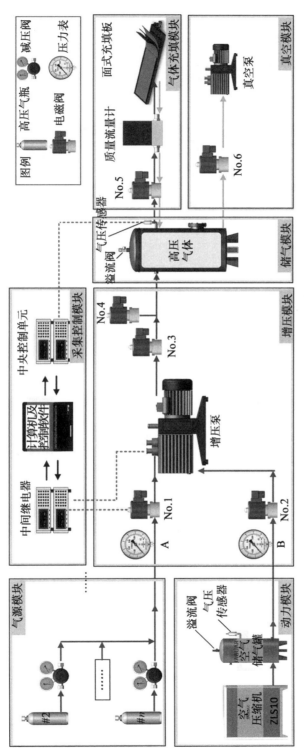

图4.51　充气系统原理图

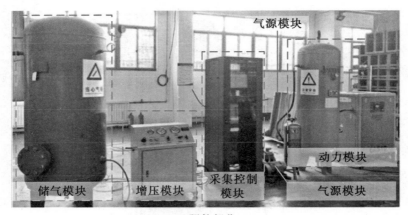

（a）硬件部分

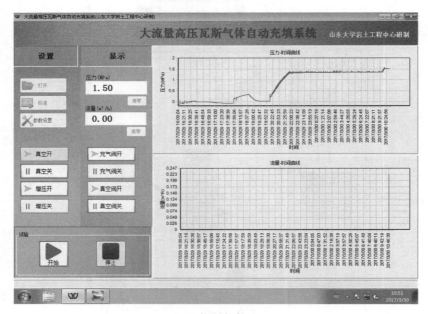

（b）控制软件

图 4.52　充气系统结构图

该系统中增压模块的作用是将气源供给的低压气体转换为高压气体,其核心部件为增压比为 1∶10 的气体增压泵,它可将气体压力提高 10 倍。此外,该模块设置 A、B 两个气压表,分别监测输入气体、动力气体的压力;设置 No.1、No.2、No.3、No.4 四个电磁阀,分别控制输入气体管路、动力气体管路、输出气体管路、过压气体溢出管路的开闭。

储气模块用于储存增压后的高压气体,进而为试验提供大流量、高压力的气流补充,其核心部件为腔体体积大于 1.0 m^3 的储气罐,可容纳高压气体。同时,储气罐内设置气体压力传感器,可对罐体气体压力实时监测,设置安全溢流阀可保证罐体压力在安全范围内。

气源模块为增压模块的稳定气体来源。该模块由多个并联的高压气瓶组成,以确保充足的气体供应。每个高压气瓶外接加热型减压阀,以控制气瓶的气体输出压力,并加热由气瓶减压后输出的低温气体。

　　动力模块为气体增压泵提供充足、稳定、清洁的压缩空气作为动力,其核心部件为空气压缩机、空气储气罐、除水清洁器。其中,空气压缩机增压比为1:7,可将空气由常压压缩至 0.7 MPa。与增压模块中的储气罐类似,空气储气罐用于储存增压后的空气,保证动力气体的充足与稳定,并且该罐体也设置了气体压力传感器与溢流阀。空气除水清洁器可对空气储气罐输出的压缩空气进行干燥、清洁。

　　真空模块可对整个系统和试验模型进行抽真空处理,其核心部件为真空泵。此外,该模块设置了 No.5 电磁阀,控制管路的开闭。

　　气体充填模块(见图 4.53)可将储气模块中的高压气体恒速、均匀地充填给试验模型,其核心部件为质量流量计和面式充填板。其中,质量流量计与采集控制系统连接,可采集、控制管路中气体流量;面式充填板为自主设计的充气面板,设有多层千目钢丝网,能够过滤细小煤体,具有良好的气体通透性,可实现气体的均匀充填。

　　采集控制模块用于整个系统的自动化控制与数据采集,其核心部件为中央控制单元、中间继电器、计算机及控制软件。该模块功能的实现依托于其核心部件基于电信号建立的信息传输。中央控制单元可采集管路中压力、流量信号,并传递给计算机,以供实时显示和存储,同时根据控制软件的指令,驱动中间继电器动作,控制增压泵、真空泵的启停与电磁阀开闭。

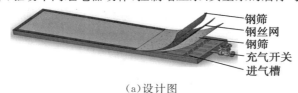

（a）设计图

（b）照片

图 4.53　气体充填模块

4.4.1.2　注水系统

　　注水系统与充气系统有着相似的结构,它包括动力及气源模块、水源模块、增压模块、储水模块、真空模块、定域注水模块、采集控制模块。系统原理和系统结构分别如图 4.54 和图 4.55 所示。

　　增压模块的作用是将动力及气源模块供给的低压空气转换为高压空气,并通过气驱水技术将储水模块中的常压水转化为高压水。与充气系统中的增压模块结构相同,其核心部件为增压比为 1:10 的气体增压泵,且设置了 A、B 两个气压表和 No.1、No.2、No.3、No.4 四个电磁阀。气体增压泵的动力气体和气源均为动力及气源模块提供的压缩空气。

　　动力及气源模块的作用是为气体增压泵提供充足、稳定、清洁的压缩空气,其结构与充气系统中的动力模块相同。

　　水源模块为储水模块提供稳定、充足的常压水流,由容量较大的水箱、水泵和电磁阀组成。

　　此外,注水系统中的真空模块、采集控制模块的功能与充气系统中的模块相同,储水模块、定域注水模块的结构与充气系统中的储气模块、气体充填模块相似，此处不再赘述。

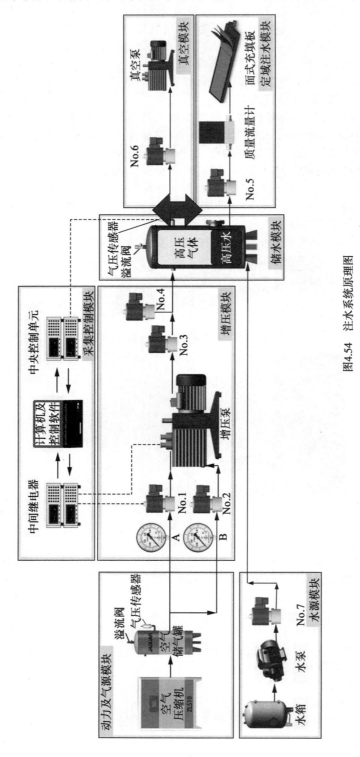

图4.54　注水系统原理图

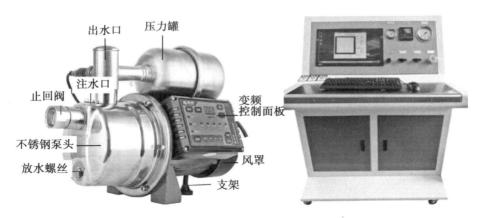

图 4.55　注水系统结构图

4.4.2　工作原理

对于充气系统,为实现大流量、高气压、高效率的气体充填,首先将气瓶内的高压气体通过加热型减压阀降到 0.5 MPa 左右,然后气体增压模块以 0.7 MPa 左右的压缩空气驱动(气源模块提供),将气体增压至需要的压力。增压后的气体储存在储气罐中,作为试验的直接气体补给源。试验时,增压模块为储气模块实时补充高压气体,保证储气罐内气体充足。此外,在该技术方案中,系统采用气体先减压再增压,通过减压过程对气体进行加热处理、增压后气体暂存在储气罐中的方法,使气体温度接近室温,解决了现有仪器在气体充填过程中存在的低温效应。

对于注水系统,为实现大流量、高气压、高效率的水体充填,首先由水源模块为储水模块泵送稳定、持续的常压水。其次,依托气体增压模块将动力及气源模块提供的压缩空气(一般为 0.5～1.0 MPa)增压至需要的压力,并输送至储水罐中,通过气驱水技术加压、驱动其中水体。试验时,增压模块为储水模块实时补充高压气体,保证储气罐内气体充足。

注水充气过程中,气体和水体的流量精确控制通过质量流量计实现。气体和水体的压力精确、自动控制则通过由增压泵、No.3～No.6 电磁阀、气体压力传感器组成的控制回路实现。充填过程中,采集控制系统通过气体压力传感器实时监测储气罐气压。当罐内压力大于设定压力时,采集控制系统自动关闭增压泵、No.3 电磁阀,开启 No.4 电磁阀,以排出超压气体;当罐内压力小于设定压力时,采集控制系统自动开启增压泵、No.3 电磁阀,关闭 No.4 电磁阀,对储气罐持续补气,直至罐内气压稳定在设定值。抽真空过程中,气体压力的精确、自动控制原理与上述原理相同。

此外,注水充气过程与抽真空过程的启停与切换的自动控制也可通过采集控制系统控制增压泵、真空泵的启停实现。

4.4.3　系统技术优势与技术参数

注水充气系统具有如下技术优势:

(1)系统的气体充填能力高、效率高,可提供大流量、高压力的气体。

（2）系统的气体充填精度高，可精确控制注入气体的压力和流量，并克服气体充填时存在的低温效应。

（3）系统的自动化程度高，可实现气体充填与抽真空的全过程自动控制。

（4）系统独立于模型试验装置存在，使用、维修方便。

该系统的主要技术参数如表 4.2 所示。

表 4.2　系统主要技术参数

技术指标		参数
充填能力	注水充气速率/(L/s)	0~10
	注水充气压力/MPa	0~5
控制精度	注水充气速率/(L/s)	0.04
	注水充气压力/MPa	0.01

4.5　智能采掘系统

智能采掘系统分为智能掘进系统和自动回采系统两部分，主要功能是对模型内的"隧洞""煤层"进行"掘进""回采"，在相应的时间内造成相似煤岩层压力现象，从而更加真实地模拟煤岩层在地应力作用下的掘进、回采过程。

4.5.1　隧洞开挖方式

现有物理模拟试验中，隧洞掘进主要包括人工掘进、机械掘进和自动化掘进。

（1）人工掘进一般采用掘进铲等工具进行，该方法劳动强度高，掘进效率低，仅适用于强度低、尺度小的物理模拟试验。

（2）机械掘进一般采用半自动的方式开挖，人工控制机械进行挖掘，然后再人工进行修补。该方法降低了劳动强度，但由于人工补修，无法实现一次性全断面掘进，与实际开挖过程不符。

（3）自动化掘进采用适用于模型试验的仿形隧洞掘进系统，该系统可实现全断面一次性掘进，开挖的隧洞形状规则，与实际开挖过程更相符。相对于手动、半自动开挖来说，自动化掘进效率更高，高度可调，适应性强，且能对掘进过程中产生的矸石及时清理[66]。

4.5.2　智能掘进系统

机械化、自动化掘进设备将日益成为掘进系统中的主流设备，其中较为典型的系统是仿形隧洞掘进系统。该系统主要由底部框架支撑机构、旋转前进机构、仿形掘进机构、排矸装置、测控装置等部分组成。

底部框架支撑机构作为整套系统的主体框架，用于支撑旋转前进机构。为保证刚度，支撑机构采用不锈钢结构，并在四角设有支撑柱及万向轮，可通过调高支撑柱来调整整体系统的高度。

旋转前进机构安装在底部框架支撑机构上,通过伺服电机和减速机带动丝杠旋转,并可沿直线滑轨前后运动。旋转前进机构的前端安装仿形掘进机构,后部安装伺服电机和减速机,为仿形掘进机构提供旋转动力。

仿形掘进机构包括用于掘进隧洞的定位刀头、前刀盘、后刀盘和仿形框。定位刀头、前刀盘和后刀盘可同轴旋转。在掘进过程中,定位刀头先行钻入模型用于定位,防止掘进过程中出现震颤与偏心现象;前刀盘用于开挖圆形隧洞,后刀盘带动刀头沿着仿形框内壁伸缩旋转,将圆形隧洞扩修成仿形框形状。若要实现任意洞形全断面机械化开挖,只需要按照隧洞形状和尺寸更换仿形框。仿形掘进机构如图 4.56 所示。

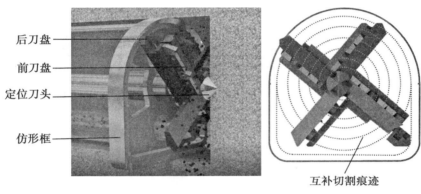

图 4.56　仿形掘进机构

排矸装置由负压排渣管和大功率工业吸尘器构成,采用气力输送方式,可自动排出掘进过程中产生的矸石渣土,保证掘进过程稳定顺畅。

测控装置主要由运动控制板卡、测控软件、摄像头和风速传感器等部分构成。通过控制伺服电机旋转分别为掘进刀盘旋转、前进后退提供动力,刀盘旋转速度为 120～360 r/min,隧洞掘进速度为 5～120 mm/min。测控软件具有零点定位、掘进限位、参数可调、可视化监测等功能。

仿形隧洞掘进系统在多种模型试验中均有应用,如巷道掘进诱发煤与瓦斯突出模型试验、巷道机械化掘进大型模拟试验等,如图 4.57 所示。

图 4.57　仿形隧洞掘进系统的应用

4.5.3　煤层回采方式

在物理模拟试验中,煤层模拟回采主要包括人工回采、间接回采、抽条回采、底部回采以及自动回采。

(1)人工回采即使用开采工具手动回采煤层,操作简单,但受人为因素影响较大,回采速度不易控制,回采效率低。

(2)间接回采是在制作模型时,将气囊充气后预埋在开挖位置,开挖时将气囊放气,模拟煤层开挖。该方法在实际操作中存在气囊漏气、模型制作过程中气囊刚度小、气囊受压变形大导致上覆岩层压实不均匀等问题,影响试验精度的情况。

(3)抽条回采通过在要开挖的煤层部位埋设抽条,然后逐渐向外抽出抽条来模拟煤层回采。该方法在实际操作中存在抽条困难的问题。

(4)底部回采是通过在试验装置底梁内部安装升降装置,模拟煤层回采。升降装置由升降托板、旋转螺栓、下托板等组成,下托板通过螺栓顶着升降托板。试验时,依次转动螺栓,将升降托板依次下降相应回采高度,从而模拟回采推进过程。升降装置如图4.58所示。

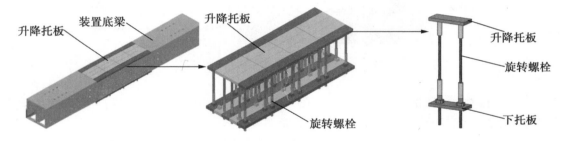

(a)升降装置设计图

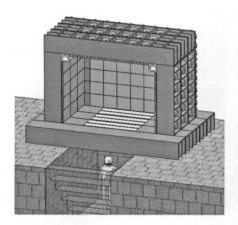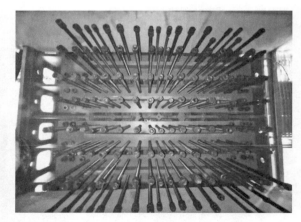

(b)升降装置安装图

图4.58　升降装置

（5）自动回采采用自动化煤层回采系统模拟模型煤层的真实回采过程，该方法自动化程度高，能够更好地模拟现场工况。

4.5.4　自动回采系统

机械化、自动化回采设备将日益成为回采系统中的主流设备。其中，较为典型的煤层回采系统一般由开挖单元、运渣单元、进给单元三部分组成，可实现模型试验煤层回采的全过程模拟，真实反映上覆岩层的破裂崩塌过程。

开挖单元主要完成煤层开采工作，同时防止机道冒顶。开挖设备为刮刀式采煤装置，能够实现割一刀采全高、往复穿梭采煤。刮刀式采煤装置通过固定板装配在框架内侧，利用横轴丝杠完成双向移动作业。刮刀式采煤机器人的前后支架与机身的夹角手动可调，以保证开挖不同厚度的煤层。框架左右各连接一个方钢结构的上、下顺槽，框架与上、下顺槽对整个系统起到支护作用。

运渣单元负责把开挖单元开采的煤渣运出，包括横向运渣机构与纵向运渣机构。横向运渣机构采用刮板运输结构设计，其主电机设置在上顺槽与框架的连接处。纵向运输机构设置在下顺槽内，采用皮带运输机构，其主电机设置在纵向输送皮带端部。纵向运渣机构出渣口下接煤渣回收箱，煤渣回收箱采用六边形漏斗结构，能有效避免开挖过程中煤渣的泄漏，并实现煤渣的回收。

进给单元负责将整个系统框架向框架开口方向进给，通过操作柜控制调节可实现采煤装置开挖一刀尺寸的煤层，将整体系统向进给方向拉进一刀的进给量。进给单元包括装配在框架两侧的滑移导轨、滑移导轨上通过滑块连接的一体式进给框架。框架内侧中央布有一根进给丝杠，通过滑座固定板与框架和滑块连接，形成一个联动整体。进给电机通过联轴器控制丝杠转动，丝杠正反方向旋转可通过滑块固定板控制滑块在导轨上前进和后退，进而实现进给框架的整体平移。

煤层自动回采系统以其自动化、高效化、可靠性高等优势，在煤层回采模拟试验中应用广泛。煤层自动回采系统实物如图 4.59 所示。

图 4.59　煤层自动回采系统实物图

4.6 信息采集系统

物理模拟试验装备中的信息采集系统主要用来采集应力加载系统、注水充气系统、智能采掘系统的相关工作信息,并对各系统的运作过程进行反馈调节,从而提高物理模拟试验的精度。信息采集系统的信息采集对象如图 4.60 所示。

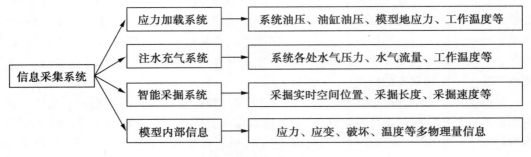

图 4.60 信息采集对象

针对应力加载系统的信息采集主要包括液压泵站系统油压、油缸内的油压、模型表面的地应力、系统油液温度、系统油压波动情况等信息。

针对注水充气系统的信息采集主要包括系统水气压力、管路内水气压力、模型内水气压力、系统各处水气流量、系统各处工作温度、高压气瓶内的气体余量等信息。

针对智能采掘系统的信息采集主要包括采掘实时空间位置、累计采掘长度、累计工作时间、采掘速度等信息。

此外,信息采集系统还兼顾试验模型内部应力、应变、破坏、温度等多物理信息的采集,模型信息测试与数据处理详见第 5 章。

本章小结

本章主要介绍了物理模拟试验装备的主要构成及试验功能,同时针对物理模拟试验装备五大系统的种类及其特色进行了详细论述。其中,模型反力装置可形成相似地质模型的制作空间以及高压水气赋存空间,并可为高地应力加载提供高刚度反力;应力加载系统可实现高地应力加载模拟;注水充气系统可对地质模型注入高压水气,形成高压水气赋存环境;智能采掘系统可模拟煤层回采及隧洞掘进的施工过程;信息采集单元可对其余四个装置及系统反馈的信息进行采集及存储,方便对试验过程进行回溯及分析。

本章旨在让学生了解常用物理模拟试验装备的特色与基本原理,能够在实验室应用各类试验装备开展物理模拟试验。

第5章 模型信息测试与数据处理

研究工程原型的灾变机理离不开对围岩受力、变形、破裂等多物理量信息进行获取、分析。地下工程物理模拟同样要测试相似模型变形破坏全过程的位移、应变、应力、渗压、温度、破裂等多物理量信息,本章主要论述地下工程物理模拟试验的模型信息测试与数据处理技术,包括物理模拟试验测试目的与分类、机械法测试技术、电测法测试技术、光测法测试技术、声测法测试技术、数据融合采集与分析技术等。

5.1 物理模拟试验测试目的与分类

5.1.1 物理模拟试验测试目的

地下工程物理模拟试验的目的是通过相似试验获取模型变形破坏全过程的位移、应变、应力、渗压、温度、破裂等多物理量信息,通过分析模型信息数据规律,研究工程原型的灾变机理。

地下工程物理模拟的优势是形象、直观,但仅仅通过观察或拍照、录像只能定性研究模型的破坏模式,其变形破坏机理要通过测试模型内部的多物理量信息来定量研究,即"透过现象看本质"。

随着模型试验研究的不断发展,通过模型试验研究来解决的问题日趋综合化和复杂化,这一点从地下工程物理模拟的历史也可以看出。由于研究的目的和内容不同,试验方案和测试手段也就各不相同。模型信息测试与数据处理的目的是通过模型信息测试技术获得研究所需的相似模型变形破坏全过程的位移、应变、应力、渗压、温度、破裂等多物理量信息,进一步分析这些信息与边界条件、施工过程之间的关系和规律,绘制数据曲线或图表等。

5.1.2 物理模拟试验测试分类

按照方法技术,物理模拟试验测试可分为机械法测试技术、电测法测试技术、光测法测试技术、声测法测试技术。

机械法是一种接触式量测位移方法,设备安装简单、抗外界干扰能力强、稳定可靠,但一般设备体积较大,大多不能远距离观测及自动记录,并且测点有限,难以测到全场位移。

电测法是目前普遍采用的测量多物理量的方法,即通过不同传感器将模型的多物理量信息转换为电信号,再用二次仪表实时采集分析。电测法的特点是费用相对较低、灵活可靠,但有些电磁传感器存在抗干扰性能差和传送距离较短的缺点。

光测法是用光学的方法和技术进行力学测量。目前,物理模拟中应用的光测技术的大类主要有全站仪法、CCD(电荷耦合器件)激光位移法、光纤法、数字摄影测量法和红外热成像法等。光测法具有非接触、能测全场位移、灵敏度高、精度高、实时、遥测、快速、自动化程度高等优点,随着光测技术及计算机图像处理技术的迅猛发展,光测法的应用日益广泛。

声测法是利用声电传感器和仪器探测岩体内部破裂的方法。岩体内部声波测试按其声源不同,分为声发射探测和声波探测。声发射探测是被动接收岩体内部破裂产生的声波,而声波探测是在模型表面主动发射声波来探测模型内部的破裂情况。声测法为无损测试,灵活简便,但探测精度易受模型波速等因素影响。

物理模拟试验测试按照测试对象分类可分为位移测试技术、应变测试技术、应力测试技术、气液渗压测试技术、温度测试技术、破裂测试技术。

表 5.1 为物理模拟测试物理量及测试方法分类,研究人员可根据试验类型适当选取。

表 5.1　物理模拟测试物理量及测试方法分类

物理量分类		机械法	电测法	光测法	声测法
位移	表面位移	百分表/千分表	LVDT(线性可变差动变压器)位移传感器	全站仪法、CCD 激光位移法、数字摄影测量法	—
	内部位移	—	差动变压式微型多点位移计	光栅微型多点位移采集系统、棒式光纤位移传感器	—
应变		—	电阻应变片	光纤光栅应变砖	—
应力		—	微型土压力计、薄膜压力传感器	光栅应力传感器、分布式光纤	—
渗压		—	微型渗压计、压力传感器	光栅渗压传感器	—
温度		—	热电偶/热电阻	光栅温度传感器、红外热像/测温仪	—
破裂		—	断裂丝法	—	声发射、超声波检测

5.2　位移测试技术

在物理模拟试验中,模型变形的测试技术主要分为表面位移测试技术和内部位移测试技术。

5.2.1　表面位移测试技术

表面位移测试仪器和技术主要有百分表/千分表、LVDT 位移传感器、全站仪法、数字摄影测量法、CCD 激光位移法。

5.2.1.1　百分表/千分表

百分表/千分表是常用的长度测量工具,其原理如下:通过齿轮或杠杆将一般的直线位移(直线运动)转换成指针的旋转运动,然后在刻度盘上进行读数。当量杆移动 1 mm 时,这一移动量通过齿条、轴齿轮 1、齿轮和轴齿轮 2 放大后传递给安装在轴齿轮 2 上的指针,使指针转动一圈。若圆刻度盘沿圆周印制有 100 个等分刻度,每一分度值相当于量杆移动 0.01 mm,则这种表式测量工具常称为百分表。若增加齿轮放大机构的放大比,使圆表盘上的分度值为 0.001 mm 或 0.002 mm(圆表盘上有 200 个或 100 个等分刻度),则这种表式测量工具即称为千分表。目前,市面上还有数字千分表。百分表/千分表如图 5.1 所示。

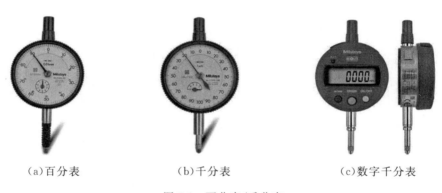

（a）百分表　　　　　　　（b）千分表　　　　　　（c）数字千分表

图 5.1　百分表/千分表

用千分表测量模型的位移时,先在模型上根据研究的需要布置测点,用长针插入模型内一定深度,再在模型表面安装千分表,并使其表针顶着测点的长针一端。当模型在测点处产生变形时,即可根据测点与千分表的相对位移从千分表中读出实际位移[67]。

5.2.1.2　LVDT 位移传感器

LVDT 位移传感器是一种电感式传感器,它以电和磁为媒介,利用电磁感应原理将非电量位移转换成电信号。常规 LVDT 位移传感器分为气动型、弹簧型、分体式等几种类型。研究人员可根据具体应用选择不同类别的传感器。LVDT 位移传感器具有构建简易、可靠性高、精度高和寿命长等优点。

图 5.2 所示的 LVDT 位移传感器由检测杆、线圈绕组、可移动衔铁和电路变送模块组成。线圈绕组中输入稳定的正弦波激励信号,当传感器检测杆前后移动时带动铁芯,使线圈间的互感发生变化,输出幅值随之变化的正弦波信号。交流电桥电路作为 LVDT 位移传感器的测量电路,将电感的变化转变为电桥电压或电流进行处理。电感的相对变化与衔铁的位移变化成正比,从而达到测量位移的目的。

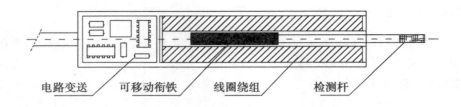

图 5.2　一般的 LVDT 位移传感器的结构原理图

电路变送　　可移动衔铁　　线圈绕组　　检测杆

5.2.1.3　全站仪法

　　全站仪法是通过在模型前方架设全站仪,利用全站仪测量模型表面预先标制的多个测点的位移测试方法。试验时,通过全站仪巡回测量这些测点的变形,并通过后期整理实现模型表面位移的测试。全站仪实物如图 5.3 所示。

　　全站仪法的优点是成本低廉,但其测试精度较低,仅为 0.1 mm 左右,且不能做到实时测量,测点的测量有先后顺序,这些都可能导致测量的误差。

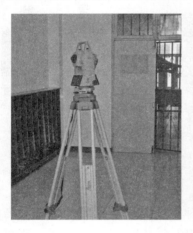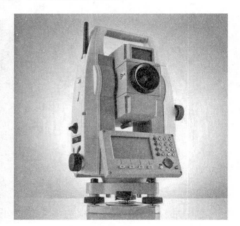

图 5.3　全站仪实物图

5.2.1.4　CCD 激光位移传感器

　　CCD 激光位移传感器是一种高精度的非接触测量仪器,其测量原理是:用一束激光以某一角度聚焦在被测物体表面,然后从另一角度对物体表面上的激光光斑进行成像。物体表面激光照射点的位置高度不同,所接受散射或反射光线的角度也不同。用 CCD 激光位移传感器测出光斑的位置,就可以计算出主光线的角度,从而计算出物体表面激光照射点的位置高度。当物体沿激光线方向发生移动时,测量结果将发生改变,从而实现用激光测量物体位移的目的。CCD 激光位移传感器如图 5.4 所示[68]。LK-G10/G15 系列的激光位移传感器高精度测量可达到 0.01 μm 以上的高分辨率,且不会受到人为的干扰。

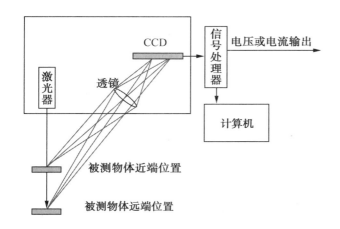

（a）激光三角法工作原理　　　　　　　　（b）CCD 激光位移传感器探头

图 5.4　CCD 激光位移传感器

5.2.1.5　数字近景摄影测量

数字近景摄影测量可以理解为以数码相机、CCD 摄像机、视频显微仪及其他照相设备等作为图像采集手段,获得观测目标的数字图像,然后利用数字图像处理与分析技术对观测目标进行变形分析或特征识别的一种现代量测新技术。在实验力学领域,数字近景摄影测量有着广阔的应用空间和巨大的发展潜力[69-71]。

数字近景摄影测量根据观测目标上是否布置人工物理量测标志点,可简单地划分为"标点法"和"无标点法"两大类。其中,"无标点法"和数字散斑相关方法（DSCM）、数字图像相关方法（DIC）和粒子图像测速（PIV）等方法的基本原理相同,都是以散斑图像相关性分析为基本原理。

DSCM 的基本原理:利用数字图像散斑相关性分析,以变形前图像预设测点为原始基准点,对其在变形后图像序列上的一定搜索范围内进行像素测点的匹配和追踪（见图 5.5）。利用参考点和目标点的相关性计算式（5.1）,通过比较以基准测点和追踪点为中心的两个相同大小像素块的颜色相关性,来获取搜索范围内相关性系数最大的像素点,即原始测点在变形后图像上的对应位置。利用插值方法,像素点位移量测能够达到亚像元精度,然后根据像素测点坐标的变化可进行微小位移计算和变形连续累加,并利用相关变形解释方法（如四边形等参单元变换方法）进行应变计算。

$$R_{12} = \frac{\sum\limits_{x=1}^{2k+1}\sum\limits_{y=1}^{2k+1} v_i(x,y) \cdot u_i(x,y)}{\sqrt{\sum\limits_{x=1}^{2k+1}\sum\limits_{y=1}^{2k+1} v_i(x,y)^2 \cdot \sum\limits_{x=1}^{2k+1}\sum\limits_{y=1}^{2k+1} u_i(x,y)^2}} \tag{5.1}$$

式中,$v_i(x,y)$ 为追踪点的像素 RGB（红、绿、蓝三原色）颜色值;$u_i(x,y)$ 为基准测点的像素 RGB 颜色值;$2k+1$ 为像素块的长或宽,单位为像素;$i=1,2,3$,代表 RGB 颜色的 3 个分量。

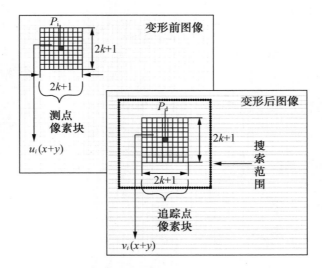

P_i—变形前图像参考点;P_d—变形后图像上一定搜索范围内的所有点。

图 5.5　DSCM 的基本原理

　　作为非接触量测技术之一,DSCM 在岩土变形演变过程的全程观测与微观、细观力学特性等研究上具有突出的优越性,也得到了越来越多学者的认可。图像软件是 DSCM 推广与应用的核心和关键,国内外有很多学者进行了这方面的研究,也相应地开发了一些程序或软件,例如李元海[72-74]研制的基于 DSCM 的变形量测软件系统——PhotoInfor (Photo＋Information,意指数字图像中包含位移、变形、裂隙、组构等信息)。

　　PhotoInfor 软件系统由图像分析软件(PhotoInfor)和结果后处理软件(PostViewer)组成,不需其他任何应用软件平台(如 MATLAB)支撑,软件小巧,功能强大,可独立运行,绿色安装,易学易用。PhotoInfor 负责完成图像变形分析,PostViewer 负责完成图形绘制和进一步统计分析。

　　数字近景摄影测量的具体方法:模型开挖后在隧洞表面安置监测点,然后将制作好的摄影测量板放置在固定的位置,在固定位置采用数码相机摄影,最后根据摄影测量原理编制的程序即可计算出隧洞表面的收敛位移。摄影测量的应用如图 5.6 所示。

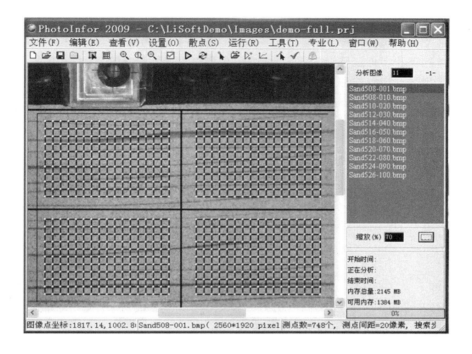

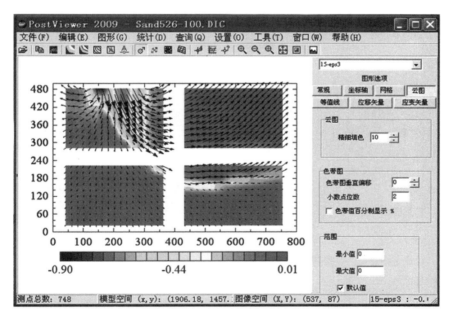

图 5.6   摄影测量的应用

5.2.2   内部位移测试方法与技术

在进行物理模拟时,常常需要测试模型隧洞的内部变形,尤其是三维模型隧洞需要研究隧洞轴向不同深度的径向变形情况。目前,模型内部位移的测试采用图 5.7 所示的方法,在隧洞某一断面不同径向深度预先埋设微型多点位移计,通过护管将测点变形传递给外部独立框架上的位移传感器,通过采集仪器和软件将隧洞变形实时监测并保存下来。根据位移传感器和多点位移计的不同,内部位移测试系统可分为差动式微型多点位移采集系统和光栅微型多点位移采集系统。

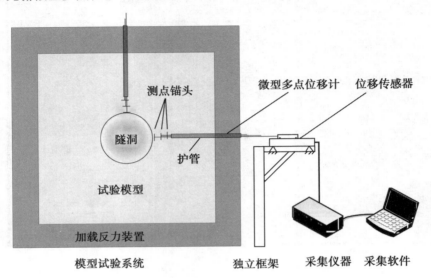

图 5.7　内部位移测试方法

5.2.2.1　差动式微型多点位移采集系统

差动式微型多点位移采集系统是由清华大学李仲奎教授[75-78]在 2002 年研发的用于模型试验测试模型内部位移的测试系统。

差动式微型多点位移采集系统通过护管内的细钢筋将模型内测点的位移传递给固定于外部的 LVDT 差动变压器式位移传感器,实现了内部绝对位移的自动高精度数据采集。但位移计采用的是刚性细钢筋,弯曲埋设需要设计复杂的结构,且 LVDT 差动变压器式位移传感器易受外界电磁场的影响,抗干扰能力弱。差动式微型多点位移采集系统的结构和实物图如图 5.8 所示。

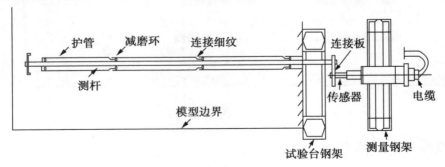

（a）系统结构

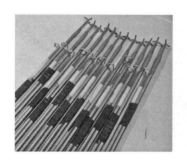

(b)实物图

图 5.8　差动式微型多点位移采集系统的结构与实物图

5.2.2.2　光栅微型多点位移采集系统

（1）系统详细介绍：山东大学研制了光栅微型多点位移采集系统[79-83]，该系统主要由 SD-4 型便携式多路光栅数据采集仪、微型多点位移计、光栅尺、测试软件及相关配件组成。其结构原理如图 5.9 所示。

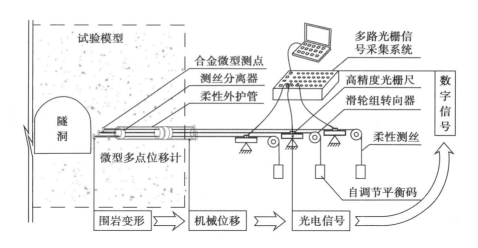

图 5.9　光栅多点位移采集系统结构原理图

系统通过预埋的微型多点位移计将模型关键测点处的内部位移传递给外部的高精度位移传感器——光栅尺，光栅尺信号通过数据线与 SD-4 型便携式多路光栅数据采集仪连接，采集仪与计算机通信，通过配套软件设置参数并测试分析。光栅微型多点位移采集系统体积小，携带方便，如图 5.10 所示。

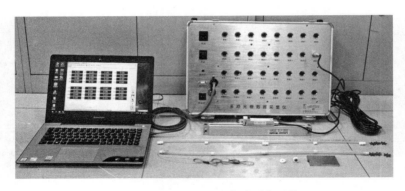

图 5.10　光栅微型多点位移采集系统

　　SD-4 型便携式多路光栅数据采集仪分别与光栅尺和计算机相连,是将多路光栅尺位移信号采集整理并传输给计算机的仪器,其原理如图 5.11 所示。

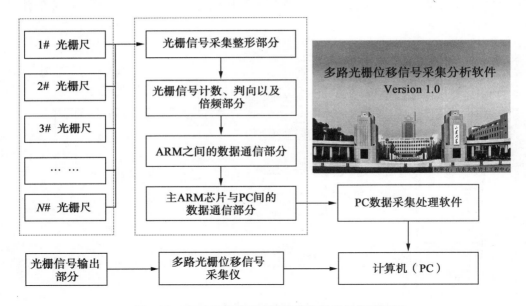

图 5.11　SD-4 型便携式多路光栅数据采集仪原理图

　　多路光栅数据采集仪的主板采用自主研发的集成电路板,主要包括以下四大部分:光栅信号采集整形部分,光栅信号计数、判向以及倍频部分,ARM 之间的数据通信部分和主 ARM 芯片与 PC 间的数据通信部分。光栅信号采集整形部分采用高速光电耦合器采集光栅信号,然后通过反相器对信号进行整形处理,保证进入高速数据模块 ARM 芯片之前的信号是干净、完整的,大大提高了信号采集的可靠性和抗干扰性。光栅信号计数、判向以及倍频部分采用 ARM 芯片的高速正交编码采集模块对经过滤波、整形的信号进行计数、判向和四倍频处理。ARM 之间的数据通信部分是将多个通道 ARM 芯片采集处理后的数据通过同步串行接口(SSI)发送至主 ARM 芯片。主 ARM 芯片与计算机间的数据通信部分是将主 ARM 芯片通过 RS-485 接口和计算机上的采集软件进行通信。

作为外部高精度位移传感器,光栅尺是根据物理上莫尔条纹的形成原理工作的,由光源、两块长光栅(动尺和定尺)、光电检测器件等部分构成。光栅尺输出的是电信号,动尺移动一个栅距,电信号变化一个周期,通过对信号变化周期的测量测出动尺与定尺的相对位移。光栅尺具有高精度(分辨率可达 $0.1\ \mu m$)、高速和不受外界电磁场影响的优点。根据试验需要定制的光栅尺位移传感器的动尺与定尺之间加装了四个轴承滚轮,使动尺和定尺仅作相对轴向运动而无侧倾,数据线也改成 7 芯 TTL(晶体管-晶体管逻辑电平)信号航空插头形式。光栅尺位移传感器如图 5.12 所示。光栅尺位移传感器的基本工作原理:固定标尺光栅,将指示光栅与位移测点相连,模型位移带动指示光栅位移,指示光栅的位移通过光的干涉现象转换为莫尔条纹的位移,莫尔条纹的位移通过光电效应转换为方波脉冲,从而被外接的信号转换装置接收记录,并通过数据处理装置计算转化为数字位移,最终在工控计算机中自动存储和同步实时显示。

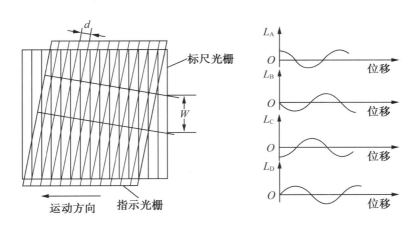

L_A、L_B、L_C、L_D—光敏元件 A、B、C、D 的数显测长;d—光栅的光栅栅距;W—莫尔条纹的宽度。

(a)原理图

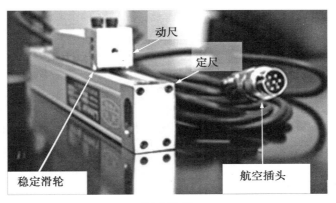

(b)实物图

图 5.12　光栅尺位移传感器

微型多点位移计是连接模型内部测点与光栅尺的纽带,主要由测点锚固头、测丝、护管、聚四氟支撑环、滑轮和吊锤等部分构成,如图 5.13 所示。微型多点位移计具有体积小、柔性、能够弯曲埋设的特点。每个微型多点位移计有三个测点锚头,可同时测三个点;每个测点锚头与对应测丝固定连接,测丝穿过外径为 10 mm 的 PVC(聚氯乙烯)护管引出模型外部。为保证三股测丝在护管内互不干扰且降低摩擦,由护管内的聚四氟支撑环将测丝分隔开。测丝采用的是 7×7 规格的直径为 0.3 mm 的 316 不锈钢钢丝绳,它具有强度高、柔性好、延性低的优点。滑轮和吊锤安装在外部框架,滑轮使测丝转向,吊锤使测丝保持平直,吊锤有 120 g 和 250 g 两种质量。

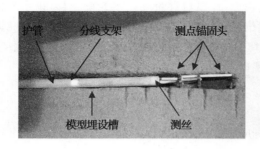

(a)微型多点位移计埋设　　　　　(b)测丝引出与光栅尺固定

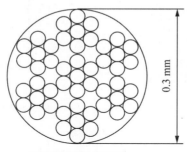

7×7规格的钢丝绳

(c)测丝

图 5.13　微型多点位移计

(2)系统功能:光栅位移采集系统通过采集仪面板上的航空插头接口连接光栅尺;由于系统采用主分 ARM 芯片,故采样频率高,能捕捉瞬间位移;系统允许同时连接不同分辨率的光栅尺,多台采集仪可设置顺序机箱号后串联,并由一台计算机采集,提高了适用性。

系统配套的采集分析软件界面友好,具有参数设置(如采样频率、采样通道数等)、数据自动采集、存储和曲线显示、数据查询及数据导出 Excel 等功能。

(3)主要性能指标:光栅位移采集系统的主要性能指标如表 5.2 所示。

表 5.2　仪器主要性能指标

项目	技术参数
通道数	32 通道
采样频率	1 Hz～512 kHz
分辨率	与光栅尺有关,一般为 1 μm,最小为 0.1 μm
准确度	与光栅尺有关,一般为 ±3 μm
量程	与光栅尺有关,可达 −100～+100 mm
精度误差	±0.02％
最大位移速度	与光栅尺有关,最大为 120 m/min
通信接口	USB 3.0 接口、千兆网络接口
主机外形	350 mm(宽)×150 mm(高)×420 mm(长)
工作环境	温度为 −10 ～50 ℃,相对湿度为 10％～85％

(4)系统验证及技术先进性:为检验位移测试系统的精度和稳定性,采用文献[12]中的标定试验和自制的对比标定试验台分别进行了标定。结果表明,相比文献[12],新系统的迟滞误差为 0,重复误差降为 0.02％,满足高速位移测试需要。光栅位移采集系统具有明显的技术先进性:

①可实时获得试验过程中模型内部的绝对位移。

②内部测点小,减少了对模型的干扰。

③系统分辨率高,整体抗干扰能力强。

④系统稳定且适应性强,采样频率高,能适应瞬态位移测试,动静态试验通用。

⑤采用聚四氟材料,降低了摩擦造成的误差。

⑥测试采用 7×7 规格的直径为 0.3 mm 的不锈钢钢丝绳,刚度大且柔韧,方便弯曲埋设。

⑦系统小巧紧凑,方便携带安装。

⑧仅微型多点位移计为一次性耗材,使用成本低。

5.2.2.3　光栅棒式位移传感器

光栅棒式位移传感器是利用光纤光栅技术,将光栅等间隔对称粘贴在细杆上制作而成,可埋设在模型两个洞室之间的岩柱内,实现对模型试验中模型洞壁的水平位移监测。

(1)光栅棒式传感器原理:光栅棒式传感器的主要思路来源于欧拉-伯努利弯梁理论。对于长为 L、半径为 R 的圆形截面弹性梁,梁上各点挠度和上下表面轴向应变的关系为:

$$\frac{\mathrm{d}^2 v(x)}{\mathrm{d}x^2} = \frac{\varepsilon(x)}{R} \tag{5.2}$$

式中,$v(x)$ 为梁上各点挠度;$\varepsilon(x)$ 为上下表面轴向应变。

对上式两端积分两次,得到

$$v(x) = \frac{1}{R} \iint \varepsilon(x) \mathrm{d}x \mathrm{d}x + Ax + B \tag{5.3}$$

对于两端简支梁,边界条件为

$$v \mid_{x=0} = 0, \quad v \mid_{x=L} = 0 \tag{5.4}$$

将边界条件代入式(5.2),可得到

$$A = -\frac{1}{RL} \int_0^L \int_0^L \varepsilon(x) \mathrm{d}x \mathrm{d}x \tag{5.5}$$

$$B = 0$$

所以

$$v = \frac{1}{R} \int_0^x \int_0^x \varepsilon(x) \mathrm{d}x \mathrm{d}x - \frac{x}{RL} \int_0^L \int_0^L \varepsilon(x) \mathrm{d}x \mathrm{d}x \tag{5.6}$$

上式说明,当两端简支梁受到弯曲产生变形时,只要测出梁上轴向应变分布,即可推算出挠度分布;反之,轴向应变也可由挠度推算出。两者为一一对应关系。

根据实际应用情况,选用具有较好的弹性和刚度的胶棒作为母体材料,在其表面上沿 x、y 轴方向粘贴 4 条光纤,每条光纤串联多个光纤光栅,形成准分布式的应变传感序列。当棒式传感器沿竖直方向(或水平方向)埋入结构体中后,根据变形协调,该棒式传感器类似于一根底端固定并受到拉弯作用的弹性梁。当该传感器滑移发生轴向拉、压或者横向弯曲变形时,就直接带动表面的光纤光栅产生拉、压应变,如图 5.14 所示。根据弯梁的基本理论,如果测出弹性梁 x、y 轴上各点的应变分布,则可反算出该梁的轴向拉、压变形曲线,以及 x、y 轴的受弯挠曲变形曲线,即得到 x、y 和 z 轴各个方向上的位移值。需要注意的是,该位移值为底端基准点的相对位移。为了测得结构体的绝对位移,需做底端位移为 0 的假设或者采用其他测量手段进行修正。

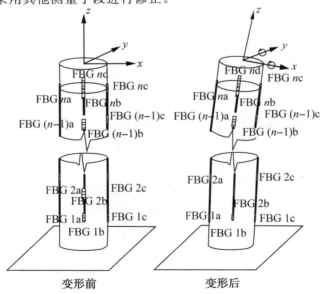

FBG—光纤布拉格光栅;a～d—棒体各个截面上按十字形布设的 4 个传感器编号。

(a)原理图

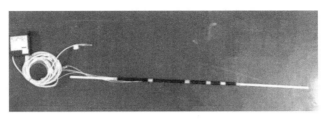

（b）实物图

图 5.14　棒式光栅位移传感器

（2）棒式光栅传感器标定：模型内埋设的光纤光栅的中心波长读数均采用美国微米光学公司的 SM 125 四通道解调仪进行自动采集。该解调仪的扫描频率为 1 Hz，波长分辨率高达 1 pm，与数据采集计算机之间可实现无线以太网连接。

为了进行棒式光栅传感器的标定，制作了多根不同长度和密度的棒式传感器。在标定试验中，在棒式传感器上的任意点逐级施加任意的挠度，并用数字式位移计读取实际挠度值进行标定。

5.3　应变测试技术

应变测试技术主要包括传统电阻式应变测试技术和光纤光栅应变测试技术。

5.3.1　电阻式应变测试技术

5.3.1.1　电阻应变测试原理

电阻应变测量方法是实验应力分析方法中应用最为广泛的一种方法。该方法是用应变敏感元件——电阻应变片测量构件的表面应变，再根据应变-应力关系得到构件表面的应力状态，从而对构件进行应力分析。

由物理学知识可知，金属导线的电阻值 R 与其长度 L 成正比，与其截面积 A 成反比。若金属导线的电阻率为 ρ，则其电阻值为

$$R = \rho \frac{L}{A} \tag{5.7}$$

当金属导线沿其轴线方向受力而产生变形时，其电阻值也随之发生变化，这一现象称为应变-电阻效应。为了说明产生这一效应的原因，可将式（5.7）取对数并微分，得

$$\frac{\mathrm{d}R}{R} = \frac{\mathrm{d}\rho}{\rho} + \frac{\mathrm{d}L}{L} - \frac{\mathrm{d}A}{A} \tag{5.8}$$

式中，$\dfrac{\mathrm{d}L}{L}$ 为金属导线长度的相对变化，可用应变表示，即

$$\frac{\mathrm{d}L}{L} = \varepsilon \tag{5.9}$$

$\dfrac{\mathrm{d}A}{A}$ 为导线截面积的相对变化,若导线直径为 D,则

$$\frac{\mathrm{d}A}{A} = 2\,\frac{\mathrm{d}D}{D} = 2\left(-\mu\,\frac{\mathrm{d}L}{L}\right) = -2\mu\varepsilon \tag{5.10}$$

式中,μ 为导线材料的泊松比。

将式(5.9)和式(5.10)代入式(5.8)可得

$$\frac{\mathrm{d}R}{R} = \frac{\mathrm{d}\rho}{\rho} + (1 + 2\mu)\varepsilon \tag{5.11}$$

式(5.11)表明,金属导线受力变形后,由于其几何尺寸和电阻率发生变化,从而使其电阻发生变化。可以设想,若将一根金属丝粘贴在构件表面,当构件产生变形时,金属丝也将随之变形,利用金属丝的应变-电阻效应可将构件表面的应变量直接转换为电阻的相对变化量。电阻应变片就是利用这一原理制成的应变敏感元件。

5.3.1.2 电阻应变片的结构及选择

(1)电阻应变片的结构:对于不同用途的电阻应变片,其构造不完全相同,但一般都由敏感栅、引线、基底、盖层和黏结剂组成,如图 5.15 所示。

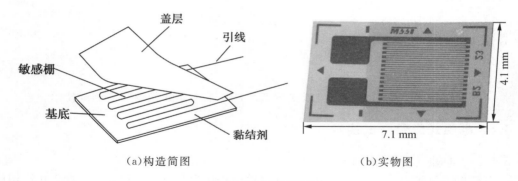

(a)构造简图 (b)实物图

图 5.15 电阻应变片

敏感栅是应变片中将应变量转换成电量的敏感部分,是用金属或半导体材料制成的单丝或栅状体。敏感栅的形状与尺寸直接影响应变片的性能。敏感栅的纵向中心线称为纵向轴线,也是应变片的轴线。敏感栅的尺寸用栅长和栅宽来表示。栅长指敏感栅在其纵轴方向的长度。对于带有圆弧端的敏感栅,该长度为两端圆弧内侧之间的距离;对于两端为直线的敏感栅,则为两直线内侧的距离。在与轴线垂直的方向上,敏感栅外侧之间的距离为栅宽。栅长与栅宽代表应变片的标称尺寸,一般应变片栅长在 $0.2 \sim 100$ mm 之间。

引线是从敏感栅引出电信号的镀银线状导线或镀银带状导线,一般直径在 $0.15 \sim 0.3$ mm 之间。

基底是保持敏感栅、引线的几何形状和相对位置的部分,基底尺寸通常代表应变片的外形尺寸。

黏结剂用以将敏感栅固定在基底上,或者将应变片黏结在被测构件上,具有一定的电绝缘性能。

盖层是用来保护敏感栅而覆盖在敏感栅上的绝缘层。

（2）电阻应变片的选择：电阻应变片应根据试验环境、应变性质、应变梯度及测量精度等因素来选择。

①试验环境：测量时应根据构件的工作环境温度选择合适的应变片，使应变片在给定的试验温度范围内能正常工作。潮湿的环境对应变片的性能影响极大，会导致出现绝缘电阻降低、黏结强度下降等现象，严重时将无法进行测量。为此，在潮湿环境中，应选用防潮性能好的胶膜应变片，如酚醛-缩醛应变片、聚酯胶膜应变片等，并采取有效的防潮措施。

在强磁场作用下，敏感栅会伸长或缩短，使应变片产生输出。因此，敏感栅材料应采用磁致伸缩效应小的镍铬合金或铂钨合金。

②应变性质：对于静态应变测量，温度变化是产生误差的重要原因，如有条件，可针对具体试件材料选用温度自补偿应变片。对于动态应变测量，应选用频率响应快、疲劳寿命长的应变片，如箔式应变片。

③应变梯度：应变片测出的应变值是应变片栅长范围内分布应变的平均值，要使这一平均值接近于测点的真实应变，在均匀应变场中可以选用任意栅长的应变片，它们对测试结果无直接影响。在应变梯度大的应变场中，应尽量选用栅长比较短的应变片。当大应变梯度垂直于所贴应变片的轴线时，应选用栅宽窄的应变片。

④测量精度：以胶膜为基底、以铜镍合金和镍铬合金材料为敏感栅的应变片的性能较好，它具有精度高、长时间稳定性好以及防潮性能好等优点。

5.3.1.3　电阻应变测量电路

一般地，在物理模型试验中，我们应用各类传感器监测试验过程中一些参量的变化往往是困难的，被测量者的状态量是非常微弱的，必须用专门的电路来测量这种微弱的变化。最常用的电路就是各种电桥电路，主要有直流、交流电桥电路。

电桥电路的作用：①把电阻片的电阻变化率 $\Delta R/R$（ΔR 为电阻改变值）转换成电压输出，然后提供给放大电路放大后进行测量；②能够对温度、非线性、灵敏度等进行补偿，起到提高测试精度的作用。

电桥电路的桥路形式一般较为简单，图 5.16 所示的电路为常用的电阻电桥。该电路中，四个电阻组成桥臂，一个对角接电源，另一个作为输出。电桥各臂的电阻分别为 R_1、R_2、R_3、R_4，U 为电桥的直流电源电压，U_0 为被测电压。当四臂电阻满足 $R_1=R_2=R_3=R_4=R$ 时，该电桥称为等臂电桥；当 $R_1=R_2=R$，$R_3=R_4=R'\neq R$ 时，该电桥称为输出对称电桥；当 $R_1=R_4=R$，$R_2=R_3=R'\neq R$ 时，该电桥称为电源对称电桥。

电桥电路主要有单臂、半桥和全桥三种形式。单臂电桥：电桥中只有一个桥臂接入被测量，其他三个桥臂采用固定电阻。半桥：电桥中两个臂接入被测量，另外两个为固定电阻。全桥：四个桥臂都接入被测量。

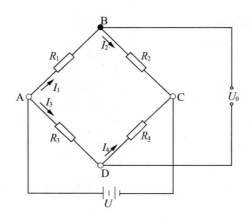

图 5.16 常用的电阻电桥

下面通过典型的应变片测量电桥应用试验来介绍全桥测试的工作原理。常用的电路有三种,即电位计、惠斯登电桥和双恒流源电路。应变电桥一般采用交流电源,因而桥臂不能看作是纯阻性的,这将使推导变得复杂。对于直流电桥和交流电桥而言,其一般规律是相同的。为了能用简单的方式说明问题,我们分析直流电桥的工作原理。

在图 5.16 中,设电桥各桥臂电阻分别为 R_1、R_2、R_3、R_4,其中的任意一个都可以是应变片电阻。

电桥的 A、C 端为输入端,接上电压为 U 的直流电源,而 B、D 端为输出端,输出电压为 U_0,且

$$U_{BD} = U_{AB} - U_{AD} = I_1 R_1 - I_3 R_3 \tag{5.12}$$

由欧姆定律可知

$$U = I_1(R_1 + R_2) = I_3(R_3 + R_4) \tag{5.13}$$

故有

$$I_1 = \frac{U}{R_1 + R_2}, \quad I_3 = \frac{U}{R_3 + R_4} \tag{5.14}$$

将 I_1、I_4 代入式(5.12),经整理后可得到

$$U_0 = U \frac{R_1 R_4 - R_2 R_3}{(R_1 + R_2)(R_3 + R_4)} \tag{5.15}$$

当电桥平衡时,$U_0 = 0$,可得电桥平衡条件为

$$R_1 R_4 = R_2 R_3 \tag{5.16}$$

设电桥四个桥臂的电阻满足 $R_1 = R_2 = R_3 = R_4$,四个电阻均为粘贴在构件上的四个应变片,且在构件受力前电桥保持平衡,即 $U_0 = 0$,在构件受力后,各应变片的电阻改变分别为 ΔR_1、ΔR_2、ΔR_3 和 ΔR_4,电桥失去平衡,将有一个不平衡电压 U_0 输出,由式(5.15)可得该输出电压为

$$U_0 = U \frac{(R_1 + \Delta R_1)(R_4 + \Delta R_4) - (R_2 + \Delta R_2)(R_3 + \Delta R_3)}{(R_1 + \Delta R_1 + R_2 + \Delta R_2)(R_3 + \Delta R_3 + R_4 + \Delta R_4)} \tag{5.17}$$

将式(5.16)代入式(5.17),由于 $\Delta R_1 < R_1$,可略去高阶微量,故得到

$$U_0 = \frac{U}{4}\left(\frac{\Delta R_1}{R_1} - \frac{\Delta R_2}{R_2} - \frac{\Delta R_3}{R_3} + \frac{\Delta R_4}{R_4}\right) \tag{5.18}$$

根据 $\varepsilon = \dfrac{\Delta R/R}{K}$（$K$ 为应变灵敏系数），上式可写成

$$U_0 = \frac{UK}{4}(\varepsilon_1 - \varepsilon_2 - \varepsilon_3 + \varepsilon_4) \tag{5.19}$$

式中，ε_1、ε_2、ε_3、ε_4 为四个应变片的应变。

上式表明，$\dfrac{UK}{4}$ 为常数，由应变片测得被测应变（$\varepsilon_1 - \varepsilon_2 - \varepsilon_3 + \varepsilon_4$），通过电桥可以线性地将应变转变为电压的变化 U_0。只要对这个电压的变化量按应变进行标定，就可用仪表指示出所测量的应变（$\varepsilon_1 - \varepsilon_2 - \varepsilon_3 + \varepsilon_4$），即

$$\varepsilon_{\text{仪}} = \varepsilon_1 - \varepsilon_2 - \varepsilon_3 + \varepsilon_4 \tag{5.20}$$

如果桥臂上只有 A、B 端接应变片，即仅 R_1 有一个增量 ΔR，则由式（5.16）和式（5.17）得到输出电压为

$$U_0 = \frac{U}{4}\frac{\Delta R_1}{R_1} = \frac{U}{4}K\varepsilon_1 \tag{5.21}$$

式（5.21）表明，桥臂上只有 A、B 端接应变时也可读出仪表所测量的应变，即

$$\varepsilon_{\text{仪}} = \varepsilon_1 \tag{5.22}$$

在测量电桥的四个桥臂上全部都接上感受应变的应变片，称为全桥接线法，如图 5.17 所示。

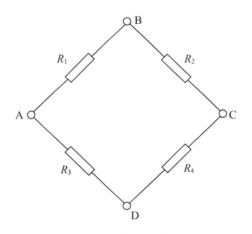

图 5.17　全桥接线法

此时应变仪的读数应变可由式（5.20）得出。

实际测量时，又可分为以下两种情况：

（1）全桥测量：电桥的四个桥臂上都接上感受应变的应变片，且 $R_1 = R_2 = R_3 = R_4$。此时，温度应变可以相互补偿。若在构件的受拉区粘贴 R_1、R_4，可测得拉应变 ε_1、ε_4；在受压区粘贴 R_2、R_3，可测得压应变 ε_2、ε_3 为负值。由式（5.20）可得到

$$\varepsilon_{\text{仪}} = \varepsilon_1 - (-\varepsilon_2) - (-\varepsilon_3) + \varepsilon_4 = 4\varepsilon_{\text{实}} \tag{5.23}$$

显而易见,采用该法,实测读数为 $\varepsilon_{\text{实}}$ 的 4 倍,灵敏度比只用一个应变片明显提高了。

(2)两对臂测量:电桥的两个相对桥臂接上感受应变的应变片,另外两个相对桥臂接温度补偿片,构成全桥,即 R_1、R_4 为相对应的应变片,R_2、R_3 为相对应的温度补偿片。这时四个桥臂的应变片都处于相同的温度条件下,相互抵消了温度的影响。同理,应变仪的读数应变为

$$\varepsilon_{\text{仪}} = \varepsilon_1 + \varepsilon_4 = 2\varepsilon_{\text{实}} \tag{5.24}$$

5.3.1.4　电阻应变仪及其应用

电阻应变仪是根据应变检测要求而设计的一种专用仪器。它的作用是将电阻应变片组成测量电桥,并对电桥输出电压进行放大、转换,最终显示应变量值或根据后续处理需要传输信号。

根据被测构件的应变变化特点,电阻应变仪分为静态电阻应变仪和动态电阻应变仪。静态电阻应变仪测量静态或缓慢变化的应变信号,动态电阻应变仪测量连续快速变化的应变信号。

(1)静态电阻应变测试分析系统:随着微电子技术和计算机技术的迅猛发展,应变测量仪器也向着数字化和计算机化方向发展。目前,静态电阻应变仪已全部发展为静态数字电阻应变仪。

静态数字电阻应变测试分析系统(见图 5.18)是一种针对静态或缓慢变化应变信号的全智能巡回数据采集系统,适用于测点相对集中的结构试验、物理模拟试验以及各种复杂工程现场试验。该系统具有多个测量通道(通道个数一般在 16～72 之间),能够与应变片、桥式力传感器、位移传感器、热电偶等多种测试传感器适配连接,支持全桥、半桥、1/4桥(三线制自补偿)、1/4 桥(公共补偿)等桥路方式的应力、应变测试。系统配套的软件通过程控设置,在应变测量过程中实现桥路自检、导线电阻测量和修正等功能,并能通过以太网、无线 WiFi 进行通信。与系统连接的计算机可完成自动平衡、试采样、单次采样、定时采样的控制,以及将任选的两测点的测量数据定义为 x 轴和 y 轴,边采样边绘制成曲线,实现 x-y 记录仪(滞回曲线)的功能,完成实时数据采集、传送、存储、事后处理以及结果打印等测试分析全过程。

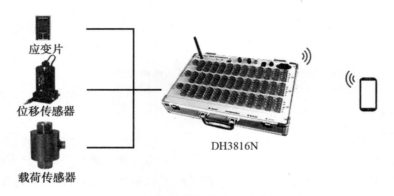

图 5.18　静态数字电阻应变测试分析系统

（2）动态电阻应变测试分析系统：动态电阻应变测试分析系统（见图 5.19）是一种针对连续快速变化应变信号的全智能数字化数据采集分析系统，应用范围广泛，主要可用于高频动载模型试验中振动（加速度、位移、速度）、冲击、声学、电压等各种物理量的测试和分析。根据应变信号的响应频率，动态电阻应变测试分析系统可分为动态和超动态两种信号测试分析系统。其中，超动态信号测试分析系统具备 20 MHz 瞬态采样速率，频响可达 1 MHz，是为大能量、高频冲击、爆破试验专门设计的系统。

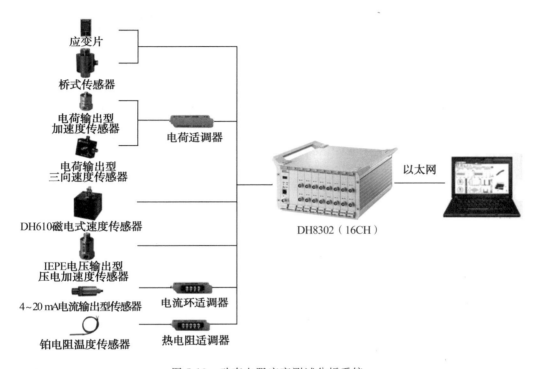

图 5.19　动态电阻应变测试分析系统

单个动态电阻应变测试分析系统最多配制 32 或 64 个多通道测点，可直接安装于标准机柜内，组成无线多通道的动态电阻应变测试系统，支持各种加载试验机的联机同步加载，能够与应变片、桥式传感器、加速度传感器、磁电式速度传感器、电阻式温度传感器、电流输出型传感器等多种测试传感器适配连接，组成集中式的测试系统，支持全桥、半桥、1/4桥（三线制自补偿）等桥路方式的应力、应变测试。半桥、全桥方式采用四线制供桥，具备桥压自动校准功能，保证远端桥压精度，无须测量导线电阻及修正。整体系统能够对试验中的多频段动态应变信号进行测试采集与融合分析，完成实时数据采集、传送、存储、事后处理、结果打印等测试分析全过程。

5.3.2　光纤光栅应变测试技术

光纤传感器利用光纤对某些特定物理量敏感的特性，将外界物理量的变化转换成光信号的变化。由于光纤是光波的传播媒介，在光纤中传播时表征光波的特征参量（如振幅、相位、偏振态、波长等)因外界因素(如温度、压力、应变、位移、转动等)的作用而间接或直接地发生变化,因此可将光纤用作传感元件来探测各种物理量[84]。这就是光纤传感器的基本原理。

5.3.2.1 光纤光栅测试基本原理

随着低损耗光波导的实现,光纤被广泛应用于现代通信中,并且已成为传感领域中的研究热点。光纤本身具有精巧柔软、低传输损耗、抗电磁干扰以及电绝缘等优点,并且光纤光栅作为无源器件,具有集传输和传感于一体、易于构成分布式测量等特点,因此随着光栅写入技术的日益提高及光纤光栅制造成本的降低,光纤光栅在传感领域的应用将更加广泛。光纤光栅有很多种类,光纤布拉格(Bragg)光栅是最早发展出来,也是应用最广泛的一种光纤光栅。它利用光纤材料的紫外光敏性,在紫外光的照射下使纤芯的折射率发生永久的周期性变化,从而在纤芯内部形成空间相位光栅。这样,具有一定频率宽度的光信号进入光纤光栅后,特定波长的光沿原路返回,其余波长的光信号则直接透射出去。当光纤光栅感受到外界温度的变化或外界使其本身产生应变时,反射回来的光波长就会移动,并且两者具有一定的关系。通过测量光波长的移动就可知道温度的变化或应变的大小。光纤布拉格光栅原理如图 5.20 所示。

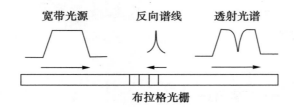

图 5.20 光纤布拉格光栅原理图

光纤光栅的波长与光栅的折射率调制周期以及纤芯折射率有关。当宽带光源入射到布拉格光栅时,会因折射率的改变而折射、透射或反射,光的反射波长要满足下列光纤方程:

$$\lambda_B = 2n_{eff}A \tag{5.25}$$

式中,λ_B 为布拉格光栅中心波长;n_{eff} 为光纤芯区有效折射率;A 为布拉格光栅周期。

由式(5.25)可知,光栅的布拉格波长随着 n_{eff} 和 A 的改变而改变,任何使 n_{eff} 和 A 发生改变的物理过程都将使导致布拉格光栅的波长漂移。

在所有引起布拉格光栅波长漂移的外界因素中,最直接的因素是应力。应力引起布拉格光栅波长漂移可以由下式描述:

$$\Delta\lambda_B = 2n_{eff}\Delta A + 2\Delta n_{eff}A \tag{5.26}$$

式中,$\Delta\lambda_B$ 为应力引起布拉格光栅波长漂移量;ΔA 为光纤本身在应力作用下的弹性变形;Δn_{eff} 为光纤的弹光效应。式(5.26)为应力引起布拉格光栅波长漂移提供了统一描述。

5.3.2.2 光纤光栅测试仪器及系统

与常规的光纤光栅测试仪器相比,本系统中的光纤光栅传感器继承了光纤光栅传感器的独特优势,能与周围介质很好地匹配,特别适用于模型试验中对关键点的多种物理参数测量。

本系统采用波分复用与空分复用相结合的组网方式组建光纤光栅传感网络,如图5.21所示。波分复用技术的特点是速度快,可以一次测量多个波长,且价格低廉,但复用数受光源带宽限制。空分复用技术的优点在于复用数不受限制,通过增加通道数来增加传感器数量,但增加通道数的同时提高了测量成本,降低了采样速度。综合使用波分复用和空分复用技术,可大大增加传感器的测点数量,并且可有效降低成本。

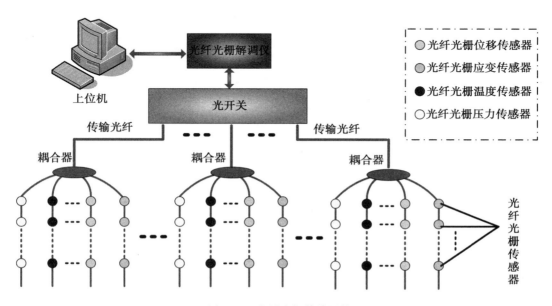

图 5.21　光纤光栅传感网络

本系统由多种参数光纤光栅传感器、分路器、光开关、光纤光栅解调仪以及相应的上位机软件组成。本系统的工作原理:各种不同参数的传感器,如位移、应变、温度、压力等传感器,按照要求埋设到被测点,感受被测量的变化。外界参量对传感器进行波长编码,使光纤光栅产生波长漂移。串联相接的光纤光栅传感器通过分路器并联,形成局域光网络,并将该局部网络内的测量信号集中到一根光纤上。携带被测物理量的光信号通过这条光纤传给光开关进行空分复用,并按照一定时间间隔进入光纤光栅解调仪。光纤光栅解调仪负责解调光纤中的波长信号,将其转换为电信号,并传送到计算机。通过上位机软件系统对数据进行实时在线分析与保存,本系统能实时显示被测量的变化。

光纤光栅多参数传感系统软件平台的设计旨在服务于光纤光栅测试系统,负责与下位机解调仪通信,实现对被测参数的监测与分析,具有原始波长数据采集和存储、曲线实时显示及自动报警、历史曲线查询以及数据处理与分析等功能,可以测量包括应变、位移、渗压、温度、应力等多种参数信号。系统软件平台架构如图5.22所示。

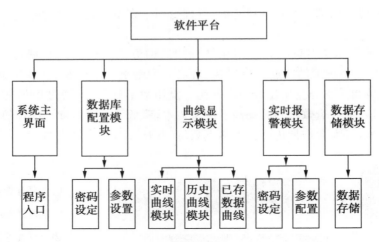

图 5.22　系统软件平台架构

5.3.2.3　光纤应变传感器的特点

光纤应变传感器有以下特点：

(1)可根据测试对象的结构特点,制作成应变传感器和温度传感器。

(2)能实现应变和温度的绝对测量,实现应变的静态和动态测量。

(3)测试精度和信号传输不受电磁干扰。

(4)与光纤通信技术结合在一起,可实现远程监测。

(5)可粘贴或点焊在钢结构表面,实现钢结构的长期健康监测。

(6)可粘贴在混凝土结构表面或埋入混凝土内部,实现混凝土结构的长期健康监测。

(7)便于复用和成网,有利于与现有光通信技术组成遥测网络和光纤传感网络。

(8)受光纤材料的影响,光纤传感器存在抗外力能力弱的缺点,使用时需做好保护工作。

5.3.3　应变砖

应变砖的材料要与模型材料相同,并且要采用同样的压力压制而成,确保应变砖的弹性模量和强度与模型材料一样。应变砖中常用的应变片有纸质和塑料胶基两种。胶基应变片防潮、耐温、绝缘性能都比较好,因此宜在较潮湿的环境下工作。对于应变片置于模型内部的试验,建议采用胶基应变片。制作好的应变砖如图 5.23 所示。

图 5.23　应变砖

5.4　应力测试技术

5.4.1　电阻式应力测试技术

电阻式应力传感器的工作原理是基于电阻应变效应的,即导体在外界力的作用下产生机械变形(拉伸或压缩)时,其电阻值相应地发生变化。根据制作材料的不同,应变元件可以分为金属和半导体两大类。

用应变片测量应变、应力时,在外力作用下,被测对象产生微小的机械变形,应变片随之发生相同的变化,应变片电阻值也发生相应的变化。当测得应变片电阻值变化量 ΔR 时,便可得到被测对象的应变值 ε。根据应力与应变的关系,得到应力值 σ 为

$$\sigma = E\varepsilon \tag{5.27}$$

式中,E 为构件材料的弹性模量。

由此可知,应力值 σ 正比于应变 ε,应变 ε 正比于电阻值的变化,所以应力正比于电阻值的变化,这就是利用应变片测量应力的基本原理。

土压力计(见图 5.24)是在物理模拟试验中较为常见的一种应力测试仪器,具有应力测试范围大、长期稳定、灵敏度高、安装操作简易等优点。在结构上,土压力计一般以两片不同厚度的圆形或矩形感应薄板为主体,薄板间由圆形电阻应变片组成全桥,薄板沿周身方向设置有传输导线及凹槽以削弱压力计的惯性,减小径向应力的影响。土压力计安装示意图如图 5.25 所示。

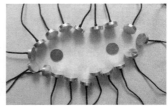

图 5.24　土压力计实物图

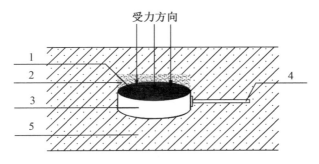

1—承压膜;2—细砂;3—压力盒;4—导线;5—相似模拟地层。

图 5.25　土压力计安装示意图

电阻式土压力计以电阻应变效应为工作原理,当被测物内的应力分布发生变化时,压力计感应板同步感受到应力的变化,在竖直方向上产生形变,变形量由连接全桥电路的应变片捕捉并引起其电阻值的变化,此电阻值的变化与构件表面应变成比例。测量电路输出应变片电阻产生的信号,经过全桥电路放大后,传输至指示仪表。

5.4.2 薄膜应力测试技术

薄膜应力测试技术基于电阻应变效应,配合薄膜传感器、信号转换模块和信号采集箱,实现高气压充填条件下的模型试验应力测试。

5.4.2.1 薄膜压力传感器

薄膜压力传感器由两片很薄的聚酯薄膜组成,两片薄膜内铺设多晶硅电阻材料。当多晶硅电阻材料受到压力作用时,因材料的压阻效应其电阻率发生变化,通过配备的信号转换模块的测量电路就可得到正比于力变化的电信号输出。薄膜压力传感器具有以下特点:①厚度薄,仅为 0.1 mm。②柔性好,可弯曲,且挠度较大,可紧贴在弯曲的表面,适应性更强。③传感器布线少且细,可减少对周围岩土体的扰动。薄膜压力传感器实物及尺寸图如图 5.26 所示。

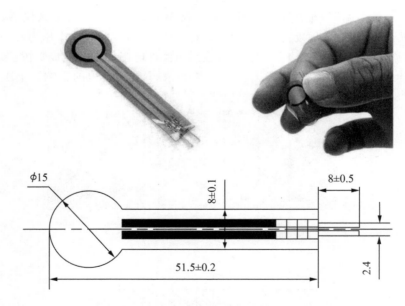

图 5.26 薄膜压力传感器实物及尺寸图(单位:mm)

5.4.2.2 信号转换模块

普通压阻式传感器多利用压敏材料本身组成惠斯通电桥,将电阻变化信号转换成易于采集的电压信号。但此类传感器由于内部设有精密的电路,无法直接应用于高压气固耦合环境中。为了解决这一技术难题,本节讲述的薄膜压力传感器配备了专用的电阻-电压转换模块。此模块和传感器相互独立,中间采用端子连接,可以将传感器的电阻变换信号转换为模拟电压信号或高低电平。

　　电阻-电压转换模块主要由直流稳压电源（VCC）、滤波电容、数个定值电阻和模数转换芯片组成。通过如图 5.27 所示的信号转换模块，可得薄膜压力传感器与定值电阻两端电压之间的换算关系，进而得到传感器所受压力值。

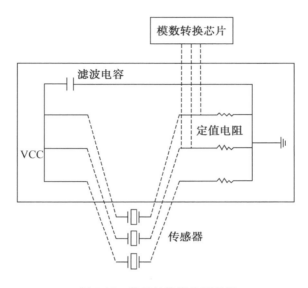

图 5.27　信号转换模块原理图

5.4.2.3　信号采集箱

　　山东大学自主研发的用于模型试验的信号采集箱及配套采集软件可同时与气压、温度、应力等传感器连接，实现对多物理量试验数据的同步高频获取，极大地提高了采集精度和信号处理效率。信号采集箱如图 5.28 所示。

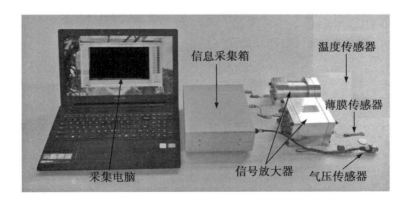

图 5.28　信号采集箱实物图

5.4.3　光纤光栅应力测试技术

光纤光栅应力传感器同样是基于光纤布拉格光栅折射漂移测试原理来工作的,光纤光栅作为光纤光栅应力传感器的核心元件,其工作原理如图 5.29 所示。光源传播到光纤布拉格光栅时,光纤光栅的反射中心波长被解调仪检测出来,当光纤光栅受到外界应力的作用时,其光栅周期和应变量发生变化,进而导致反射波长发生偏移。根据光纤光栅反射波长和应力一对一的对应关系,通过解调仪测出反射波长信息,就可以反推出此时传感器受到的应力大小。

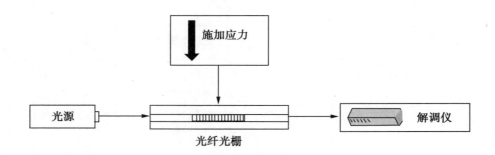

图 5.29　光纤光栅应力传感器原理

由于应力和外界温度的改变均会导致光纤布拉格光栅的波长发生变化,在计算光纤光栅应变和波长变化量(波长偏移量)的关系时,必须保证光纤布拉格光栅不受外界温度的影响,一般采用光纤光栅温度补偿法。目前,常见的温度补偿方法有单光栅法、参考光栅法和双光栅法。其中,双光栅法不仅可以消除温度对光纤光栅波长变化量的影响,而且还可以将光纤光栅应变对光纤光栅波长变化量的影响提升一倍,取得较好的温度补偿效果。其原理是将两个光纤光栅粘贴到悬臂梁对称位置,使得它们处于相同的温度环境,当悬臂梁受到应力的作用时,两个光纤光栅产生相反的效果。比如,光纤光栅 a 产生拉伸效果,光纤光栅 b 产生压缩效果,则光纤光栅 a 的波长偏移量为

$$\Delta\lambda_{Ba} = K_{Ta}\Delta T + K_{\varepsilon a}\varepsilon \tag{5.28}$$

光纤光栅 b 的波长偏移量为

$$\Delta\lambda_{Bb} = K_{Tb}\Delta T + K_{\varepsilon b}\varepsilon \tag{5.29}$$

式中,K_{Ta}、K_{Tb} 为温度灵敏度系数,$K_{Ta} = K_{Tb}$;$K_{\varepsilon a}$、$K_{\varepsilon b}$ 为应变灵敏度系数,$K_{\varepsilon a} = -K_{\varepsilon b}$。

将光纤光栅 a 的波长偏移量减去光纤光栅 b 的波长偏移量,可推出

$$\Delta\lambda_{Bb} - \Delta\lambda_{Ba} = 2K_{\varepsilon a}\varepsilon \tag{5.30}$$

微型光栅应力传感器如图 5.30 所示,其布设安装一般按照以下步骤:

(1)确定结构的应变分布。依据具体的模型结构和工程应用情况,确定测量点位置和测量分布方式,粗略估计各测点应力、应变范围,推算出整个结构的应力、应变分布概况。

(2)确定各测点处光纤光栅的中心波长。根据估计的各测点应力、应变分布状态,特别是各测点应力、应变的最大值,将各测点的位置与对应处的光纤光栅的波长相对应。在

采用分布传感方式时,保证各测点的波长分布具有一定的间隔,间隔的大小取决于各测点应力、应变的最大值和应力、应变属性,避免串在一起的光纤光栅在工作过程中波长发生重叠。

(3)确定传感器的结构和安装方式。根据监测要求和工程实际情况,选择传感器的结构形式(贴片式、埋入式等)和安装方式(粘贴、焊接等),确定埋设和保护工艺。

(4)根据所选型号传感器的尺寸、结构形式和安装方式预先开设传感器的坑槽和布线长槽。

(5)将传感器置入坑槽,并通过布线长槽进行尾线走线连接。

(6)用模型试验相似材料将传感器与坑槽的间隙填充并压实,尽量做到不留缝隙。

(7)确定光纤光栅解调系统。依据对应测点最大应变变化值的光纤光栅波长的变化值 $\Delta\lambda_{11}$,…,$\Delta\lambda_{1n}$,和各点的波长分布间隔大小($n\times\Delta\lambda$),计算出所有测点的波长变化值和间隔值的总和,然后乘以相应的波长余额系数(1.2～1.8),确定所需光纤光栅解调器的波长解调范围,并结合所需的测量精度,选定相应的光纤光栅解调器、配套解调和数据分析软件。

(8)确定光纤光栅传感器灵敏度系数(K)。依据所选定的光纤光栅传感器的结构形式和安装方式,选定灵敏度系数,并在解调软件中进行设置,测量结果直接显示应力、应变值。

(9)结构整体状态的分析和评估。依据结构上各测点的实测应变值,进行特定的程序运算,确定结构整体的应力、应变分布状态,并对极限状态进行报警。

图 5.30　微型光栅应力传感器

5.5　气液渗透压力测试技术

5.5.1　水渗透压力测试

5.5.1.1　差阻式渗压计

在岩土工程和水利水电工程等的研究中,水渗透压力测试是指测试土壤或岩石中作用于微粒或孔隙之间的水的压力。水渗透压力测试过程中最主要的设备为渗压计,目前应用较多的主要有差阻式渗压计、振弦式渗压计、应变式渗压计和压阻式渗压计等。由于差阻式和振弦式渗压计具有体积较大、灵敏度较低、精度较低、动态响应差等特点,仅适用于现场实际监测。在物理模拟试验中,应变式渗压计和压阻式渗压计由于体积小、精度高、稳定性好等优点而被广泛应用。本节便以试验中常用的 DMYB 系列应变式渗压计为例进行介绍。

DMYB 系列应变式渗压计可在基坑开挖、隧道施工、路基、边坡等模型试验中用于测量土体、泥浆、砂和岩石等内部或周围的渗压，是了解被测结构物内部水压力变化量的有效监测设备，具有高防水、小体积等优点。它由透水石、感应板、观测电缆、应变片等组成，如图 5.31 所示。

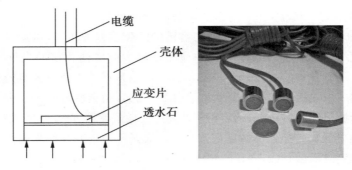

图 5.31　DMYB 系列应变式渗压计

该渗压计采用应变全桥电路设计，因此其测试原理符合第 5.3.1 节中电阻应变测量电路的全桥测试原理，其压力计算方法为：

$$P_i = K(F_i - F_0) \qquad (5.31)$$

式中，P_i 为渗压计所受的实时压力值；K 为渗压计标定系数；F_0 为渗压计零点输出应变值；F_i 为对应于 P_i 的输出应变值，F_i 与 P_i 一一对应；i 为时间。

5.5.1.2　光纤光栅渗压计

微型光纤光栅渗压传感器（见图 5.32）用于测量模型试验内部关键点的渗水压力，其测试原理与图 5.29 所示的光纤光栅应力传感器的原理相同。为了保证测试的是渗透水压，需要在光纤应力传感器的外部加一个带孔的保护罩，使内部的传感器不受外力影响但水可以渗入，保证测到的是渗透压力。微型光纤光栅渗压传感器的量程可定制，精度可达 0.1%F.S.，外部尺寸为 $\phi 30 \ \mathrm{mm} \times 5 \ \mathrm{mm}$。

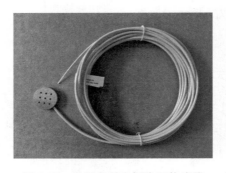

图 5.32　微型光纤光栅渗压传感器

拉杆式光纤光栅渗压传感器用于测量模型试验内部关键点的渗水压力及水位,其原理与实物如图 5.33 所示。

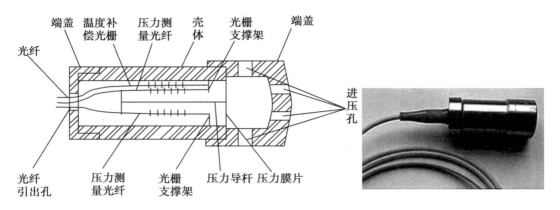

图 5.33　拉杆式光纤光栅渗压传感器的原理与实物

5.5.2　气渗透压力测试

气渗透压力是用气压传感器测试的,气压传感器是用于测量气体绝对压强的器具。它能感受到被测试的信息,并能将检测到的信息,按一定规律变换成电信号或其他所需形式的信息输出,以满足信息的传输、处理、存储、标记录入和控制等要求。

某些气压传感器主要的传感元件是一个对压强敏感的薄膜,它连接了一个柔性电阻器。当被测气体的压强降低或升高时,这个薄膜变形,该电阻器的阻值将会改变。传感器通过电阻获得 $0 \sim 5$ V 的信号电压,经过 A/D(模/数)转换被数据采集器接收,然后数据采集器以适当的形式把结果传送给计算机。

还有的气压传感器利用变容式硅膜盒来完成对气压的检测。当气压发生变化时,变容式硅膜盒发生形变并带动硅膜盒内平行板电容器的电容量发生变化,从而将气压变化以电信号形式输出,经相应处理后传送给计算机。

本节以常用的硅微熔芯体气压传感器为例进行详细介绍,其原理与实物如图 5.34 所示。该传感器采用了进口带不锈钢隔离膜片的压阻式压力传感器作为敏感器件,其分辨率、非线性、重复性等性能十分优越。外壳采用不锈钢材料,与气体接触部分进行隔离,将气体压力转变为电压信号输出。

压阻式传感器为惠斯顿电桥结构,四个应变压阻片通过离子注入硅膜片中,加压后硅膜片变形,电桥失去平衡。电桥输入端加上驱动信号后,桥路中四个敏感电阻平衡时的电桥输出信号为零。当外界压力变化引起桥路不平衡时,电桥输出端产生一个输出电压,在一定量程范围内输出电压与所加压力呈线性关系,即

$$P = KV_0 \tag{5.32}$$

式中,P 为压力;K 为传感器标定系数;V_0 为传感器输出电压。

硅微熔芯体气压传感器采用恒流驱动,驱动电流为 1.5 mA 左右,满量程输出电压为 $50 \sim 100$ mV。该传感器内部采用激光刻蚀,电阻在 $-20 \sim +85$ ℃范围内实现温度补偿

和零位校正;采用硅微熔技术和专门定制的放大电路,经过线性修正和温度补偿,能有效解决瞬间过压等问题,可以满足多种环境条件下的压力测量与控制需要。

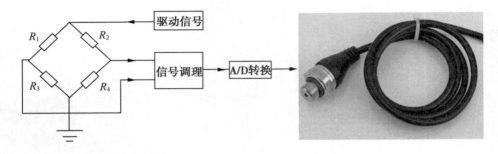

图 5.34 硅微熔芯体气压传感器的原理与实物

需要注意的是,将气压传感器埋设在模型内采集气压时,气压会损坏传感器的电子元器件,因此需要采用全灌胶密封后部五孔的气压传感器,否则容易损坏。

5.6 温度测试技术

在物理模拟试验中,温度测试技术按照测量方式一般分为接触式和非接触式两大类:接触式主要是将温度传感器布设于模型内部或表面,一般为热电偶或热电阻传感器;非接触式主要是通过红外测温仪对模型表面进行温度测试。

5.6.1 热电偶温度计

5.6.1.1 基本原理和应用原理

热电偶温度计(见图 5.35)是以热电效应为基础的测温仪器。热电效应就是将两种不同成分的导体(称为热电偶丝材或热电极)两端接合成回路,当接合点的温度不同时,在回路中就会产生电动势,也称作热电势。热电偶就是利用这种原理进行温度测量的。其中,直接用作测量介质温度的一端叫作工作端(也称为测量端),另一端叫作冷端(也称为补偿端)。冷端与显示仪表或配套仪表连接,显示仪表会指出热电偶所产生的热电势。

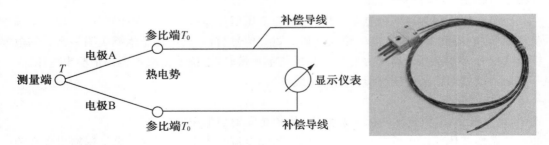

图 5.35 热电偶温度计的原理及实物

热电偶温度计被应用于工程温度测量的主要有镍铬-镍硅热电偶和康铜-铜热电偶。镍铬-镍硅热电偶的用途很广,可测量 0～1000 ℃ 范围内的温度,线性较好,但是均匀性差。康铜导线在不同温度下会产生电势差,而纯铜导线则不会,因此只要测量出康铜与铜在同一位置的电势差即可测得该点的温度值,依此原理可制作康铜-铜热电偶。康铜-铜热电偶的测量精度高、稳定性好、更易于多点布置。

5.6.1.2 热电偶的结构及技术特点

(1)结构简单,内部没有复杂的构件,温度测量精度较高,可用于多种环境。

(2)测量范围很广,在实际的工作中不易受到外界环境的干扰。

(3)热惯性十分小,输出的信号是电信号,而且这种信号能实现长距离传输和信号转换。

(4)在具体的使用中,它能对不同类型的物体进行测量,包括流体、固体等。

5.6.2 热电阻温度计

热电阻温度计是利用热电阻的电阻值随温度变化而变化的特性来进行测量的。对于线性变化的热电阻来说,在一定的温度范围内,其电阻值与温度的关系如下:

$$\Delta R_T = \alpha R_{T_0}(T - T_0) \tag{5.33}$$

式中,R_T 为温度 T 下的金属电阻值;R_{T_0} 为温度 T_0 下的电阻值;α 为电阻温度系数。

大多数金属的电阻温度系数不是常数,但在一定的温度范围内可取其平均值作为常数值。热电阻的温度系数越大,表明热电阻的灵敏度越高,它的感温材料一般是金属材料,主要有铂电阻和铜电阻等。

热电阻温度计(见图 5.36)是一种用于对中低温环境进行温度监测的测量仪器,具有测量精度高、灵敏度高、性能稳定、输出电信号便于远传和多点切换测量等优点。

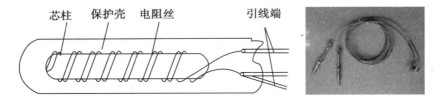

图 5.36 热电阻温度计的原理及实物

5.6.3 光纤温度测试

光纤温度传感器的结构形式多种多样,但基本上可以分为功能型(传感型)和传输型(传光型)两大类。功能型光纤温度传感器是基于光纤传输的光波参量(振幅、相位、波长)随环境温度变化而变化的特性设计的,光纤既是传感元件又是传光介质,主要包括分布式光纤温度传感器、干涉型光纤温度传感器、光纤光栅温度传感器。传输型光纤温度传感器使用外加敏感元件实现传感功能,光纤只作为传光介质,主要为光纤荧光温度传感器。各类光纤温度传感器的特点及工作原理如表 5.3 所示。

表 5.3　各类光纤温度传感器的特点及工作原理

类别	测温原理	示意图	特点
分布式光纤温度传感器	通过测量光纤中返回的拉曼散射光强度或频率得到温度		可在大空间范围内连续、实时进行温度测量，结构简单，性价比高
干涉型光纤温度传感器	通过测量由两束光产生干涉现象引起的相位差变化及干涉光强度得到温度		灵敏度高，适应性强，测量传输数据量大
光纤光栅温度传感器	通过测量光栅反射波长及偏移量得到温度值		抗干扰能力强，结构简单，重复性好，可实现绝对测量
光纤荧光温度传感器	通过测量荧光材料的荧光强度比及荧光衰减时间得到温度值		抗干扰能力强，光源的光强不稳定对测温结果的影响较小，经济耐用

　　在模型试验中，光纤温度传感器选型主要考虑试验目的和条件，传感器的尺寸、量程以及环境适应性。目前，应用较多的光纤温度传感器有分布式光纤温度传感器和光纤光栅温度传感器；需获取试验模型中 2 m 以内的多点精细温度分布信息或有微装要求的，宜优先选用毛细管封装的光纤光栅温度传感器。当温度测试具有高分辨精度要求时（精度高于 0.05 ℃），宜对光纤光栅温度传感器进行增敏处理。

　　光纤光栅温度传感器主要由传感器壳体、基体、光纤光栅、安装配件及尾纤组成（见图 5.37）。此外，测量温度时应采取应力隔离措施，避免温度、应力交叉感应。在恒温环境且尾纤受力状态下，光纤光栅温度传感器中心波长变化不应大于 5 pm。

图 5.37　光纤光栅温度传感器

5.6.4　红外热像/测温仪

　　红外热像/测温仪器主要有红外热像仪和红外测温仪(点温仪)两种,是非接触式测量温度的仪器,如图 5.38 所示。其测温原理基于黑体辐射的基本定律,即自然界中任何物体只要其温度在绝对零点以上,就会不断地向周围空间辐射能量。温度越高,辐射能量就越多。通过对物体自身辐射的红外能量的测量,便能准确地测定它的表面温度。当仪器测温时,被测物体发射出的红外辐射能量,通过测温仪的光学系统在探测器上转为电信号,并通过红外测温仪的显示部分显示出被测物体的表面温度。

　　红外测温仪的特点:非接触式测量,测温范围广,响应速度快,灵敏度高,但由于受被测对象的发射率影响,几乎不可能测到被测对象的真实温度,测量的是表面温度。

(a)红外热像仪　　　　　　　　　　　(b)红外测温仪

图 5.38　红外热像/测温仪

5.7　破裂测试技术

　　目前,模型内部损伤破裂模式的探测主要有断裂丝法、声发射法和超声相控阵检测法。

5.7.1 断裂丝法

章冲等[85]研发了断裂丝法探测模型内部破裂情况。所谓断裂丝,是指在模型内部布设的直径为 0.70 mm 的石墨线材。断裂丝法测试模型断裂位置的原理如图 5.39 所示。

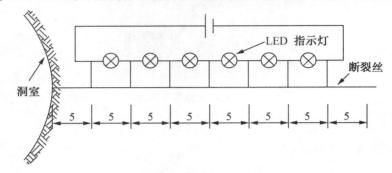

图 5.39 断裂丝法测试原理

在断裂丝上设置多个焊接点(每个焊接点都有位置坐标),在相邻两个焊接点之间接一个 LED 指示灯,如图 5.40 所示。在断裂丝未断之前,两个焊接点之间的指示灯是不亮的(即电流不导通)。当某点断裂丝发生断裂时,与该断裂缝相邻的两个焊接点之间的指示灯会亮起(即电流导通)。根据各指示灯亮起的顺序和位置可以判断裂缝发生的先后顺序和位置,但因断裂丝测点间距为 5 mm,所以由测试结果给出的断裂缝位置会有少许误差。

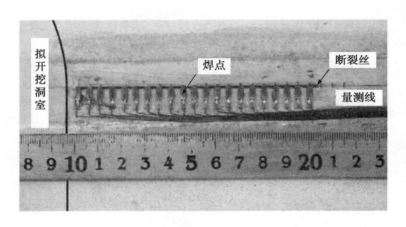

图 5.40 每条断裂丝上测点布置方案

这项技术的难点:首先,石墨型材料不好焊接,必须采取特殊措施。其次,石墨型材料断裂丝如何与模型介质材料黏结,使之既能与模型材料共同变形,又不影响材料强度。针对焊接问题,用弹性较好的铍青铜片压紧石墨线材,使其相互导通,然后再将漆包线与铍青铜片连接。对于断裂丝与模型材料的黏结问题,先在模型表面涂一层较薄的建筑用底胶,目的是填平水泥砂浆表面的凹洼处;然后刷三层防水脱模剂,目的是防潮绝缘;之后再用瞬干胶将石墨线材与模型表面粘贴在一起;最后,在石墨线材表面涂一层薄的软硅胶,目的是保护石墨线材在合模的过程中不被损坏。试验表明,上述工艺是切实可行的。

为了验证断裂丝的断裂效果,对试验模型进行解剖。解剖部位就在断裂丝的粘贴平面内,解剖结果如图 5.41 所示。从图中可以看到,围岩断裂缝能很平顺地通过断裂丝,这说明断裂丝没有阻止围岩裂缝的发展,断裂丝能与围岩发生同步断裂。由此可以推断,断裂丝法是可行的。

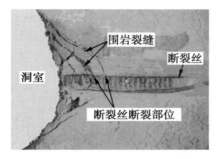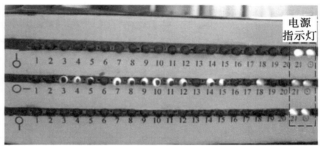

图 5.41　解剖结果

5.7.2　声发射测试

5.7.2.1　声发射测试的工作原理

岩石在外力、内力或温度的影响下,内部局部区域产生塑性变形或有裂纹形成和扩展时,伴随着应变能迅速释放而产生瞬态弹性波的现象,称为声发射(Acoustic Emission,简称 AE)。声发射测试是利用耦合在材料表面上的压电陶瓷探头将材料内声发射源产生的弹性波转变为电信号,然后对电信号进行放大和处理,使之特性化,并予以显示和记录,从而获得材料内声发射源的特性参数[86]。通过分析试验过程中的各类型参数,即可知道材料内部的缺陷情况。

采用声发射技术进行检测时,需在被检测件上布置多个传感器。根据检测对象信号特点、定位要求的不同,声发射源定位方法各不相同。其中,突发信号常用的源定位技术有两类:区域定位和时差定位。

区域定位是按不同传感器检测不同区域或按声发射波到达各传感器的次序,来大致确定声发射源所处的区域。

时差定位根据同一声发射源所发出的声发射信号到达不同传感器的时间差异以及传感器布置的空间位置,建立与声发射源位置的关系并求解,最终得到缺陷与传感器的相对位置。时差定位是一种精确的定位方式。

5.7.2.2　声发射研究分析方法

(1)声发射波形参数分析法:利用信号处理技术对声发射波形进行处理分析,并以此来获取精确的声发射源信息。波形参数分析法已经逐步成为声发射源特征获取的主要方法,是表达声发射信号源特征最精确的方法,可对波形的各类信号参数进行提取。这些信号参数主要包括振铃计数、事件计数、幅值(初动振幅值及最大振幅值)、上升时间、持续时间、门槛值等,如图 5.42 所示。

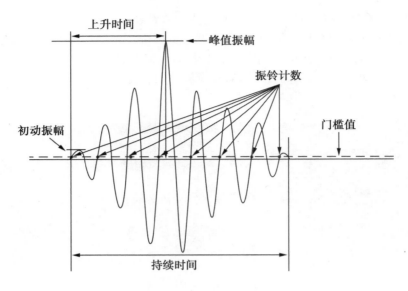

图 5.42　声发射信号参数

（2）声发射频谱分析法：将信号从时域谱转换到频域谱进行信号特征研究分析的方法叫作频谱分析法。现代谱分析法和傅里叶分析法是频谱分析法的主要组成部分，通过频谱分析法对声发射信号进行分析，可得到声发射信号的频域信息。信号的频率组成是信号处理的重要内容，通过信号频谱结构可以对声发射信号源的信息进行准确判断。

5.7.2.3　声发射检测系统

用来探测、记录、分析声发射信号并定位声发射源的仪器称为声发射检测系统（见图5.43），它由传感器、前置放大器、数据采集处理系统和记录分析显示系统等部分组成。声发射系统由传感器采集、接收来自声发射源的声波信号，经前置放大器放大后由数据采集处理系统对信号进行处理，最终由记录分析显示系统进行记录分析，从而达到定位声发射源的目的。

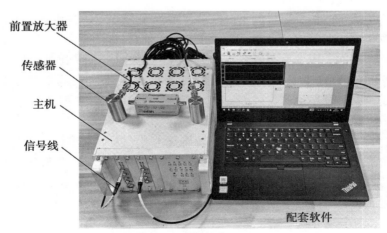

图 5.43　声发射检测系统

声发射传感器是声发射检测系统的重要部分,是影响系统整体性能的重要因素。其工作原理是传感器将声发射源在被探测物体表面产生的机械振动转换为电信号。声发射传感器可分为特定频率下的高灵敏度谐振型(窄带传感器)和较宽频率范围下有一定灵敏度的宽带型,其原理与实物如图 5.44 所示。

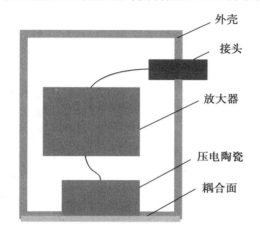

图 5.44　声发射传感器的原理与实物

5.7.2.4　声发射检测系统的应用

在物理模拟试验中,声发射传感器常布设于模型表面或埋设于模型内部。平面模型可在模型表面布设声发射传感器,三维模型可在模型内埋设声发射传感器。

布设声发射传感器时,应该将耦合面与模型紧密贴合并添加耦合剂。同时,耦合面应该面向被测部位,以提高声发射传感器的指向性,增强传感器接受信息的能力。

布设时,还应该考虑声发射传感器的三维空间布局,若将传感器设置在一个平面内,将导致无法进行三维定位。同时,还应在配套声发射软件中按传感器标号顺序依次设置好声发射探头位置的三维坐标,以便实现三维定位,如图 5.45 所示。

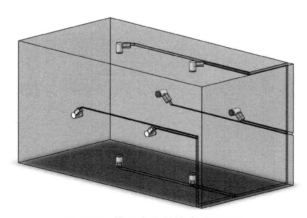

图 5.45　模型声发射传感器的设置

5.7.3 超声相控阵测试

5.7.3.1 超声相控阵测试原理及仪器

超声相控阵探伤基于超声声场理论,建立声场计算模型,从而分析超声波与工件的相互作用。通过阵列换能器发射超声波,将置于声场中的被检测物体与声波发射相互作用产生的回波信号经过阵列换能器接收处理,并以一定的方式映射到成像区域[87]。超声相控阵的一维线性阵列排列方式简单,扫描方式多变,是目前相控阵探伤中常用的阵列换能器。

超声相控阵测试技术的设计基于声学惠更斯(Huygens)原理和波的干涉原理,即频率相同的两列波叠加,在特定区域的振动加强,而在某些区域的振动减弱,振动加强区域和振动减弱区域相互隔离。下面以一维线性阵列为例说明超声相控阵测试的工作原理:电子控制系统通过控制各个阵元晶片按照一定的延时准则发射脉冲波和接收回波信号,一个通道发送,其他七个通道接收回波,每个通道轮流发送来控制超声波声束在各类工件中的聚焦与偏转,从而实现对工件的无损检测,如图 5.46 所示。

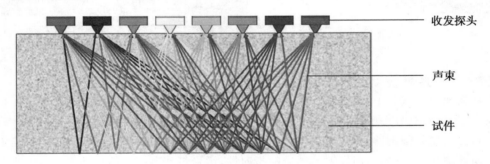

图 5.46　超声相控阵测试原理

国内外已有一些成熟的超声相控阵测试仪器,例如 A1020 MIRA Lite 手持式断层成像扫描仪、Pundit 250 Array 超声成像扫描仪等,如图 5.47 所示。

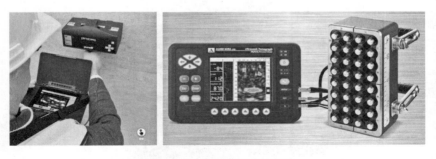

图 5.47　超声相控阵测试仪器

5.7.3.2　超声相控阵测试技术的优势

超声相控阵测试技术具有多种声场合成及多种形式成像的特点，具有便捷高效、缺陷定性定量精度高、高检测灵敏度（毫米级）和高检测效率（数秒）、声束焦点和方向可控、高信噪比、便于实现复杂结构等优点。与常规超声波测试技术相比，超声相控阵测试技术具有以下特点：

（1）生成可控的声束指向和聚焦深度，可实现复杂结构件和盲区位置缺陷的精确检测。

（2）通过局部晶片单元组合实现声场控制，可在保证检测灵敏度的前提下实现高速电子扫描，不移动工件便可进行高速检测。

（3）可实现理想的声束聚焦，采用同样的脉冲电压驱动每个阵列单元，聚焦区域的实际声场强度远大于常规的超声波技术，从而对于相同衰减特性的材料可以使用较高的检测频率。

5.8　数据融合采集与分析技术

物理模拟试验的测试方法较多，通常不同的物理量由不同的仪器采集，数据具有多源异构的特点。如何综合分析、充分利用上述测试数据，实现应力场、渗压场、温度场、裂隙场等多场耦合信息的关联分析，是一个极其困难的任务。因此，研发物理模拟试验数据融合采集与分析技术是必要的。

5.8.1　多物理量传感器高速融合采集与可视化系统

目前，复杂物理模拟试验中应力、温度、气压等多物理量传感器数字-模拟量信息的采集系统互相独立，无法进行各类信息高速同步采集、关联融合分析和可视化呈现。此外，试验对物理信息采集具有通道可变、精度高、响应快和数据存储可靠的要求。针对以上问题，山东大学开发了多物理量传感器数字-模拟量信息高速融合采集与可视分析系统。

多物理量传感器数字-模拟量信息高速融合采集与可视分析系统利用高速 DAQ（数字采集）采集板卡，配合外围电路实现数据可靠存储。该系统的硬件采用模块化设计方案，主要包括板卡采集单元、开关电源供电分配单元、输入接口匹配单元，如图 5.48（a）所示；软件主要分为采集模块和存储模块，其界面如图 5.48（b）所示。

（a）采集仪与传感器

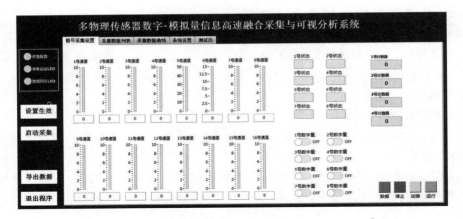

(b)系统软件界面

图 5.48　多物理量传感器数字-模拟量信息高速融合采集与可视分析系统

多物理量传感器数字-模拟量信息高速融合采集与可视分析系统的单台采集仪具备16 通道 ADC(模拟数字转换器)模拟采集功能,采集精度为 16 位,量程为 0～5 V,包含8 通道数字量输入、8 通道数字量输出,低电平标准为 0 V,高电平标准为 3.3 V。该系统具有以下显著优势:①可针对应力、温度、气压等多物理量传感器数字-模拟量信息进行高速同步采集、关联融合分析和可视化呈现。②系统软件可配合多个采集箱,实现多个模拟通道的测量,并可根据采集需求进行通道数量的扩展。③在多物理量信息采集过程中,精度高,响应快,数据存储可靠。④可同时测量模拟电压信号和传感器的反馈信号,附带数字信号输入输出功能。

5.8.2　多源异构数据综合采集系统

5.8.2.1　系统功能需求分析

在物理模拟中,多源异构数据综合采集系统需要具备以下功能:①较高的自动化程度。用户不需要实时控制设备,只需通过简单的启动、上电和参数设置即可完成数据的汇聚和远程监测。②可灵活设置采集参数。用户可根据采集的数据量、远程服务器端的采集频率需求,灵活设置数据的 GPRS(通信用无线分组业务)发送频率,适当降低数据的发送频率,以降低数据传输成本。③可灵活增加数据采集仪的数量。不同模型试验的数据测试需求不同,可能会增加数据采集仪的数量以及种类,应采用模块化设计思想和数据汇聚的方式进行设计。该功能使系统具有较强的通用性。④数据实时显示与存储。数据经过处理后可实时显示在现场数据汇聚界面和无线发送终端的人机界面中,原始数据按照固定格式和标准化名称存储在本地存储器中,同时所有的数据在远程服务器的软件界面上也能实时显示和存储。

除了上述功能之外,该系统还需要有以下基本功能:①安全性。系统的硬件设备应使用绝缘外壳。为防止使用人员触电,外壳应接地。②可靠性。系统需适应恶劣的工作环境,保证采集的数据准确无误,避免发生数据丢失与错乱现象。③易安装。系统应该尽可能轻巧紧凑,便于携带,采用标准通用的连接口。④界面美观,方便用户操作。⑤"三防"特性。系统的硬件应该密封好,防水、防尘、防震。

5.8.2.2　系统结构设计

多源异构数据综合采集系统分为三个层次,即多源异构数据采集层、中间数据汇聚与传输层、远程管理层。多源异构数据采集层即工程现场布置的各类数据采集仪,它们可采集多种安全参数,通常包含位移、应变、应力、渗压、温度、微震、声发射等。这些数据采集仪的通信协议各不相同。中间数据汇聚与传输层的功能是将这些通信协议不同的采集仪连接起来,把所有的数据汇聚在一台设备中,再通过无线通信的方式发送出去。远程管理层即服务器软件,负责将中间数据汇聚与传输层无线发送来的数据进行处理、显示、存储。系统结构框图如图 5.49 所示。

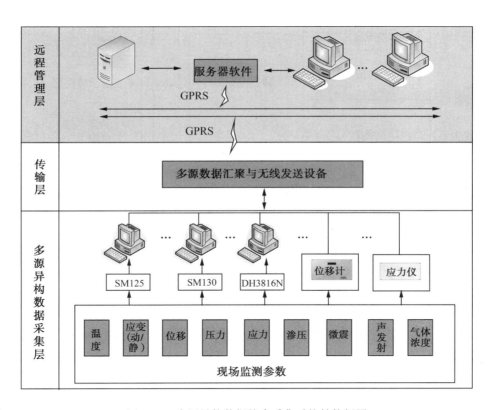

图 5.49　多源异构数据综合采集系统结构框图

多源异构数据综合采集系统由远程服务器端的软件发起采集命令,多源异构数据综合采集终端的 GPRS 模块将接收到的命令转发给微控制器,微控制器会根据接收到的不同命令执行不同的采集程序。微控制器通过 RS-485 总线访问多种数据采集仪获取数据,然后将数据在触摸液晶屏上归类显示,并存储到存储器。同时,微控制器将数据打包并压缩,并由 GPRS 模块将压缩后的数据发送至远程服务器端。服务器端将接收到的数据解压,并检验数据的正确性。若正确,数据将被实时显示分类,并被实时存储到硬盘。

5.8.2.3 系统硬件设计

系统硬件部分以微控制器为核心,协调各个模块共同工作。硬件部分外围模块主要包含 RS-485 总线接口、GPRS 模块、触摸屏人机交互模块、本地 SD 卡(安全数码卡)存储模块、供电模块、工作环境温度检测和超温报警模块。系统硬件功能框图如图 5.50 所示。

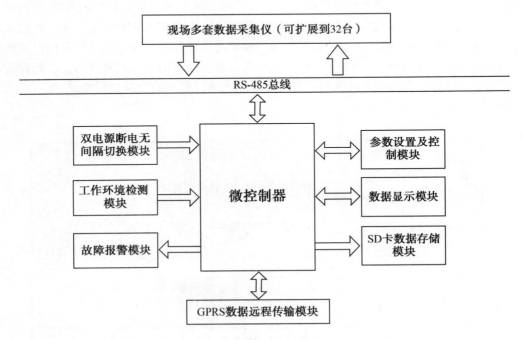

图 5.50　系统硬件功能框图

微控制器作为整个硬件部分的核心部分,负责整个硬件部分的调度工作。RS-485 总线接口一端与现场所有的数据采集仪连接,另一端与微控制器的 USART1 连接,负责对前端多套数据采集仪的数据进行汇聚。GPRS 模块与微控制器的 USART2 连接,负责将数据以无线的方式发送至远程服务器。人机交互模块作为面向用户的重要部分,通过 16 位双向数据总线与微控制器普通输入/输出(IO)接口连接,用户通过此模块可实时查看任何一台数据采集仪的数据,并可设置相关参数。SD 卡模块与微控制器串行外设接口(SPI)连接,负责将汇聚的数据备份。双电源断电无间隔切换模块负责为整个硬件系统供电。该系统最多可扩展到 32 台采集仪。由于前端所有的数据采集仪通过总线将数据汇聚到微控制器,因此硬件上只保留一个 RS-485 通信接口即可。

5.8.3　多源异构数据融合分析技术

5.8.3.1　多源异构数据融合分析技术原理

数据融合是利用计算机技术将来自多个传感器或多源的观测信息进行分析、综合处理的一门技术。数据融合的目的是通过数据组合,得到最佳协同作用的结果,即利用多个传感器或测试系统联合操作的优势,提高测试系统的有效性,消除单个系统或少量传感器的局限性,最终构造高性能、智能化测试系统。模型试验测试系统是典型的多源异构数据采集与分析系统,数据格式多样,不同的测试系统数据能够从不同角度或阶段反映被测目标的变化过程。通过对数据进行融合分析,能够将各种传感器数据在空间和时间上的互补与冗余数据依据某种优化准则或算法组合,推导出更多的有效信息。

数据融合的基本工作原理是采用计算机技术,对按时序获取的观测信息在一定准则下加以自动分析、综合、支配和使用,获得被测对象的一致性解释和描述,使系统获得更优越的性能。"融合"是将来自多传感器或测试系统的信息模仿专家系统的综合信息处理能力,进行智能化处理,从而得到更为准确、可信的结论。

但是,物理模型试验经常会涉及高地应力、高渗透压、高地温以及赋水含气的复杂地质环境,且常需模拟开挖卸荷、断层破断、爆破震动等多应变率复杂动态扰动荷载,对试验模型内部多源信息的采集造成了极大困难。数据融合技术的出现为复杂物理模拟试验数据分析处理的发展和应用开辟了广阔的前景。

5.8.3.2　多源异构数据融合分析方法

按照处理层次中信息抽象程度的不同,可以把融合层次大致分为以下三层:

(1)数据层。该层次的数据融合是最低层的融合,是在对获取的原始数据未经或经过很少处理的基础上进行的,要求传感器具有配准性,可以直接融合。其优点是可以充分利用数据原始信息;缺点是严重依赖传感器与传感信息的特点,不容易提出融合的一般方法。在模型试验中,仅采用光纤光栅传感器的时候,可以采用该层次的融合。测试系统包含数据、图片等多源异构信息时,该层次的融合不适用。典型的数据层融合技术为状态估计方法,如卡尔曼滤波。

(2)特征层。先从测试系统的原始信息中提取一组典型的特征信息,再对不同测试系统或传感器的观察值进行特征提取,并组合为一组特征向量进行融合。典型的特征层融合技术为模式识别技术,如人工神经网络、模糊聚类等。

(3)决策层。在每个传感器对某一目标属性做出初步决策后,要对多源异构数据进行融合,以得到整体一致的决策结果。决策层是数据融合的最高层,具有较好的容错性,是采用多个测试系统模型试验进行数据融合的优选方法。典型的决策层融合技术主要有经典推理理论、贝叶斯(Bayes)推理方法、D-S证据理论等。

5.8.3.3　数据融合分析软件实例

基于以上原理和技术,山东大学开发了物理模拟试验数据融合实时分析系统(见图 5.51),该系统可以实现应力、温度、渗压等多物理量数据的融合实时采集分析。

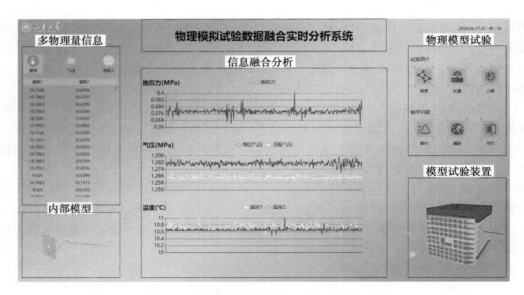

图 5.51　物理模拟试验数据融合实时分析系统

本章小结

　　本章详细介绍了地下工程物理模拟试验中的测试方法和技术,并讲解了各方法的原理和优缺点,并配合相关实例进行了更加直观的论述,旨在让读者通过本章的学习,掌握各类测试方法和技术的基本原理和操作。

第6章 物理模拟试验步骤与技术工艺

前几章介绍了模型相似准则、相似材料、试验装备系统、信息测试方法等内容,分别对应着物理模拟的理论基础、材料保障、装备技术等方面。但是地下工程物理模拟是一个系统工程,试验步骤和技术工艺同样是影响其成败的重要因素。

本章主要介绍地下工程物理模拟试验的步骤与技术工艺,主要包括地下工程物理模拟步骤、模型制作技术与工艺、传感器埋设与引线技术、开挖支护模拟技术、模型剖视保护技术等。

6.1 地下工程物理模拟步骤

6.1.1 工程原型及参数确定

工程原型是地下工程物理模拟的对象,而试验模型必须要根据工程原型开展[88]。因此,地下工程物理模拟试验原型参数的确定是开展试验的第一步。为了确定试验原型参数,需要先了解工程原型并确定工程原型的参数。

工程原型的参数主要包括以下内容:

(1)确定工程原型的类型:地下工程可以是隧(巷)道开挖、煤层回采覆岩运动等类型。不同类型的地下工程差别很大,如隧(巷)道开挖一般模拟范围为隧(巷)道周边围岩,模拟范围较小,往往采用较小的相似比尺;而煤层回采覆岩运动一般模拟范围为煤层回采工作面及采空区上覆多个岩层,模拟范围较大,往往采用较大的相似比尺。因此,物理模拟首先要考虑工程原型的类型。

(2)确定工程原型的地质情况:主要是指工程地质勘察报告,报告中包括工程地质剖面图(岩层柱状图),每层岩层的岩性、埋深、厚度、倾角及断层、褶曲等地质构造,三维地应力大小及方向,地下水或 CH_4 赋存情况、渗透压力、岩层的渗透系数等内容。

(3)确定工程原型的岩体特性:主要包括不同岩体类型的物理力学特性。通过现场取样,以及单轴、三轴压缩等试验完成对原岩物理力学性质和特定指标的测定,包括容重、弹性模量、泊松比、单轴抗压强度、黏聚力、内摩擦角、渗透率、吸附解吸参数等。

(4)确定工程原型的施工过程:主要包括工程原型的开挖方式、支护方法。开挖方式包括隧道全断面开挖方式、上下台阶开挖方式等;支护方法包括锚杆、锚索支护,喷层、衬砌支护,锚网喷联合支护,钢拱架支护等。

以上工程原型及参数的确定是开展地下工程物理模拟试验的前提。

6.1.2 模拟范围与相似比尺确定

在掌握了工程原型,确定了原型参数之后,就需要确定模拟范围与相似比尺了。那么,如何确定模拟范围和模型的相似比尺呢?

一般来说,模拟范围和相似比尺是需要一起考虑的。在试验装置内部模型空间一定的情况下,选择的模型相似比尺越大,即 C_l 越大,模拟范围越大;选择的模型相似比尺越小,即 C_l 越小,模拟范围越小。

相似比尺越大,相似材料的参数越小。例如强度降低到很小时,相似材料就很难配制,即使能配制出来模型也较难成型,模型表面也难以粘贴应变片等传感器。同时,相似比尺越大,隧洞也越小,过小的隧洞很难开挖。因此相似比尺不能无限制地增加,一般来说物理模拟的相似比尺为 $10\sim200$。

因此,相似比尺的选择应该综合考虑试验装置空间、原型的模拟范围、相似材料性能、隧洞开挖难易程度等因素。通常,根据相似比尺先定好模型的尺寸,再根据边界外推法确定模拟范围。

6.1.2.1 隧(巷)道开挖类型

对于隧(巷)道开挖类型,选择的相似比尺一般较小,通常为 $10\sim50$[89]。同时,为了保证真实的应力边界条件,相似模型一般以隧洞为中心上下左右对称选取模拟范围。根据弹性力学理论可知,模型边界的尺寸常取巷道洞径的 $3\sim5$ 倍。隧(巷)道开挖类型模拟范围如图 6.1 所示。

图 6.1 以常见的直墙拱形隧道为例。如果该隧道模型尺寸根据几何相似比尺确定后宽为 d,高为 h,顶拱半径为 R,直边墙为 h',那么根据边界外推法,通常取 $3\sim5$ 倍洞径确定模型边界大小。因此,图中模型边界高度为 $H=(3\sim5)h$,宽度为 $D=(3\sim5)d$。同理,也可以按照模型半径考虑一侧的边界条件,如顶部高度可考虑为 $(3\sim5)R$。该方法对其他的模型也适用,如双洞小净距隧道。

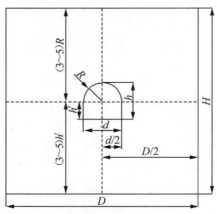

图 6.1 隧(巷)道开挖类型模拟范围

如果试验装置内部模型空间最大尺寸为 2000 mm×2000 mm×2000 mm（宽×高×厚），矿山工程巷道的跨度和高度都为 4 m，若采用 $C_l=10$ 的几何比尺巷道相似模型，则最大开挖洞径为 400 mm，满足试验模型边界要求。假如交通工程隧道跨度和高度都为 10 m，若采用 $C_l=25$ 的几何比尺巷道相似模型，则最大开挖洞径为 400 mm，同样满足试验模型边界要求。

6.1.2.2   煤层回采覆岩运动类型

对于煤层回采覆岩运动类型，选择的相似比尺一般较大，通常为 $C_l=50\sim200$。该类型的模型试验可分为平面应力模型和真三维模型，目前以平面应力模型为主。

由于煤层开采大多采用长壁式采矿方法，且大多为立井开拓方式，在地下沿着煤层走向布置采煤工作面（一般长 1000～1500 m），工作面宽度一般为 200～300 m。采煤机布置在宽度方向，其后为综采液压支架，采煤机下部布设刮板运输机，将割下的煤运出工作面至运输顺槽，然后逐级运至地面。随着煤层向前回采，综采液压支架逐渐前移，其后部采空区的上覆岩层就会塌落、变形。根据前人的研究总结，采空区上部岩层运动可划分为"三带"，由下至上分别是冒落带、裂隙带、弯曲下沉带，且冒落带高度一般为采高的 3～5 倍，裂隙带高度一般为煤层采高的 8～30 倍。

基于对采矿方法和覆岩运动规律的认识，煤层回采覆岩运动类型的相似模型一般根据煤层开采高度 h 和工作面长度 L 来确定，如图 6.2 所示。

图 6.2 中，回采工作面长度为 L，左右两侧需要留设煤柱，一般应为 $10h$，所以模型宽度为 $L+20h$。上覆顶板岩层的高度应该为煤层回采高度的 $30h$ 以上，底板岩层的高度可为煤层回采高度的 5～8 倍，因此模型高度为 $40h$ 以上。

如果试验装置内部模型空间最大尺寸为 2000 mm×2000 mm×500 mm（宽×高×厚），则煤层开采高度为 4 m，巷道宽高为 4 m，工作面宽度为 200 m。若采用几何比尺为 200 的相似模型，则模型开采宽度为 1000 mm，两侧上下顺槽均为 40 mm，左右留设煤柱均为 460 mm，则模型宽度正好满足 2000 mm。若模型开采高度为 40 mm，底板留设 400 mm，顶部留设 1560 mm（$39h$），则模型高度正好满足 2000 mm。

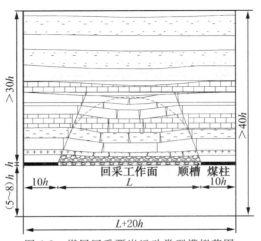

图 6.2   煤层回采覆岩运动类型模拟范围

6.1.2.3 三维模型模拟范围确定

如果考虑地质构造等因素和施工开挖的时空效应,就必须采用三维物理模拟试验。以煤与瓦斯突出物理模拟试验为例,除需要考虑巷道尺寸外,还要考虑突出形成孔洞的大小,以保证模型边界大于突出孔洞的范围。

由典型煤与瓦斯突出案例可以看出,突出孔洞一般呈口小腔大的倒梨形、倒瓶形、不规则形或椭圆形。若将突出孔洞简化为如图 6.3 所示的椭球形,则可用深度、宽度、厚度三个参数对突出孔洞进行描述。我国部分煤与瓦斯突出事故形成的孔洞参数如表 6.1 所示。

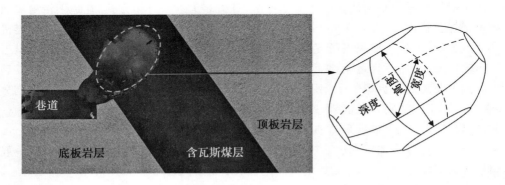

图 6.3　突出孔洞模型

表 6.1　我国部分突出事故形成孔洞参数

突出地点	煤层厚度/m	煤层倾角/(°)	孔洞高度/m	孔洞深度/m	孔洞宽度/m	突出类型
新疆红沟煤矿	2.98	40	2.0	8.00	5.0	中型突出
四川磨心坡矿	3.50	61	3.0	40.00	3.0	特大型突出
贵州遵义煤矿	1.20	28	2.1	7.45	3.5	小型突出
南桐东林煤矿	2.00	25	2.1	6.00	2.0	中型突出
南桐鱼田堡矿	2.40	30	2.0	15.00	9.0	特大型突出
盘龙煤矿	1.40	12	1.3	9.50	6.0	中型突出
大竹坝煤矿	1.60	32	2.3	6.50	4.5	中型突出
次凹子煤矿	—	28	3.1	8.00	4.0	小型突出
古树寨煤矿	2.29	45	3.8	12.00	8.0	大型突出

由表 6.1 可以看出,突出孔洞深度和宽度多数在 10 m 以内,孔洞高度多与煤层厚度相关,均在 4 m 以内。据资料统计,顿巴斯矿区突出孔洞深度小于 10 m 的占 80% 以上,孔洞宽度小于 10 m 的占 90% 以上。这与我国统计资料基本一致。总结以上资料可得,煤与瓦斯突出形成的孔洞尺寸参数如表 6.2 所示。

表 6.2 突出形成的孔洞参数值

孔洞深度/m	孔洞宽度/m	孔洞高度/m
10	10	4

统计资料表明，突出孔洞的体积一般小于突出煤体的总体积，两者比值为 1/2～2/3，这是因为突出孔洞煤壁深部的煤体产生了向孔洞方向的变形。此外，大多数煤与瓦斯突出事故中的吨煤瓦斯涌出量均高于瓦斯含量的 2 倍，这表明突出孔洞煤壁内部的煤体也有部分瓦斯解吸并参与了突出。综上所述，模拟的边界应大于孔洞尺度的 2 倍以上。因此，模拟范围的上下边界和左右边界可取 2 倍的孔洞深度（宽度）。试验模拟范围如图 6.4 所示。

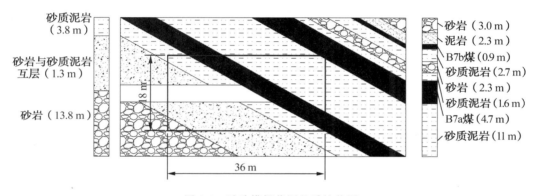

图 6.4 试验模拟范围地质柱状图

6.1.3 物理模拟试验方案制定

确定了模拟范围与相似比尺后，接下来就要制定物理模拟试验方案了[90]。地下工程物理模拟试验方案主要包括模型相似材料的配制、模型边界条件的确定、模型监测方案的确定、模型制作与传感器布设方案、模型开挖与支护方案以及模型剖视与保护方案等。

6.1.3.1 模型相似材料的配制

模型相似材料的配制应该考虑模拟范围内的所有关键岩层，抓住主要矛盾，根据确定的模型相似准则进行。

首先，根据模拟范围内的岩层柱状图和每种岩层的物理力学特性，选择不同特性的相似材料，如骨料和黏结剂等。如果是考虑瓦斯吸附解吸的煤层，应该采用型煤相似材料；如果考虑蠕变特性，可选用铁晶砂相似材料。

其次，根据每种岩层的物理力学特性和相似材料的配比规律大致确定一种配比，然后微调配比开展试验，最终确定岩层的配比，直至所有岩层的相似材料都确定配比。

最后，根据每种岩层的体积和容重计算各种相似材料的用量，还要考虑 10％～20％ 的损耗，综合计算每一种材料的用量。

6.1.3.2 模型边界条件的确定

模型的模拟范围是地下工程原型人工选取的一部分，实际地下工程可认为是无限大的,但模型只截取了有限的一部分,模型的边界条件应与工程原型尽量一致。模型的边界条件主要包括地应力边界、含水边界、含气边界。

(1)地应力边界:地下工程岩体都处于三向应力状态,即垂直自重应力和两个方向的水平构造应力。在模拟范围内,地应力是变化的,垂直自重应力场由上至下呈梯度分布。因此,模型表面也应该施加梯度应力[91]。

实验时,应该根据实测的应力,经模型应力相似比尺折减计算,来确定模型表面需要施加的应力。另外,还要考虑应力加载的方法和技术,制定模型应力加载方案。如果采用的是液压系统控制油缸给模型加载,还需要根据油缸活塞面积和推力板面积折算液压系统每一油路的设定压力,具体如下:

根据原型地应力大小、方向及模型相似比尺确定模型表面地应力,反算油缸的输出压力,计算时需考虑油缸活塞面积、推力板面积、油管路摩阻等因素,保证试验过程中压力的准确性,如图 6.5 所示。

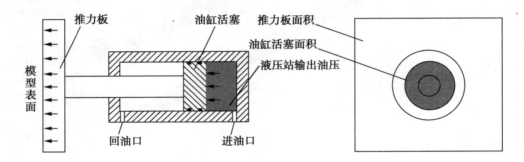

图 6.5 模型表面加载应力

模型表面加载应力的计算公式如下:

$$\frac{A_{推力板} P_{地应力}}{A_{油缸}} \cdot f = P_{液压泵站} \tag{6.1}$$

式中,$A_{推力板}$ 为推力板面积,为固定值,假设模拟试验装备共有两种推力板,面积分别为 200 000 mm² 和 160 000 mm²;$P_{地应力}$ 为计算获得的模型地应力(MPa);$A_{油缸}$ 为油缸内面积,分别为 20 096 mm² 和 25 434 mm²;$P_{液压泵站}$ 为液压泵站输出压力(MPa);f 为由于系统的阻力产生的摩擦系数,因是静载故一般忽略不计,取 1.0。

在试验模型表面加载 1 MPa,试验模型数据及液压泵站实际输出压力如表 6.3 所示,实际加载直接相乘即可得到需要设定的系统压力。

表 6.3 试验模型数据及液压泵站实际输出压力

油缸位置	顶底、左右侧梁	后梁
模型表面加载应力/MPa	1	1
推力板尺寸/(mm×mm)	400×500	400×400
推力板面积/mm²	200 000	160 000

油缸位置	顶底、左右侧梁	后梁
油缸活塞面积/mm²	25 434	20 096
活塞出力/kN	200	160
液压系统压力/MPa	7.863	7.962

试验开始前,根据实际计算得到试验模型表面加载应力,按照表 6.3 中的数值进行液压泵站设置。加压过程可通过模型中预埋的压力传感器监测,直到模型内的荷载处于稳定状态,即可进行模型开挖试验。

开挖完成后,一般还要进行超载试验,即逐级增加地应力,直至模型完全破坏。因此,制定方案时也应该给出超载加载的方案。

(2)含水、含气边界:对于富水含气的地下工程,需要先确定富水含气的岩层、位置、水气压力的大小等参数,然后根据相似准则确定水压、气压的大小。制定注水充气的方法和方式,如在岩层内部注水充气,可采用密封管插入模型相应的岩层内,对其进行注水充气。注水充气时需要确定管路的布设方案,尽量选择外径较细的管路,还要考虑密封的问题,管路在外部应该连接注水充气系统,最好是伺服控制的注水充气系统。

6.1.3.3　模型监测方案的确定

模型在制作前需要确定监测方案,主要包括确定监测物理量、传感器类型、传感器布设部位以及引线及采集仪器的连接等。

以隧(巷)道开挖类型为例,该隧道为一断面三心拱形的隧道,先以静载后台阶法开挖,开挖完成后再在模型顶部施加动载。隧(巷)道开挖模型监测方案如图 6.6 所示。

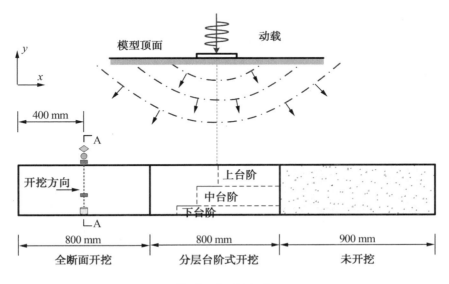

(a)隧(巷)道开挖加载

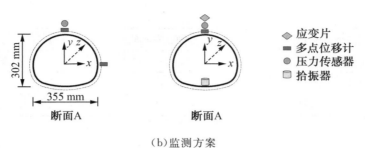

（b）监测方案

图 6.6　隧（巷）道开挖类模型监测方案

以石门巷道掘进揭煤煤与瓦斯突出模型为例,模型监测方案如图 6.7 所示。所监测物理量为试验全过程模型中内部气压、温度、应力等。在煤层内部布设气压、温度传感器,在岩层石门巷道内布设应力、气压传感器。山东大学自主研发的高度集成采集箱及配套采集软件可同时与气压、温度、应力等传感器连接,实现了对多物理量试验数据的同步高频获取和融合,极大提高了采集精度和信号处理效率。

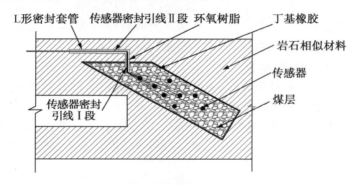

图 6.7　石门揭煤煤与瓦斯突出模型监测方案

试验开展前,将所有数据线穿过密封引线套管,并灌入高强度密封胶,待胶体凝固后,将密封引线套管通过密封法兰安装于反力密封单元底板结构的引线孔,由此实现多物理量数据线的密封。这既保证了反力密封单元内的 3 MPa 高压气体不泄漏,又保证了多物理量信号的无损引出。密封引线套管安装如图 6.8 所示。

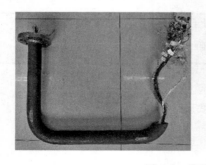

图 6.8　密封引线套管安装

石门巷道掘进揭煤煤与瓦斯突出模型试验中,气压传感器采用微型抗干扰气压传感器,尺寸为 $\phi20\ mm\times40\ mm$,量程为 $0\sim3\ MPa$,精度为 $\pm0.01\ MPa$。温度传感器采用的是超微型 K 型非铠装温度传感器,直径仅为 0.3 mm,量程为 $0\sim100\ ℃$,精度为 $\pm0.1\ ℃$,反应速度为 1 m/s;应力传感器采用的是柔性薄膜应力传感器,直径为 16 mm,厚度为 0.2 mm,量程为 $0\sim5\ MPa$,精度为 $\pm0.1\ MPa$。以上传感器均具有体积小、精度高、抗干扰的优势,对试验模型损伤较小,可在模型中多点埋设,从而获得多点多物理量数据。

6.1.3.4　模型制作与传感器布设方案

模型制作与传感器布设方案主要包括试验模型制作方法和成型工艺、传感器的布设方法及埋设工艺等。

模型制作方案中应根据每种岩层的厚度和搅拌机的容量,给出相似岩层的分层次数(即分几次完成该相似岩层的制作)和每次搅拌混合材料的用量,一般情况下每次填料压实后的高度为 50 mm 左右为宜。

传感器的布设方案应该包括每种传感器的布设方案,应详细说明传感器的埋设方位、传感器信号线的引线(密封)方式、传感器信号线与测试仪器的连接方式等。

6.1.3.5　模型开挖与支护方案

模型开挖与支护方案包括模型开挖方案和模型支护方案。

(1)模型开挖方案:模型开挖方案应该与工程原型的开挖方法一致。当然,由于模型相对较小,做到与原型完全相同不容易,但一定要保证与隧洞开挖的工序和步骤相同。例如,现场隧道开挖采用上下台阶法,则模型也应该采用上下台阶法。

(2)模型支护方案:模型隧洞支护方案应该采用与原型相同的支护方案和措施。常见的地下工程支护方法如图 6.9 所示。

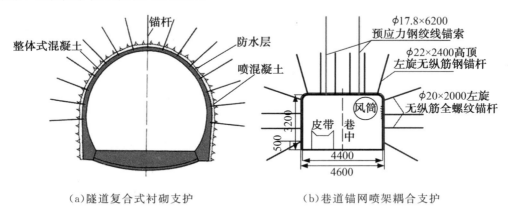

　(a)隧道复合式衬砌支护　　　　　(b)巷道锚网喷架耦合支护

图 6.9　常见的地下工程支护方法(单位:mm)

在地下工程物理模拟中,使支护模拟做到完全相似是很困难的。例如,工程原型的锚杆断面数量多,且锚杆直径一般只有 20 mm 左右,如果采用 20 的相似比尺,则模型中锚杆的直径仅有 1 mm,而过细的锚杆是非常难模拟的。因此,在模型试验中,锚杆支护一般采用弹性模量和抗拔力等效的方法,使用金属丝等材料来模拟,采用刚度等效法模拟锚杆。由相似理论可知

$$\frac{E_p A_p}{E_m A_m} = C_\gamma C_l^3 \tag{6.2}$$

式中，E_p 和 E_m 分别为原型和模型锚杆的弹性模量；A_p 和 A_m 分别为原型和模型锚杆的横截面积。

根据式(6.2)可知，假设实际锚杆为 $\phi22$ mm×2000 mm 的钢筋锚杆（钢的弹性模量为 210 GPa，抗拉强度为 500 MPa），间距为 1.2 m×1 m，梅花形布置[92]。模型相似锚杆如选用铝丝（铝的弹性模量为 70 GPa，抗拉强度约为 100 MPa），铝丝直径为 2 mm，长为 200 mm。如果几何比尺 $C_l=10$，模型容重相似比尺 $C_\gamma=1$，代入式(6.2)，经过计算可知，1 根相似锚杆大约可等效模拟 4 根工程实际锚杆，原理如图 6.10 所示。

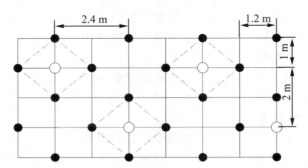

注：●代表锚杆，间距：1.2 m×1 m（环×纵），梅花形布置。
　　○代表等效锚杆，间距：2.4 m×2 m（环×纵），梅花形布置。

图 6.10　锚杆等效原理

如果想要提高相似锚杆的直径，则可以选择弹性模量更低的锡丝、熔断丝或聚四氟乙烯材料、PVC 材料等非金属材料。这些材料的弹性模量相比钢材更低，因此根据式(6.2)可知，相似锚杆的直径可选择更粗的，这对于几何比尺更大的模型来说是必要的。选定锚杆、锚索的相似材料后可开展抗拉试验，测试其弹性模量和抗拉强度，如图 6.11 所示。

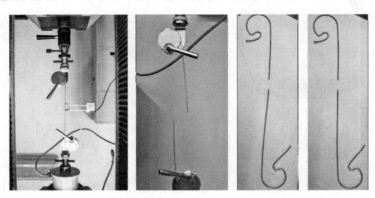

图 6.11　锚杆相似材料抗拉试验

对于其他的支护方法，首先要解决的是支护材料的相似模拟，其次是支护时机和支护安装过程的模拟。可根据物理模拟试验的具体情况制定详细的试验方案。

6.1.3.6　模型剖视与保护方案

试验完成后,需要将试验模型从试验装置内清理出来,有的还需要将模型剖开以观察模型内部的变形破裂情况。对于经典的试验模型,还需要保护或保存下来。因此,应该制定模型剖视与保护方案。在制作模型时要统筹考虑,并根据模型类别和相似材料,制定详细的模型剖视与保护方案。

6.2　模型制作方法与技术工艺

6.2.1　模型制作方法

试验模型制作方法主要有预制砌筑法、现浇压实法和预制现浇法。

6.2.1.1　预制砌筑法

预制砌筑法是通过特制模具将相似材料预先制作成一定形状的小型预制块,待预制块凝固干燥后,再通过将小型预制块砌筑制作成整体试验模型的方法。该方法主要用于模拟节理岩体的地质力学模型试验,优点是预制块的物理力学特性控制精度高,缺点是砌缝参数和砌筑过程要求较高。

朱维申教授[82-83]通过预制砌筑法制作了大渡河双江口水电站的试验模型,开展了地下洞室群施工开挖支护优化研究,预制模型块体如图 6.12 所示。

图 6.12　预制模型块体

图 6.13 为顾金才院士[93]、章冲[85]等采用预制砌筑法制作的上下预制模型块。模型体整体尺寸为长×宽×厚＝1.0 m×1.0 m×0.4 m,分为上、下同样大小的两片模型。上、下两片模型先后夯筑,每片模型体尺寸为长×宽×厚＝1.0 m×1.0 m×0.2 m。

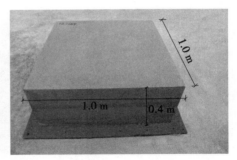

图 6.13　上下预制模型块

周慧颖[94]、刘海宁[95]等分别开展了正六棱柱状节理岩体的力学特性研究,采用预制砌筑法制作了模型。具体如下:

浇筑正六棱柱体试件所采用的模具以及浇筑完成的柱体如图 6.14 所示。将浇筑完成的柱体试件在自然风干条件下放置 3 天,使石膏砂浆柱体试件强度基本达到稳定。随后利用砂纸对柱体表面进行打磨,目的在于去除试件表面残余的凡士林,避免对柱体进行粘接时影响粘接强度。打磨完成后,采用低强度黏结材料将柱体粘接成完整的柱状节理岩体模型,如图 6.15 所示。根据相关文献,模型节理面多采用强度低于柱体的黏结材料进行制作,本节采用质量比为石膏∶粉煤灰∶水=7∶3∶5 的混合黏结材料制作模型节理面。应注意的是,由于粘接过程中需要对石膏砂浆试件进行润湿,因此粘接完成后仍需将试件放置于室内干燥通风处,使其自然风干 5～7 天。

图 6.14　正六棱柱体模具与浇筑完成的柱体

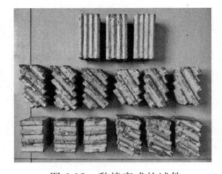

图 6.15　黏接完成的试件

随后,通过人工切割、打磨,得到与水平方向成不同角度的 50 mm×50 mm×100 mm的长方体试件,节理倾角取 0°、30°、45°、60°、90°,每组三个试件。制备完成的柱状节理岩体试件如图 6.16 所示。

图 6.16　不同节理倾角的柱状节理试件

6.2.1.2　现浇压实法

现浇压实法是将搅拌好的相似材料直接在试验装置内部逐层浇筑,通过夯实或压制成型制作试验模型的方法(见图 6.17)。这种模型制作方法简单,方便埋设传感器,模型表面较平整,易于粘贴应变片,但模型较大不易干燥,成型周期长。该方法较为常用,具体可分为人工夯实法、整体压实法、智能成型法。

图 6.17　现浇压实法

6.2.1.3 预制现浇法

预制现浇法是同时采用预制法和现浇法制作模型的一种试验方法,即试验模型的一部分采用现浇法制作,其余部分采用预制法制作。该方法主要用于模拟范围内的岩体具有不同性质,需考虑满足相似材料特性和引线密封等因素的试验。

例如,石门巷道掘进揭煤诱发煤与瓦斯突出物理模拟就采用了预制现浇法制作试验模型,其中岩层采用现浇法制作,煤层采用预制砌筑法制作。这样做的原因有两点:①保证煤层相似材料的物理力学特性符合相似性。②方便煤层与岩层之间的密封及引线密封。

图 6.18 为进行煤与瓦斯突出物理模拟试验时制作模型的照片,其中煤层采用预制法,岩层采用现浇法。

（a）预制型煤　　　　　　　　　　　（b）岩层现浇

（c）放入煤块、安装传感器并密封引线

图 6.18　预制现浇法制作模型

6.2.2　模型制作技术

模型制作技术可分为人工夯实成型、整体压制成型、智能打印成型。

6.2.2.1　人工夯实成型

人工夯实成型即采用人工填料、通过夯实工具或碾压工具制作模型。人工夯实成型技术的操作简单,但对试验人员要求高,夯实过程要连续、均匀、仔细,否则易导致模型制作不均匀,如图 6.19 所示。

图 6.19　模型人工夯实成型

6.2.2.2　整体压制成型

整体压制成型(见图 6.20)即采用液压油缸和整体压板将放入试验装置内的相似材料整体压制成型,压制时的成型压力控制精度高。整体压制成型技术制作的试验模型相似性好,但过程烦琐,每次填料后都要安装压板和加载传力块,并要连接液压系统压制,可能无法满足较高成型压力的模型。

(a)模型整体压制成型过程

(b)模型整体压制成型照片

图 6.20　模型整体压制成型

6.2.2.3　智能打印成型

　　智能打印成型是基于 3D 打印原理和技术,通过相似材料智能打印成型系统,实现在试验装置内铺料并振动压实成型的技术,如图 6.21 所示。智能打印成型技术近年来才兴起,是物理模拟的一个重要方向和趋势,大大节省了人力物力,降低了人为因素对模型精度的干扰,同时方便相似材料的精细管理,降低了物理模拟脏、乱、差的现状。

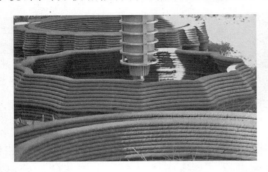

图 6.21　现有混凝土 3D 打印技术及地层结构图

　　与膏状混凝土材料相比,相似材料为湿散料,流动性差。由于相似材料有物理力学特性的特殊要求,相比较为成熟的混凝土 3D 打印技术,相似材料的智能打印成型技术还处于起步阶段。本书作者研发了一套用于模型试验的智能打印成型技术与系统,该系统主要包括相似材料配制系统、地质模型制作系统以及自动无尘输送系统,如图 6.22 所示。

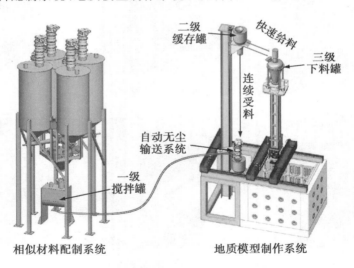

(a)相似材料配制与地质模型制作系统

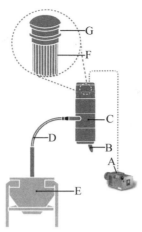

A—旋片式真空泵;B—出料底阀;C—真空输送机;D—输送管道;
E—进料站或接进料口;F—过滤器;G—反吹气囊。

（b）自动无尘输送系统原理

图 6.22　智能打印成型系统构成

　　相似材料配制系统主要包括投料站、料仓、输送设备、称重计量罐、螺旋喂料设备、称重模块、搅拌机、控制系统等,其功能是实现相似材料的分类存储和自动配制。相似材料配制系统的工作原理如下:将不同粉料通过投料站和输送设备输送至料仓内分类存储,螺旋喂料设备向称重计量罐投料,采用螺旋式加料方式进行加料;当称重计量罐内物料质量达到设定值时,螺旋喂料设备停机,将料下落至搅拌机内混合。

　　自动无尘输送系统主要由真空泵、真空输送机、过滤器、反吹气囊等构成,其功能是将相似材料通过管路无尘输送。自动无尘输送系统的工作原理如下:

　　旋片式真空泵产生真空状态,可为真空输送机吸送料提供动力,通过输送管道将进料口的粉料吸入并输送到真空输送机,并可实现自动控制出料底阀开启,将真空输送机内的料下放至料仓内。过滤器阻止粉尘及微粒进入真空泵,进而隔绝真空泵和外界环境;在吸取物料的同时,过滤器压缩空气填充至反吹气囊内。当吸取物料时间达到所设定参数时,真空泵和输送设备自动停止运行,出料底阀打开。同时,反吹气囊内的压缩空气被释放,产生脉冲式气流,自动清洁黏附于过滤器的粉尘和颗粒。当真空泵再次工作时,即开始新一轮的循环。在整个输送过程中,吸料及卸料时间通常由气动或电动的控制单元控制。

　　地质模型制作系统主要由 3D 打印系统、定量下料机构、振动压实装置等构成,其功能是将相似材料制作成相似模型。地质模型制作系统原理及实物如图 6.23 所示。三级下料罐安装在 3D 打印系统框架上,3D 打印系统带动三级下料罐在试验装置内部的 X、Y、Z 三向移动。根据下料的速度和移动的速度,三级下料罐螺旋定量下料,达到均匀下料的目的;下料完成后,启动振动压实装置,利用振动将松散的相似材料压实。

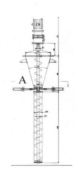

(a)螺旋下料装置

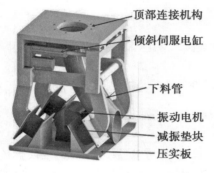

(b)振动压实装置

图 6.23　地质模型制作系统

6.2.3　模型传统制作工艺

6.2.3.1　相似材料配制工艺

　　相似材料的配制是根据相似材料配比方案,逐次配制相似材料。配制过程一般分为材料称量和材料搅拌。

　　称量要用到电子秤和量筒等仪器,如图 6.24 所示。一般采用量程为 100 kg、精度为 1 g 或 10 g 的电子秤,用来称量骨料等固体材料或溶液等液体材料。量筒一般称量用量较少的添加剂溶液等液体材料。

(a)电子秤　　　　　　　　　　　(b)量筒

图 6.24　称量仪器

搅拌用到搅拌机,搅拌机一般分为朝天立式搅拌机和滚筒式搅拌机(见图 6.25)。朝天立式搅拌机为下出料,滚筒式搅拌机为侧出料,两者对比,滚筒式搅拌机在搅拌时不容易漏料,可优先选用。

　　(a)朝天立式搅拌机　　　　　　(b)滚筒式搅拌机

图 6.25　搅拌设备

相似材料配制的步骤和工艺如下:

为保证均匀搅拌,每次称量的搅拌的相似材料总质量不要超过搅拌机容量的 70%。首先将干料放入搅拌机搅拌均匀,将添加剂加入水中搅拌均匀,再将水及添加剂倒入搅拌机进行搅拌,搅拌过程中要将搅拌机内壁上的干料除下继续搅拌。每次搅拌完成后,首先清理搅拌机内壁上的残留,再进行下一次拌料。

6.2.3.2　相似模型制作工艺

在配制好相似材料后,再通过下料、铺平、压实成型等步骤制作试验模型(见图 6.26)。具体的制作步骤和工艺如下:

下料一般采用吊装料斗,将搅拌好的相似材料装入料斗,通过行吊将料斗提升至试验装置上方,然后打开料斗下料口将相似材料卸入试验装置内部。

铺平是用铲子等工具将成堆的相似材料摊铺开来。注意:摊铺时一定要保证厚薄均匀,每层厚度不超过 50 mm 为宜。

压实成型是采用夯实工具或设备将铺平的相似材料压实定型。压实成型的技术在6.2.2节中已介绍,此处不再赘述,仅就注意事项说明如下:

(1)若采用人工夯实成型,一般要夯实 10 遍以上,每遍按照折线路径压实。

(2)若采用整体压制成型,需要将压制传力板吊装在相似材料上,然后通过传力垫块与压实油缸连接,设定油缸压力,用设定压力将模型整体压制成型。

(3)若采用智能打印成型,需要在控制程序中设定布料的路径,下料的速度,振动压实的振动频率、移动速度、路径、压实遍数等参数。

不管采用哪种技术,如何控制模型的强度等参数都是关键。最精确的是在模型中钻取标准试件,通过压力机测试其力学参数,但该方法麻烦。因此,一般采用容重控制法,即通过环刀将压实成型的模型取样,测量其质量,计算其容重。当其容重与小试件相同时即认为达到了要求。

通过测试确定成型后模型的参数与成型的夯实力度、次数或压力、时间之间的关系后,后续相同的岩层采用统一的成型参数,不同的岩层再根据情况改变。

　　每层相似材料经过下料、铺平、压实成型后,对于非水化凝固的材料,如以松香酒精溶液为黏结剂的相似材料,因其凝固需要酒精挥发,为加快凝固过程,缩短制作模型时间,一般还需要用热风烘烤,待材料干燥后,再开始填下一层。

　　干燥的模型表面相对比较硬,为防止层与层之间出现隔层,在下次填料之前应在表面用铁刷将表面打磨粗糙并喷洒少量酒精,以保证形成一个整体岩层。

　　重复以上过程直至预定高度,制作模型完成。当然,如果在模型中埋设传感器并将信号线引出,则需要传感器埋设与引线技术工艺。

(a)下料　　　　　　　　　　(b)铺平　　　　　　　　　　(c)夯实

(d)环刀取样　　　　　　　　(e)热风烘烤

图 6.26　相似模型制作工艺

6.2.4　复杂地质模型制作工艺

6.2.4.1　倾斜岩层制作工艺

　　倾斜岩层模型的制作相比水平岩层难度要大,尤其是岩层倾角较大的模型。一般采用以下两种工艺制作模型:

　　(1)逐层倾斜铺设和压实模型,压实可借助具有倾角的模具,如图 6.27 所示。

　　(2)先倾斜试验装置,然后水平制作模型,制作好后再回正试验装置。

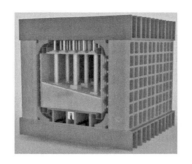

图 6.27　倾斜岩层制作工艺

6.2.4.2　拔模成腔制作工艺

对于内部需要预制洞腔的试验模型,可采用拔模成腔制作工艺。该方法是根据相似比尺制作与原型洞腔相似的木模,木模基于插花瓣原理拼装而成,中间为上粗下细的多棱柱,四周为可与中间多棱柱连接的木瓣,在没有埋设之前通过木瓣细孔插入细木棍与中间多棱柱固定,形成一个整体结构(见图 6.28)[96]。

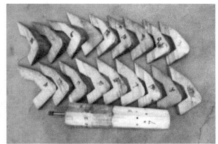

图 6.28　基于插花瓣原理制作的可拆分木模

拔模成腔制作过程如下:先在设定位置放置木模,然后逐层填料,夯实或压实成型。至细木棍位置时,将细木棍抽出,然后继续逐层填料、夯实或压实成型,直至模型超过木模洞腔顶部 50 mm。将木模的中间多棱柱小心拔出,因其形状为上粗下细的多棱柱,因此很容易拔出。中间多棱柱拔出后,与中间多棱柱接触的木瓣就可以依次拆出,最终形成与原型相同的内部洞腔。

如果需要在内部洞腔中充入气体,则可将定制的与原型相同的橡胶囊塞入洞腔,充入适当的气压,为洞腔施加一定的压力,然后继续填料、夯实或压实成型,直至做完模型。

下面以地下盐穴储气库物理模拟的模型制作为例详细说明预埋成腔的具体工艺,步骤如图 6.29 所示。

(1)当相似材料填至腔底以上 10 cm 左右时,在预定位置挖出材料并放置盐腔模具。

(2)放置模具时,首先在接合部喷洒酒精,放置新料,保证接合部光滑稳定。

(3)填料至球腔顶部。

(4)将木模中心桩上部带螺纹的筋与反力架连接并用螺丝固定,随后通过旋转螺丝缓缓拔出中心桩。

(5)将球体拼块依次取出,用吸尘器将腔内脱落的材料吸出并用相似材料填补,洞口周围喷洒松香酒精溶液,防止材料垮落。

(6)放入带有硅胶披肩的气囊(用来保护球体与进气口处连接的薄弱位置,避免因试验气压过大造成气囊损坏),打开注采气系统,充入适量气体使其能与腔内围岩接触即可。

(7)配制相似材料时,加大酒精比重使之具有和易性,沿气囊顶部均匀浇筑,保证气囊外壁与洞腔内壁充分贴合,保护洞腔在上部填料时不被破坏。

(8)对气囊顶部浇筑的相似材料进行干燥。

(9)将洞腔上部分层填实。

(a)定位挖槽

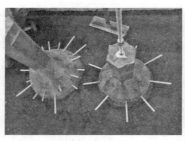
(b)放置模具

(c)埋至球顶部位

(d)拔出中心桩

(e)取出木模拼块

(f)放入气囊

(g)预充气

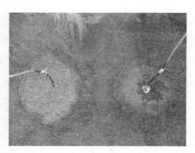
(h)腔顶填料

图 6.29 预埋成腔步骤

6.2.4.3　地质构造制作工艺

深部地层岩性多变,多是固-液-气多相介质,且存在断层、褶曲等复杂构造。为提高模拟试验的精确性与可重复性,本书研发了地质模型三维智能重构系统,可实现试验模型高精度三维立体铺料以及褶曲、断层、陷落柱等复杂地质构造的精细重构,使试验模型铺设速度更快、精度更高。

(1)对于含有断层的模型,在制作模型时可借助倾斜模板等工具,先制作下面的模型(断层下盘),然后再制作上面的模型(断层上盘),这个过程可以分层交错制作。对于上下盘接触的模型,制作好断层下盘部分后,下盘的倾斜表面保持光滑,直接制作上盘。对于上下盘弱黏结的模型,制作好断层下盘部分后,在下盘的倾斜表面可放置隔膜材料,根据实际情况可撒上云母片、干细砂或油纸等作为隔膜材料,然后再制作上盘。对于有充填的断层模型,可以在上下盘之间填入与充填物物理力学性质相似的材料,可预先插入一定厚度、表面光滑的木隔板或塑料隔板,待上下盘成型后抽出隔板,再填入充填相似材料。

(2)对于含有陷落柱的模型,可采用隔离充填法制作。具体制作工艺如下:按照陷落柱的形状和几何比尺,将陷落柱模型由下至上分段制作一定高度(如 50 mm 或 100 mm)的挡圈,然后将挡圈放置在陷落柱位置,内部填入沙子、小石子等充填物;外部还按照前述方法制作模型,待外部模型成型后,再放置挡圈。重复以上过程,直至制作完成整个模型。

(3)对于含有裂隙或软化岩层的模型,可在有裂隙或软化岩层的地方加入交错的油纸或将熔化的石蜡浇筑在模型表面,形成一个弱面,使模型岩层在此处容易破坏。

(4)对于赋水含气的模型,要根据实际地质情况模拟(见图 6.30)。对于赋水岩层,一般铺设注水管到某一岩层实现定域注水。铺设于含水岩层中的注水管一般采用较细的PVC 管,管壁上钻孔方便水均匀注入。对于含气煤岩层,一般通过密封管将高压气体充入煤层。为了保证充气的均匀性,通常还设置面式充气装置。

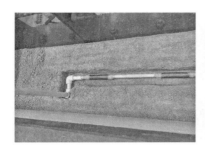

图 6.30　注水充气

6.2.5　模型智能打印制作工艺

模型智能打印制作工艺流程主要包括相似材料智能配制、相似模型智能成型。

6.2.5.1　相似材料智能配制工艺

相似材料智能配制是通过相似材料配制系统和自动无尘输送系统实现的,配制工艺如下:

（1）启动相似材料配制系统，在控制系统的人机操作界面设定每种材料的质量等参数，实现作业流程的数据可视化和有效控制，控制如图 6.31 所示。

（2）每次称量一种材料后，将其倒入下方的一级搅拌机内，待所有骨料都进入搅拌机后搅拌 3～5 min，使粉料充分搅拌。

（3）搅拌好的材料通过自动无尘输送系统送至二级缓存罐，在二级缓存罐内再加水、硅油等液体进行搅拌，搅拌好的相似材料再输送给三级下料罐。

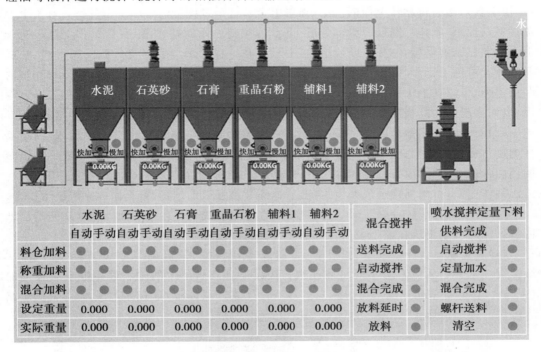

图 6.31　自动配料输送系统控制界面

6.2.5.2　相似模型智能成型

相似模型智能成型是通过地质模型制作系统实现的，具体工艺如下：

（1）启动 3D 打印系统、定量下料机构，根据相似材料特性和每次制作模型的厚度确定 3D 打印行走下料的路径，在软件中输入行走速度、旋转下料速度、径线间隔、铺设倾角等控制参数。

（2）如果中途缺料，则自动回到原点受料，直到整个模型试验空间铺设好相似材料，自动刮平。

（3）启动振动压实装置，设定振动频率、移动速度、振动压实次数等参数，从而实现对相似材料的自动压实成型。设定的参数可根据模型灵活调整。

6.3　传感器埋设与引线技术

6.3.1　传感器埋设原则

为了快速获取物理模型试验全过程中模型内部气压、温度、应力等多物理量信息及试验现象，需要在模型制作过程中，埋设不同物理量传感器，原则如下：

(1)应根据模型试验研究目标与岩土工程类别，在不同位置布设不同类型和数量的传感器。传感器宜布置在能反映模型试验目的和测值具有代表性的关键部位。

(2)根据试验模型的大小，传感器布设数量应少而精，保证关键位置数据可以最大限度地被获取并尽量准确。

(3)尽可能地选择体积小的传感器，且要保证埋设传感器对模型的扰动尽量小，同时传感器量程应该与被测最大值匹配。应变砖应该满足与埋设位置的岩层相似材料刚度匹配，即应变砖应采用岩层相似材料制作。

(4)对于需要注水充气的模型，还应对传感器信号线引出模型和试验装置的位置进行密封处理，保证试验模型的密封效果。

6.3.2　应变传感器的埋设技术

6.3.2.1　应变传感器的制作工艺

应变传感器的制作工艺如下：

(1)首先根据要测应变部位的岩层确定制作应变砖的相似材料配比，然后用立方体压块模具(见图 6.32)按照测点处模型材料的配合比压制 3 cm×3 cm×3 cm 的立方体应变砖。

图 6.32　应变砖制作模具

(2)在应变砖表面用氯丁胶粘贴应变片，应变片按 45°应变花形式布设，最后将连接导线和应变片的引线分别对应焊接在接线片上[97]。同时，每根连接导线上需标记测点编号，以方便测试结果的识别。应变砖贴应变片的操作流程如图 6.33 所示。光纤光栅应变传感器的制作方法与应变砖制作方法类似。

（a）立方体试块

（b）试块贴片

（c）贴端子并焊接

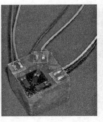
（d）试块接线

图 6.33　应变砖贴应变片的操作流程

（3）应变片粘贴质量会直接影响量测的精度。应变片粘贴不良可能导致量测的失败，因此对应变片的粘贴质量应给予高度重视。用胶水粘贴应变片时，要注意避免"硬化效应"。硬化效应在低弹性模量模型制作过程中尤为明显，因此应根据模型材料选择合适的胶水。对于低强度、变形大的模型材料，可采用氯丁胶类黏结剂。对应变片粘贴工艺的要求是：所用应变片电阻值的离散度小，应变片平整；粘贴牢靠，粘贴部位和方向准确。特别重要的是，整个模型贴片工艺的同一性要好（如涂胶均匀、胶层厚度一致等），以减小系统误差。

6.3.2.2　应变传感器的埋设工艺

应变传感器的埋设工艺如图 6.34 所示。

（1）首先定位需要埋设应变传感器的空间位置，在模型表面用铲刀挖出 45 mm×45 mm×45 mm 的凹坑，然后将应变传感器放入凹坑中，放置水平，保证应变传感器的方位和朝向正确。如果埋设在隧洞周边，应变片一般距离隧洞边缘 10 mm 左右。

（2）应变砖埋设时一定要与周围的模型材料完全接触密实，确保模型应力的变化能完全传递到应变砖上。埋设应变砖之后，模型材料的夯实一定要小心，可以采用木槌进行多次人工夯实，在距应变砖埋设位置 30 cm 以上即可用夯实机来夯实。

（3）如果是需要注水的模型，为保证应变片的有效性，可采用橡胶套将应变砖包裹起来，在导线处扎住，同时在橡胶套和导线之间灌入防水胶密封，防止应变砖进水失效。

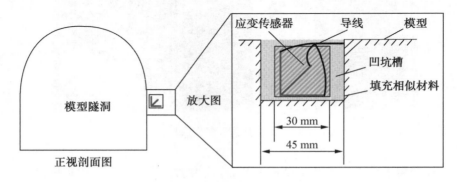

（a）应变传感器埋设示意图

（b）应变砖埋设　　　　　　　　　　（c）应变砖保护

图 6.34　应变传感器埋设

（4）为保证应变测试的准确性，需要消除环境温度的影响，因此需要埋设温度补偿应变砖。温度补偿应变砖应该埋设在与模型温度变化相同的部位，最好埋设在模型边界等不影响试验结果的位置。同时，该温度补偿应变砖还不应该受到荷载作用。因此，应将温度补偿应变砖放入温度补偿应变砖保护盒内，然后再埋设在模型边界部位，这样就能保证它只感受温度变化导致的应变变化，进而消除温度影响。温度补偿应变砖保护盒如图 6.35所示。

图 6.35　温度补偿应变砖保护盒

6.3.2.3　应变砖埋设的角度

贴有应变花的应变砖在埋设过程中一定要注意应变花埋设的角度。以一朵应变花为例，坐标系如图 6.36 所示，水平方向为 x 轴，由 x 轴沿逆时针方向旋转的角度 φ 为正。水平应变片 ε_0 与 x 轴平行，垂直应变片 ε_{90} 与 y 轴平行，中间应变片有 45°和 135°两种可能。

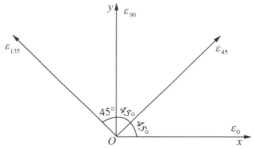

图 6.36　应变花中三片应变片的组合形式

根据弹性力学公式,有

$$\varepsilon_\varphi = \frac{\varepsilon_x + \varepsilon_y}{2} + \frac{\varepsilon_x - \varepsilon_y}{2} \cdot \cos 2\varphi + \frac{\gamma_{xy}}{2} \cdot \sin 2\varphi \qquad (6.3)$$

式中,γ_{xy} 为剪应变。

由式(6.3)可知,当 φ 分别为 45°和 135°时,γ_{xy} 正好互为相反数。因此对于平面应力模型,应力分量 σ_x、σ_y 和剪应力 τ_{xy} 的公式分别为:

$$\sigma_x = \frac{E}{1-\mu^2}(\varepsilon_0 + \mu\varepsilon_{90}) \qquad (6.4)$$

$$\sigma_y = \frac{E}{1-\mu^2}(\varepsilon_{90} + \mu\varepsilon_0) \qquad (6.5)$$

$$\tau_{xy} = \frac{E}{2(1+\mu)}\gamma_{xy} \qquad (6.6)$$

式中,μ 为泊松比;E 为弹性模量。

由此可见,当 φ 分别为 45°和 135°时,剪应力也互为相反数。主应力的公式为:

$$\sigma_{12} = \frac{\sigma_x + \sigma_y}{2} \pm \frac{1}{2} \times \sqrt{(\sigma_x - \sigma_y)^2 + 4\tau_{xy}{}^2} \qquad (6.7)$$

可以看出,剪应力的正负对主应力的大小没影响,剪应力与主应力的关系如下:

$$\tan 2\alpha = \frac{2\tau_{xy}}{\sigma_x - \sigma_y} \qquad (6.8)$$

式中,α 为主应力与 x 轴之间的方向角,逆时针为正。

由此可知,应变砖埋设的方向影响主应力方向角的正负。因此为了统一编程计算的方便,应变砖的埋设最好统一,一定要注意所有应变花的方向都要保持一致,中间倾斜的应变片与 x 轴的夹角最好为 45°。

6.3.3　应力传感器的埋设技术

应力传感器包括土压力盒、光栅应力传感器、薄膜应力传感器等,用来埋设在模型关键部位,监测该部位的应力状态。应力传感器是否处于良好的运行状态,几乎完全取决于仪器受压面与土体间是否完全接触,因此埋设中必须注意应力传感器受压面与土体之间是否会形成空隙[98]。如果方法不正确,应力传感器容易发生脱空卸载现象,从而影响监测的准确性。

应力传感器的埋设技术和工艺如下:

(1)埋设前首先要确定待测应力的方向,因为应力传感器只能测试与其上下面垂直的应力。

(2)根据应力布点位置,在预埋位置挖坑槽,坑槽大小要比应力传感器略大,然后在坑槽内铺设一层散料并刮平,最后将应力传感器放入坑槽。要注意应力传感器的放置方向:如果测垂直应力,则应力传感器要水平放置;如果测水平应力,则应力传感器要垂直放置。同时,还应注意导线要向洞室外部引线。应力传感器埋设如图 6.37 所示。

(3)应力传感器要用与埋设位置岩层配比相同的相似材料将传感器和测线埋设起来,

埋设时相似材料要无粗颗粒(相似材料最大颗粒直径应该小于传感器直径的 1/30,粗颗粒会导致传感器受力不均匀)。

(4)导线最好套上细软管进行保护,并集中从一侧引出模型试验装置,可采用标签打印机制作相应的标示牌。清理现场并进行相似材料回填,继续向上铺设。

(5)应力传感器应与所配接的仪器连接好,在试验模型开始加压之前将初始压力值调零,并测试模型加压、开挖、超载全过程的应力变化。

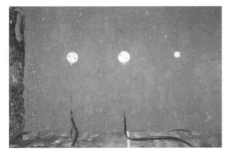 

(a)水平埋设　　　　　　　　　　　(b)垂直埋设

图 6.37　应力传感器埋设

6.3.4　微型光栅多点位移计的埋设

微型光栅多点位移计的埋设一般分为水平埋设(测量两帮变形)和垂直埋设(测量拱顶变形)。

(1)水平埋设工艺:先开挖管槽,然后在管槽内量测出欲埋设测点的位置,刻画横槽,再将一根套管连接的三个测点分别插入横槽内固定,最后拥土填埋横槽和管槽并小心夯实(见图 6.38)。

  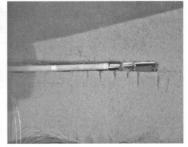

(a)开槽　　　　　　　　　(b)放置　　　　　　　　　(c)固定

图 6.38　多点位移计的水平埋设

(2)垂直埋设工艺(见图 6.39):先将模型相似材料填至距离模型隧洞拱顶 100 mm 以上,然后通过手枪钻钻孔,孔底距离隧洞拱顶 10 mm 左右,将多点位移计小心地插入钻孔内扶正,调整三个测点的间距。最后填料,依次将三个测点埋设,用细木棍捣实,确保测点与模型紧密接触。

图 6.39　多点位移计的垂直埋设

6.3.5　光纤传感器的埋设

6.3.5.1　光纤传感器的埋设工艺

光纤传感器的埋设如图 6.40 所示,埋设步骤如下:

(1)按所选用的光纤传感器尺寸的 1.5 倍开凿坑槽,预留尾纤槽用于尾纤走线。

(2)铺设光纤传感器,采用模型相似材料填充传感器与坑槽的间隙并压实,不宜留有缝隙。

(3)将尾纤安装于尾纤槽内,填充相似材料并捣实。

为了降低传感器的串扰影响,提高传感器的成活率,当需要布设多组光纤传感器时,埋设一般采用并联的组网方式,并连接上光纤光栅解调仪和耦合器,组成光纤监测系统。

需要注意的是:作为温度补偿的温度传感器,安装前应与被补偿传感器共同进行温度标定试验,确定温度补偿系数,并记录编号。

图 6.40　光纤传感器的埋设

6.3.5.2　分布式光纤传感器的埋设工艺

分布式光纤传感器的埋设工艺如图 6.41 所示,主要包括以下步骤:

(1)利用光纤测试仪检测光纤传感器,保证光纤无断点。

(2)根据模型尺寸及重点监测断面形状,设计光纤传感器铺设方案,确定模型各监测位置对应的光纤长度。

（3）在模型断面铺设光纤传感器，注意弯曲处不要折断光纤。

（4）进行传感器定位，确定光纤传感器在模型中各节点的位置，沿光纤传感器走向铺设相似材料并压实。

（5）将光纤传感器两端均引出模型，防止传感器在一端断裂。

（6）利用光纤测试仪检测传感器，再次检验有无断点。

（7）用光纤熔接机将光纤传感器与转接头连接，形成便于连接解调仪的插头。

（8）通过插头将光纤与解调仪连接，利用配套软件采集数据，进行标定处理。

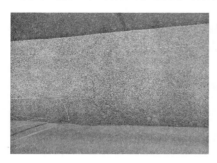

图 6.41　分布式光纤传感器的铺设

6.3.6　探头类传感器的安装技术

探头类传感器主要包括声发射探头传感器、拾振器探头传感器等。对于该类传感器，一般采用在模型表面粘贴（平面模型试验）或在模型内部埋设（三维模型）的方法。

6.3.6.1　模型表面粘贴

安装时，将探头前部涂抹耦合剂或凡士林，然后通过胶带等固定在模型表面，如图 6.42 所示。为了定位破裂空间位置，探头一般不少于 4 个，最好前后面的上下左右各设一个。

图 6.42　模型表面粘贴探头

6.3.6.2　模型内部埋设

在进行三维模型试验时,对于探头类传感器的埋设,在模型填至一定高度后可在模型设定部位钻孔,然后将声发射探头传感器或加速度传感器放入钻孔底部,埋设前调整探头方位,使接收端朝向隧洞方向,填入粉料、夯实,如图 6.43 所示。如果相似材料比较潮湿,可用防水塑料袋将探头套起来,为了不影响测试效果,可将探头前端露出,塑料袋和探头的间隙用皮筋套紧并涂抹防水胶。

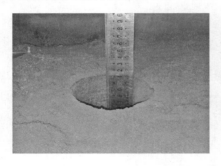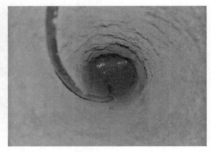

图 6.43　在模型内部埋设探头类传感器

6.3.7　表面测试传感器的安装技术

模型开挖支护后需要开展隧洞衬砌变形、受力和受动载扰动等试验,需要安装表面测试传感器,如可通过摄影测量变形,通过在衬砌表面粘贴应变片和拾振器测量应变、振动加速度等物理量。

6.3.7.1　摄影测量技术工艺

(1)建议采用带.RAW 格式的单反相机(如佳能相机),采集完图像后,一般可利用相机自带软件或其他工具转换为.bmp 格式。

(2)拍照时,对焦模式选 MF(人工对焦),不要选 AF(自动对焦)。

(3)调整好相机与模型之间的距离后要保持固定不动,同时避免振动影响,快门要用无线遥控或计算机软件控制。

(4)最好在变形观测范围的四周布置至少 4 个控制基准点(坐标原点任意设定)。若不方便布置控制点,可在拍摄第 1 张照片时,在模型观测表面紧贴一把刻度尺,用于测算图像比例(单位为 mm/像素)。

(5)光源要稳定,避免光照变化或环境振动影响,最好搭建一个摄影棚并在模型前方布设至少两组 LED 光源,确保光线恒定、图像清晰,如图 6.44(a)所示。

(6)如果模型表面自然纹理不是很明显,可适当采用人工制斑,增强纹理效果,方便后期软件识别,如图 6.44(b)所示。

(7)尽可能多地拍摄试验图像,可设定固定的时间间隔拍照。一般采用较短时间来获取较多图像,这样后期对于多余图像可"删减";若采集图像数量不够,后期则无法"增补"图像。

(a)恒定光源摄影棚　　　　　　　　(b)表面制斑

图 6.44　摄影测量

6.3.7.2　模型隧洞衬砌表面测试

对于需要测试模型隧洞衬砌应变、振动等信息的,一般通过在模型隧洞衬砌表面粘贴应变片和拾振器,如图 6.45 所示。具体步骤如下:

(1)粘贴应变片。在需要测试的部位用砂纸打磨平整,将粉末吹净后涂胶,然后将应变片粘贴上。应变片最好用焊接好导线的。若采用普通应变片,则要先焊接导线和接线端子,将接线端子也一并粘贴好。

(2)粘贴拾振器。在隧洞底部衬砌处粘贴拾振器,为保证测试效果,最好采用专用耦合剂粘贴,或采用凡士林涂抹在拾振器底部粘贴。

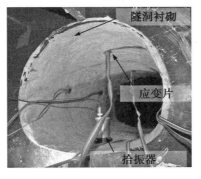

图 6.45　模型隧洞衬砌表面测试

6.3.8 传感器引线密封技术

地下工程岩体赋存环境复杂,物理模型试验必然涉及固-气、固-液等多相介质材料多场耦合问题,例如煤与瓦斯突出物理模拟试验涉及固-气耦合。如何将模型内部的多物理量传感器导线引出煤层并保证气体密封效果,实现试验数据的采集,是模型试验成功的关键。

在煤与瓦斯突出物理模拟试验中,为了实现加载充气保压条件下巷道掘进开挖揭煤过程突出模拟,本书作者提出了"三层密封"的理念。所谓"三层密封",即煤层与岩层之间的密封、超低渗岩层密封、最外侧试验装置密封。高压瓦斯相似气体是充入煤层内的,通过三层密封保证气体不渗漏或微渗漏。传感器引线密封原理如图 6.46 所示。

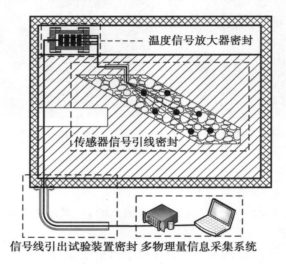

图 6.46　传感器引线密封原理

当然,最难的是在煤层和岩层内布设传感器并将导线引出。导线引出必然会使密封效果大大降低,因此在制作模型时要重视传感器密封引线技术和工艺,包括传感器的埋设及引出煤层导线的密封、信号放大器的密封与保护、信号线引出反力装置的密封,具体如下:

6.3.8.1 传感器的埋设及引出导线的密封

(1)在试验模型制作过程中,将所需的气压、温度、应力传感器埋设至模型材料内部指定位置,传感器引线采用光滑无外包装的漆包线,汇聚成一股引线并穿过 L 形密封套管,使引线引出煤层,如图 6.47、图 6.48 所示。

(2)将 L 形密封套管一端埋入煤层内,并用丁基橡胶包裹煤层和 L 形引线密封套管。在 L 形引线密封套管与丁基橡胶接触部分,加厚并做软化处理以保证密封效果。

(3)向 L 形密封套管中灌入环氧树脂密封胶进行密封(环氧树脂 AB 胶包括 A 胶和 B 胶,两者以体积比 2.5∶1 的比例均匀混合而成,L 形密封套管内传感器引线 I 段穿过后,再灌入环氧树脂 AB 胶进行密封),避免模型内部气体经 L 形密封套管泄漏。引出的传感器引线通过航空插头与信号放大器保护装置连接。

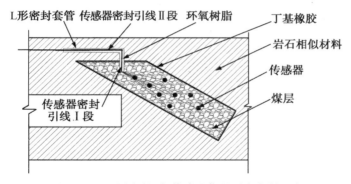

图 6.47 "三层密封"与传感器信号引线密封示意图

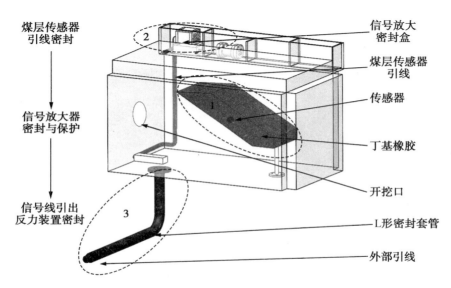

图 6.48 系统模型引线分布示意图

6.3.8.2　传感器信号放大器的密封与保护技术

气固耦合模型试验的高压气体环境会造成传感器中的电子元件损毁。为了解决此问题,山东大学自主研发了耐高压传感器信号放大器的密封与保护技术及装置,将转换模块与高气压环境隔离开来。具体密封技术与工艺如下:

信号放大器的密封装置主要包括铝制密封盒与密封引线两部分。安装时,信号放大器放置于铝制密封盒内,航空插头分别安装于铝制密封盒两端的前盖上,将信号放大器和航空插头通过信号放大器引线进行连接。最后,航空插头与密封盒前盖之间通过灌注环氧树脂 AB 胶进行密封。温度与应力信号放大器的密封原理如图 6.49 所示。

中空螺栓安装在铝制密封盒后盖上,传感器引线 Ⅱ 段一端穿过中空螺栓进入密封盒内与信号放大器连接,另一端与传感器引线 Ⅰ 段连接(见图 6.47),传感器引线 Ⅱ 段穿过中空螺栓后灌入环氧树脂 AB 胶进行密封。传感器信号放大器的密封实物图如图 6.50所示。

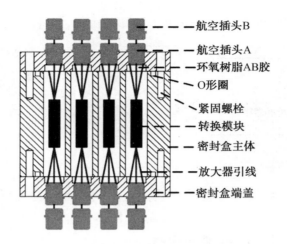

图 6.49　温度与应力信号放大器的密封原理

图 6.50　传感器信号放大器的密封实物图

6.3.8.3　信号线引出试验装置的密封

为了解决信号线引出试验装置的密封问题,本书设计了如图 6.51 中所示的 L 形管。将传感器引线穿过 L 形管,并灌入环氧树脂 AB 胶进行密封。L 形套管既方便密封胶的灌入,又保证了密封胶凝固后的密封效果。试验时,将 L 形密封套管通过法兰安装在反力架上,法兰和反力架之间采用 O 形圈密封。传感器引线的一端进入反力架内部与信号放大器密封盒相连,另一端在反力架外部与信息采集系统连接。

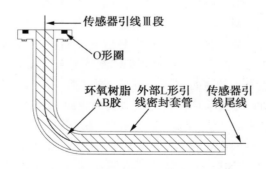

图 6.51　信号线引出试验装置密封示意图

模型试验中对温度传感器、薄膜压力传感器等信号放大装置进行密封的具体流程如下：

(1)将所需的传感器及引线Ⅰ段准备完善并编号,使其穿过 L 形密封套管并灌环氧树脂 AB 胶,干燥 48 h 后焊接航空插头并妥善保存备用。

(2)将所需的引线Ⅱ段与对应引线Ⅰ段编号,使其穿过中空螺栓,并灌环氧树脂 AB 胶进行密封;将航空插头安装在铝制密封盒前盖上,同样灌环氧树脂 AB 胶进行密封;将所需的信号放大器与引线Ⅱ段一端及航空插头焊接,封装在铝制密封盒内。

(3)将所需的引线Ⅲ段与对应引线Ⅰ、Ⅱ段编号,使其穿过外部 L 形密封套管并灌 AB 胶密封,通过法兰将其安装在试验装置上,引线Ⅲ段的一端进入试验装置内部。

(4)试验时,引线Ⅲ段的一端与试验装置内部的信号放大器密封盒相连,另一端与反力架外部的多物理量信息采集系统连接;将 L 形引线密封套管一端埋入相似材料内,并用丁基橡胶包裹煤层和 L 形引线密封套管,在密封套管周围用丁基橡胶进行软化与加厚处理以保证密封效果;丁基橡胶囊外侧由岩石相似材料包围,引线Ⅰ段另一端与引线Ⅱ段相连。

6.4　开挖支护模拟技术

6.4.1　隧(巷)道开挖技术

在物理模拟试验中,隧(巷)道开挖方法主要有人工开挖法、机械开挖法和自动开挖法。

(1)人工开挖法:人工开挖法一般采用专业的开挖工具进行开挖,如开挖钻、开挖铲等工具,如图 6.52 所示。

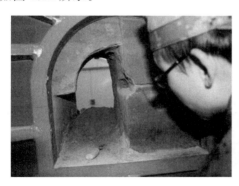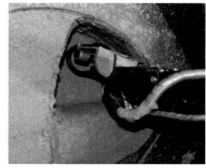

图 6.52　人工开挖法

(2)机械开挖法:机械开挖法一般采用自动或半自动的方式进行开挖,人工控制机械进行挖掘,然后再进行人工修补,即以电动钻机钻孔掘进为主,人工钻、凿为辅。机械开挖工具如图 6.53 所示。

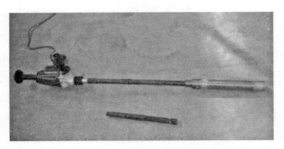

图 6.53　机械开挖工具

（3）自动开挖法：自动开挖法（见图 6.54）采用适用于模型试验的可视化微型隧洞掘进系统，该系统采用计算机精确控制模型开挖过程，可完成圆形洞室、城门洞形洞室等任意隧洞的自动控制开挖和实时监测，具有掘进进尺定位精准、隧洞开挖轮廓精细、出渣排料自动方便的优点。

图 6.54　自动开挖法

6.4.2　煤层回采模拟技术

煤层回采模拟方法包括人工回采法、物理化学法、抽条回采法、底部回采法和自动回采法。

（1）人工回采法：人工回采法（见图 6.55）即通过扁铲等开挖工具将煤层逐渐回采，主要适用于矿山平面模型，简单、实用。

图 6.55　人工回采法

（2）物理化学法：物理化学法采用橡胶预支撑技术和预埋电化学材料模拟开挖煤层。制作模型时，先将橡胶预支撑埋设在模型开挖位置，开挖时将橡胶放气，从而模拟煤层开挖。另外，还可预埋电化学材料，开挖时通电熔化，从而模拟煤层开挖。该方法先预埋然后再通过物理或化学方法来降低预埋高度，但实际使用时会存在漏气、降低高度不均匀等影响精度的问题，因此在实际中使用得不多。

（3）抽条回采法：抽条回采法通过在要开挖的煤层部位埋设抽条，然后逐渐向外抽出抽条以模拟煤层回采的过程。抽条的高度要与回采高度相同，为保证它容易抽出，埋设时抽条的上下部位应该铺设 1 mm 左右的聚四氟板，同时抽条可借助电机带动拖链拉动抽条。抽条时可以逐根依次向外抽拔一定距离，模拟采煤机 Z 字形回采过程。该方法试验简单，但地应力较大时抽拔，摩擦力较大，会对顶板和底板产生剪切力作用。

对于平面模型，还可采用预支撑下落机构逐次抽出的方法模拟煤层回采，其原理如图6.56 所示。预支撑下落机构包括平行设置的上承载板和下承载板，上承载板和下承载板之间设有用于调节其距离的调节机构，主要是通过旋转两端正反螺纹的高度调节螺杆，带动两端的楔形块相对或相向移动，从而实现上、下承载板的升降。试验时，先将预支撑下落机构调整到回采煤层的高度，放入模型，然后填料并加载，回采时依次将预支撑下落机构抽出，以此模拟回采过程。

（a）三维模型抽条回采装置实物图

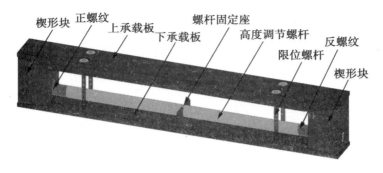

（b）预支撑下落机构装置

（c）预支撑下落抽条回采

图 6.56　抽条回采法

　　（4）底部回采法：底部回采法主要通过在试验装置底板设计安装可升降的预支撑机械结构模拟煤层回采，具体技术工艺如下：首先，调节回采范围内的预支撑机械结构高度，满足模型回采煤层下落的高度。然后，在预支撑机械结构与试验装置之间的空间内铺设煤层相似材料，并夯实成型至与预支撑机械结构高度相同，其上部按照实际情况依次铺设煤层或岩层，直至制作完成试验模型。最后，施加地应力后进行回采，回采时依次下落预支撑，下落高度按照模型回采煤层高度，直至完成回采过程。

　　该方法简单方便，不过需要在试验装置底部设计安装预支撑机械结构，以方便人员操作和维修。

　　（5）自动回采法：自动回采法采用微型采煤机器系统模拟模型煤层的真实回采过程。该方法通过微型化的采煤机回采模型，能够更好地模拟现场工况，自动化程度高，回采精度高，能够节省大量人力物力。但该方法需要研发制造精密的微型采煤机，成本较高。目前，该方法还处在研发改进阶段，相信随着科技的进步，将来物理模拟煤层回采将会越来越多地采用该放法。

　　该方法需要设定回采速度，包括前进速度、往复回采速度、出渣速度等。

6.4.3　隧（巷）道支护模拟技术

6.4.3.1　锚杆支护模拟技术工艺

　　模型中锚杆支护的模拟一般采用模型锚杆预埋法和开挖隧洞现装法。

　　（1）模型锚杆预埋法：模型锚杆预埋法是在制作试验模型的过程中将锚杆预先埋设在隧洞周围的方法。该方法的施工过程与实际工程不符，但因省去了开挖后再安装锚杆的过程，简单实用[99]。实际埋设时工艺如下：

　　先在模型表面画线，确定锚杆位置，然后将锚杆放置或钉入模型中。水平锚杆直接放置，倾斜锚杆最好借助一定角度的楔形木块，要测力的锚杆需要将导线向上引，然后再引出试验装置，如图 6.57 所示。

（a)水平锚杆

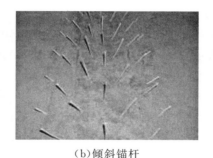
（b)倾斜锚杆

（c)水平测力锚杆

图 6.57　模型制作预埋法

（2）开挖隧洞现装法：开挖隧洞现装法是在试验模型开挖后再安装锚杆的方法，该方法的施工过程与现场工程相同。

采用定量压簧对锚杆（索）施加预紧力，根据试验系统所模拟的现场回采巷道支护构件参数与相似比尺，确定锚杆（索）的预紧力。通过对不同型号压簧进行标定试验，最终选择长度为 10～30 mm、直径为 0.5 mm 左右的压簧施加锚杆（索）预紧力。图 6.58 为加工完成的预应力锚杆。

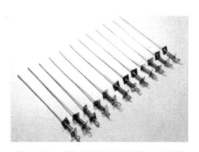

图 6.58　模型锚杆及预紧力压簧

试验时，先开挖模型隧洞，锚杆滞后循环进尺一步操作完成，其具体工艺为：采用手电钻在模型围岩钻孔，将锚杆沾满锚固浆（锚固浆可根据情况选择水泥浆、石膏浆等）塞入钻孔，待锚固浆凝固后在模型外部安装托盘和螺母，施加一定的预紧力。该方法可在外部安装测力环，用来测试锚杆的受力情况，如图 6.59 所示。但是，该方法不能实现自动化操作，因此仅能在模型一定深度内使用。

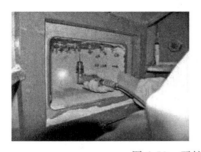

图 6.59　开挖隧洞现装法

6.4.3.2　衬砌支护模拟技术工艺

　　模型隧洞衬砌支护模拟可采用预制预埋法和涂抹制作法,如图 6.60 所示。前者通过预制的模具预制出衬砌模型,试验时埋设在预定位置,衬砌内部也填上相似材料并压实,其周围及上部继续填料制作模型,模型加载保压后开挖,将衬砌内的相似材料挖出使衬砌承载。后者在模型隧洞开挖后,用配比好的相似材料(一般为石膏或白水泥类相似材料),在模型隧洞的洞壁上涂抹一层一定厚度的材料,模拟衬砌的施工过程。

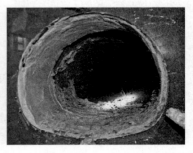

图 6.60　衬砌支护模拟实物

6.4.3.3　钢拱架支护模拟技术工艺

　　地下工程钢拱架支护在模型中也可以采用细铝丝来模拟,具体可按照实际工程的尺寸和形状制作,然后在隧洞开挖过程中依次安装。钢拱架支护如图 6.61 所示。

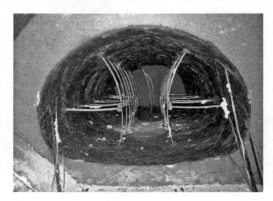

图 6.61　钢拱架支护

6.4.3.4　耦合支护模拟技术工艺

　　原型工程的支护措施往往不是单一的,例如深部巷道常常采用锚网喷注耦合支护或锚网架耦合支护,因此在进行物理模拟试验时也要采用相应的耦合支护模拟技术。图 6.62 为模型试验中采用的锚网架耦合支护。

图 6.62　锚网架耦合支护

6.5　模型移出与剖视保护技术

6.5.1　模型移出技术

　　为了对模型内部破坏形态进行直观展现,同时方便将试验模型从试验装置内部清理出去,本书作者发明了试验模型升降平移系统。该系统位于试验模型底部,试验完成后将试验模型升起并平移出试验装置,如图 6.63 所示。

图 6.63　模型移出

6.5.2　模型剖视技术

　　对平移出的试验模型进行剖视和保护是进一步验证试验模型内部变形破坏现象,对比分析监测数据的直观手段。

　　对于已经变形破坏的模型直接剖切很容易造成进一步破坏,因此为了不影响剖视效果,可在模型隧洞内填入定型材料,一般可灌入橡胶颗粒或在模型隧洞表面喷洒高浓度松香酒精溶液。凝固后可采用大锯切开或采用刮刀一层层刮至设定断面,如图 6.64 所示。

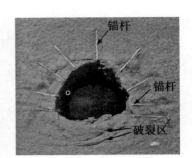

图 6.64 模型剖视

6.6 煤与瓦斯突出物理模拟实例

为进一步说明模型制作过程与工艺，下面以煤与瓦斯突出模型制作为例进行讲述。该试验模型采用预制现浇法制作，基于精细化模型试验理念，作者提出了模型模式化制作工艺。该制作工艺主要包括制定模型制作方案、相似材料配制、模型分层振实、复杂地层铺设与密封、传感器埋设与变送器气密封保护、巷道掘进揭煤致突、模型完成制作与封盖等步骤。

6.6.1 制定模型制作方案

根据试验要求与模型实验台架特点制定详尽的试验方案以及技术路线（见图 6.65），并在模型试验中严格遵守。规范化的模型制作方案是模型模式化制作的基础。

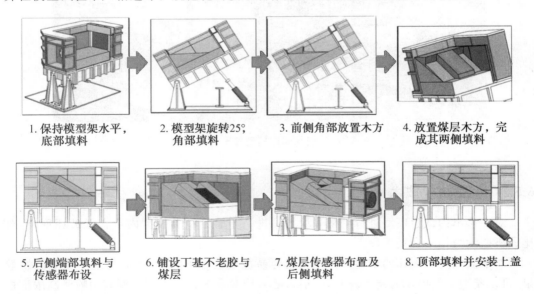

1. 保持模型架水平，底部填料
2. 模型架旋转25°，角部填料
3. 前侧角部放置木方
4. 放置煤层木方，完成其两侧填料
5. 后侧端部填料与传感器布设
6. 铺设丁基不老胶与煤层
7. 煤层传感器布置及后侧填料
8. 顶部填料并安装上盖

图 6.65 煤与瓦斯突出试验模型制作方案

基于模型试验方案,提出不同地质条件下的模型制作技术,例如在煤与瓦斯突出模拟试验中,为精确定位煤层,制作了两块辅助煤层木方模型,设计尺寸和效果图如图 6.66 所示。

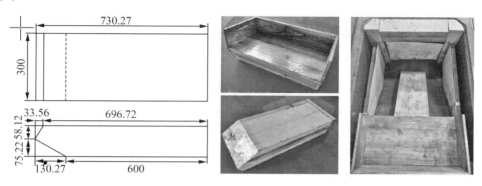

图 6.66　木方模型的设计尺寸和效果图(单位:mm)

6.6.2　相似材料配制

根据填料方案中各部分体积、相似材料容重、相似材料配比,准确计算各部分相似材料原料所需质量,并进行准确称量。

为保证均匀搅拌,每次称量搅拌的相似材料总质量应相同且不应超过搅拌机承载质量的 1/3。首先将干料放入搅拌机搅拌均匀,将添加剂加入水中搅拌均匀,再将水及添加剂倒入搅拌机进行搅拌,搅拌过程中应将搅拌机内壁上的干料刮下并继续搅拌。每次搅拌完成后,首先清理搅拌机内壁上的残留,再进行下一次拌料。

6.6.3　模型分层振实

为保证相似材料快速干燥成型,模型试件不同岩层之间要分层铺设夯实。为实现模型试验的精细化制作,要精准定位相似材料的尺寸及位置,填料前要在试验装置两侧推力板上布置聚四氟板,在聚四氟板上准确标记不同部分相似材料的位置,如图 6.67 所示。

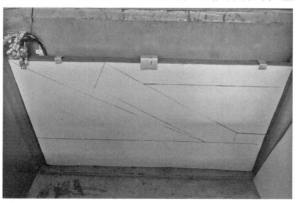

图 6.67　聚四氟板布置及标记

为方便铺设倾斜部分相似材料,可通过底部油缸将试验装置整体旋转到指定角度,如图 6.68 所示。

图 6.68   试验装置旋转

不同部分顶底板相似材料采用平板夯反复夯实。为保证夯实效果,每次夯实厚度应不超过 70 mm,质量应不超过 70 kg。

通过定制木方,可准确控制各部分相似材料的尺寸及位置。取出木方后形成煤层铺设空间,如图 6.69 所示。

图 6.69   木方的使用及取出

6.6.4   复杂地层铺设与密封

为实现模型试验多场耦合模拟,保证模型整体密封,煤层底部应铺设片状丁基不老胶(厚度为 3 mm),搭接之前对搭接处进行防尘,保持胶体的黏结性,对容易破坏的区域进行二次铺设,并反复按压,如图 6.70 所示。

图 6.70　底部丁基不老胶铺设

煤层主体为规则块状型煤,间隙采用煤粉填充,内部设埋槽,布设气压及温度传感器,如图 6.71 所示。

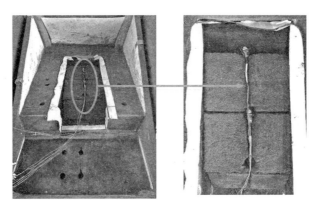

图 6.71　煤层及传感器布设

对煤层侧面及顶面进行包裹,采用高黏度条状不老胶重复粘接接缝处及传感器导线引出口,提高煤层的密封性,如图 6.72 所示。

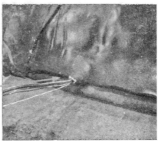

图 6.72　煤层引线密封

6.6.5　传感器埋设与变送器气密封保护

传感器埋设及走线如图 6.73 所示，根据传感器布设方案，在已完成模型中对传感器埋设位置进行精确定位并预留传感器埋设孔洞。

将各类传感器埋设在煤层、顶底板材料中的预留孔洞中，为避免各类引线相互交叉与干扰，将引线分类汇集并统一引至上加载板导向框内。

图 6.73　传感器埋设及走线

对所埋设传感器进行调试，并对信号放大器进行密封保护。测试各类传感器的成活率，并对其采集精度进行测试。

6.6.6　模型完成制作与封盖

完成试验模型制作后，放上柔性橡胶板和推力板，安装密封圈和上反力盖板，准备开始试验，如图 6.74 所示。

图 6.74　试验装置最终组装

6.6.7　模型开挖过程

通过中尺度煤与瓦斯突出物理模拟试验装置的气体充填单元对模型进行抽真空操作，然后缓慢充入相似气体，并保压吸附使型煤基本达到吸附饱和状态。利用应力加载单元对模型施加三向地应力并稳压，利用图 6.75 所示的巷道掘进装置对试验模型进行开挖。巷道掘进装置配备的伺服测控软件可设置刀盘前进速度和旋转速度，软件界面如图 6.75 中的右图所示。开挖速度根据现场工况的掘进速度折减所得，约为 0.1 mm/s。根据此速度设定相匹配的刀盘转速，约为 15 r/s。根据预设的试验方案对试验模型进行掘进，直至发生煤与瓦斯突出。

图 6.75　巷道掘进装置及软件界面图

6.6.8　模型全真塑形保护

模型整体全真塑形保护（见图 6.76）的具体步骤如下：

（1）将模型顶盖取下，将覆盖于模型上表面的柔性加载板取下。

（2）先取出模型两侧导向框，然后取出阻气法兰，最后取出后侧导向框，使模型两侧与反力架脱离。

（3）将反力架主体取下，取出引线及盖板。

（4）取出充气管道，使模型与底板脱离。

（5）将模型移至展示台，与反力架脱离，实现整体模型全真保护。

图 6.76　模型整体全真塑形保护过程

本章小结

　　本章详细介绍了物理模拟试验的具体测试步骤,并对模型制作、传感器埋设与引线、开挖支护模拟和模型剖视保护等关键技术进行了介绍,讲述了其测试原理、组成部分和测试步骤,并配合相关实例进行了更加直观的论述,旨在让读者通过本章的学习,掌握各类关键测试方法和技术的核心原理及操作步骤。

第7章　典型地下工程物理模拟试验实例

7.1　分岔隧道施工稳定性物理模拟

本节针对分岔隧道施工及中隔墙稳定性进行了模型试验研究,揭示了分岔隧道大拱—连拱—小净距施工围岩应力转化机制,建立了整体线形优化设计模型和中墙稳定模型,给出了分岔隧道优化施工方案。

7.1.1　工程概况

本节以沪蓉西高速公路宜昌—恩施段八字岭分岔隧道为例进行研究。该段设计为分岔隧道,出口处两条分离隧道逐渐靠近,经过小净距段、连拱段,合并成大拱段,最终成为一条隧道。大拱段隧道净宽 24.3 m,高 11 m;直中墙连拱段左、右隧道宽度都为10.73 m,高 8.15 m;曲中墙连拱段和小净距段隧道净宽均为 11.35 m,高为11.89 m;中隔墙的宽度由连拱段至小净距段逐渐变宽。图 7.1 为隧道设计开挖步骤及支护措施,其中Ⅰ～Ⅺ为围岩级别,①～⑫为开挖顺序。

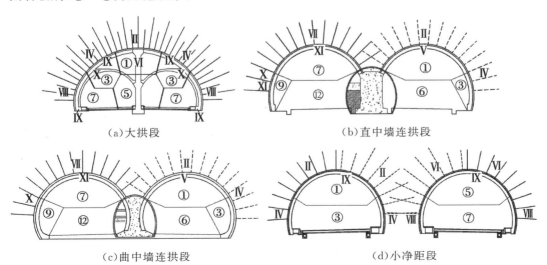

　　　(a)大拱段　　　　　　　　　　　　　　　(b)直中墙连拱段

　　　(c)曲中墙连拱段　　　　　　　　　　　　(d)小净距段

图 7.1　隧道设计开挖步骤及支护措施

模型试验选择的模拟范围如图 7.2 所示,共有两个模型,即模型 1(大拱—连拱段)和模型 2(连拱—小净距段)。两个模型在纵向方向上设定 4 个监测断面。

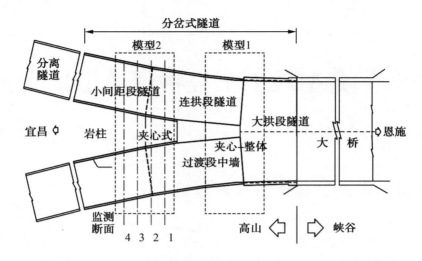

图 7.2　模拟范围

7.1.2　试验方案

7.1.2.1　相似材料

相似材料是模型试验的关键,选择相似比尺为 50,确定表 7.1 所示的原型及模型材料参数。锚杆采用直径为 2.0 mm 的铝丝来模拟,中墙和衬砌均采用混凝土材料来模拟。

表 7.1　原型及模型材料参数

材料	容重/(kN·m⁻³)		变形模量/MPa		黏聚力/MPa		摩擦角/(°)		抗拉强度/MPa		泊松比	
	原型	模型	原型	模型	原型	模型	原型	模型	原型	模型	原型	模型
岩体	27.8	27.8	8000	160	1.3	0.026	33	33	0.6	0.012	0.22	0.22
混凝土	25.0	25.0	30 000	600	1.5	0.03	45	45	1.4	0.028	0.2	0.2

7.1.2.2　试验过程

根据选定的相似比尺设计模型尺寸,按照材料配比配制材料,然后制作模型,并在相应部位埋设测试仪器。模型干燥后施加侧压系数为 0.5 的侧压,采用人工钻凿方式开挖,通过内窥系统实时监控洞内开挖过程。分岔隧道大拱段采用上下台阶法开挖,连拱段和小净距段左、右主洞采用上下台阶法开挖。

对模型交替进行开挖,沿隧道轴向循环开挖进尺为 8 cm(相当于原型 4 m),且左洞超前右洞 40 cm。对于模型 2,隧道开挖后还要接着安装锚杆,然后进行衬砌支护。模型 2 试验实物图如图 7.3 所示。

图 7.3   模型 2 试验实物图

7.1.3   模拟结果

7.1.3.1   隧道开挖模拟结果

当隧道开挖面远离测试面时,隧道测试位移基本无变化;当开挖面接近测试断面时,位移稍有变化。只有开挖到测试断面时,位移才产生明显的变化,且随着开挖步逐渐下降,直到某一固定值时趋于稳定。图 7.4 为模型 2 中断面 2 不同部位关键点位移随施工步的变化曲线。

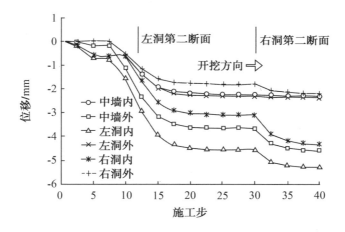

图 7.4   断面 2 不同部位关键点位移随施工步的变化曲线

连拱与小净距段左洞拱顶、中墙的垂直应力变化曲线如图 7.5 所示[100]。由图可知,开挖后拱顶垂直应力释放,中墙垂直应力逐渐增大至 6.5 MPa。

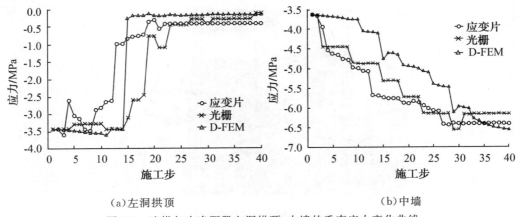

(a)左洞拱顶　　　　　　　　　(b)中墙

图 7.5　连拱与小净距段左洞拱顶、中墙的垂直应力变化曲线

7.1.3.2　超载模拟结果

超载试验时,自重压力保持不变,超载侧向压力分级加载,每级侧压系数增加0.5。每次加载后,待模型充分稳定后再进行测量。

为了与模型试验进行对比,本节应用有限差分程序 FLAC³ᴰ真实模拟了试验的全过程,并与模型试验结果进行了对比分析。

(1)位移对比分析:图 7.6～图 7.9 为各部位的超载位移曲线。由图可以看出,隧道洞周的位移随着侧压系数 K 增加的变化规律为:位移在 $K=0.5～1.5$ 时变化缓慢,在 $K=2.0$ 时产生明显变化。当 $K=2.0～3.5$ 时,位移基本呈线性增加;但当 $K=4.0$ 时,位移突然增大,增幅为 $K=3.5$ 时的 2～4 倍。

试验位移与计算位移相比基本一致,都表现为拱腰位移明显大于拱顶位移,约为拱顶位移的 2 倍,且拱顶位移由超载前的下降变为上升,这主要是侧压增大使隧道两侧受挤压所致。当 $K=4.0$ 时,围岩洞周的位移突然增大,约增大为 $K=3.5$ 时的 2 倍。故我们认为当 $K=4.0$ 时,隧道洞周产生了破坏,围岩产生了裂隙。模型试验中可听到隧道拱顶发出破坏的微响,并可观察到隧道洞周有微粒掉落。

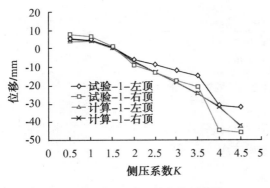

图 7.6　小间距段拱顶超载位移曲线

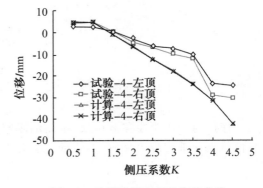

图 7.7　连拱段拱顶超载位移曲线

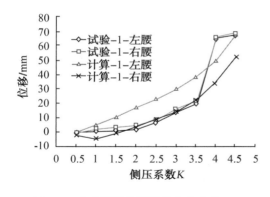

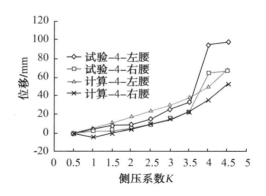

图 7.8 小净距段拱腰超载位移曲线   图 7.9 连拱段拱腰超载位移曲线

（2）应力对比分析：由于超载试验造成的围岩破坏，埋设在隧道洞周的应变块随围岩的变形和裂隙的产生而被破坏，仅有少量的应变片监测到了洞周应力的变化。由于超载试验造成材料的破坏，此时材料不再服从弹性理论，因此无法准确计算洞周应力，在此仅以近似计算为准。图 7.10、图 7.11 为隧道和左洞围岩超载应力增量的计算值，图中负值表示应力增加。图 7.11 中拱顶的垂直应力和水平应力均增加，特别是水平应力增加幅度较大。但当 $K=3.5$ 时，增量达到顶峰，而后略有回落，中墙和拱腰的水平应力略有变化但不大，中墙和拱腰的垂直应力都减少；$K=4.0$ 时变化明显减缓。由此可见，隧道围岩的应力在 $K=3.5$ 时已经达到极限。

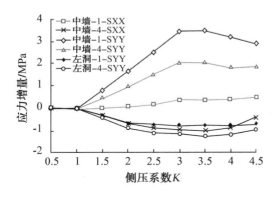

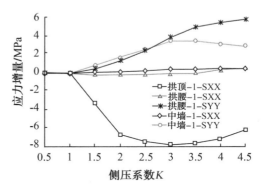

图 7.10 隧道垂直超载应力增量曲线   图 7.11 左洞围岩超载应力增量曲线

（3）围岩破坏和塑性区：当侧压系数 $K=4.5$ 时，超载前后隧道围岩塑性区对比图如图 7.12 所示，围岩主要发生剪切破坏，且主要分布在隧道拱顶、拱肩、拱角和底板。隧道拱顶、拱肩和拱角塑性区分布面积大，说明隧道在高地应力的情况下顶板和拱角极易发生破坏。隧道中墙处没有随侧压的增加产生明显的塑性区。

为了说明塑性区随侧压系数的变化情况，定义塑性区体积与隧道开挖体积之比为塑性区隧道体积比 $\rho^{[101]}$。塑性区隧道体积比随侧压系数的变化曲线如图 7.13 所示。

由图 7.13 可以看出,当侧压系数 $K<3.5$ 时,ρ 变化相对较平缓,与侧压系数基本呈线性关系。但是,当 $K=3.5$ 时,ρ 开始加速变化,但变化斜率不大。当 $K=4.0$ 时,ρ 陡然增加,隧道围岩开始出现大规模破坏。当 $K=4.5$ 时,ρ 增加至最大值 25,隧道围岩已经完全破坏。

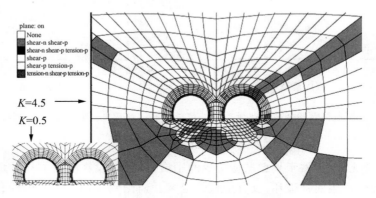

图 7.12 超载前后隧道围岩塑性区对比图

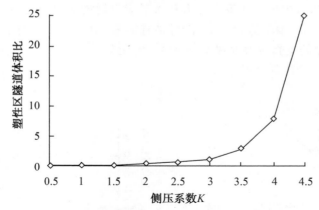

图 7.13 塑性区隧道体积比随侧压系数的变化曲线

7.2 某隧道施工与顶部振动的稳定性物理模拟

7.2.1 试验目的与试验设计

7.2.1.1 试验目的

隧道开挖后,附近围岩失稳是造成地下工程灾害的主要原因之一,施工隧道附近围岩荷载位移释放特性是预测隧道稳定性与指导围岩支护的重要参数。

采用大型三维物理模拟试验开展隧道静力施工过程中力学效应及动荷载作用下围岩

动态响应规律,进行围岩变形的实时监测,并结合数值模拟计算得出围岩变形规律,可为隧道的安全施工提供理论指导。

7.2.1.2　试验设计

试验采用某隧道为原型,相似比尺为 50。根据相似原理,模型材料采用黄砂和黄土按 1∶6 配比混合而成,材料密度为 1480 kg/m³,弹性模量为 18 MPa,泊松比为 0.25,单轴抗压强度为 0.76 MPa,黏聚力为 0.6 MPa,内摩擦角为 40°。模型隧道为三心拱形,高302 mm,宽355 mm,在距表面 20 mm 的洞周围岩内布设多点位移计、应变砖、压力计及拾振器,如图 7.14 所示。其中微型多点位移计分别布置在隧道的右侧拱腰和拱顶部位,测点间距为 20 mm;应变砖、压力计和拾振器均与动态信号采集仪连接进行监测。

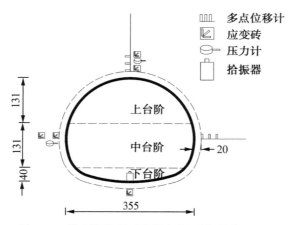

图 7.14　模型隧道断面及测点布置图(单位:mm)

沿轴线方向将隧道依次划分为全断面开挖段、台阶法开挖段和保留段,前两段长度均为 800 mm,保留段长度为 900 mm。台阶法开挖段分上、中、下三个台阶,试验开挖进尺为50 mm。结合试验,方案共分 36 步,每步时间间隔为 30 min,共 18 个小时。第 1～16 步(0～8 小时)为全断面开挖段,第 17～34 步(8.5～16.5 小时)为台阶法开挖段,第35 步(17～17.5 小时)为超载试验,第 36 步(17.5～18 小时)为超载稳定后数据,如图 7.15所示。试验共设置 A、B、C 三个监测断面,各断面的间距如图7.15所示。

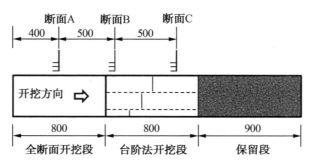

图 7.15　模型隧道纵向图(单位:mm)

7.2.2 试验过程

试验分为真三轴静力条件下隧道施工过程静态试验和顶部振动条件下隧道动态试验两个过程。静态试验时,从模型前侧向后侧单向开挖,先以开挖进尺 50 mm 全断面开挖至 800 mm 进深,然后以相同进尺台阶法开挖。首先开挖上台阶至 100 mm 时,上、中台阶同步开挖,下台阶滞后中台阶 100 mm 开挖,每次开挖步完成 10 min 后采集数据。动态试验时,先给隧道施加衬砌,衬砌采用厚度为 10 mm 的石膏涂抹凝固而成,然后在衬砌顶部和两侧粘贴应变片,在底部用凡士林粘贴拾振器。将顶梁及油缸卸除,在模型顶部中心安装作动器及 1.5 m×1.5 m 的传力块,先施加静力,稳定后施加动态荷载,开启高速模式采集动态响应数据。静态试验和动态试验现场如图 7.16 所示。

图 7.16 静态试验和动态试验现场

7.2.3 试验结果分析

7.2.3.1 静态试验结果分析

隧道开挖过程和超载时的拱顶、拱腰的位移、应力的历时曲线如图 7.17~图 7.20 所示。

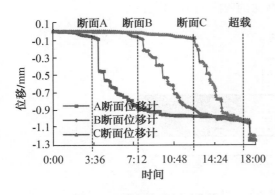
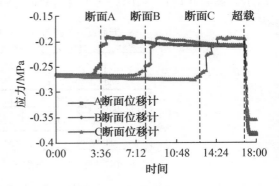

图 7.17 拱腰位移历时曲线　　　　　图 7.18 拱腰应力历时曲线

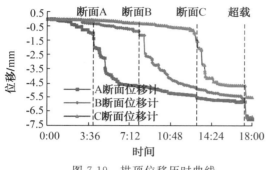

图 7.19　拱顶位移历时曲线

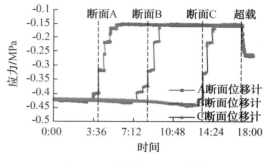

图 7.20　拱顶应力历时曲线

由图 7.17 和图 7.18 可看到,开挖阶段位移和应力近似呈阶梯状,位移均朝向洞内,且量值逐渐增大,最后趋于平稳,而拱顶部位的应力则降低并趋稳。根据开挖经过 A、B、C 断面前后时围岩的变形规律,可将变形大致分为四个阶段。以 B 断面为例说明如下:

(1)变形孕育阶段,即开挖到目标断面十步之外(约 500 mm,5 h),拱顶下沉和拱腰鼓起变化趋势较小或基本不变。

(2)变形发展阶段,即开挖到目标断面前十步之内,曲线斜率开始变化,数值变化趋势增大。

(3)变形显著阶段,即开挖到目标断面六步外(约 300 mm,3 h),拱顶下沉和拱腰内鼓数值增加显著。

(4)变形收敛阶段,即开挖到目标断面六步之内,位移变化逐渐减小并稳定收敛,曲线斜率趋向于零。

隧道变形收敛后,模型表面应力将增大至初始值的两倍。开展超载试验,隧道洞内出现小范围围岩冒落现象,位移和应力也出现急速变化,位移绝对值比超载前增大了 2~3 mm,而应力绝对值比超载前增大了近 1 倍。

图 7.21 为试验过程中 A 断面拱顶监测位移及应力与 FLAC^{3D}数值模拟结果对比,对比结果显示试验监测位移和应力与计算结果吻合良好。

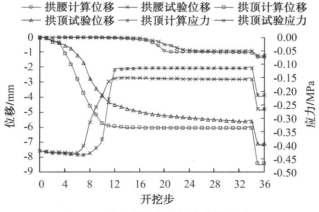

图 7.21　试验数据与模拟数值结果对比

7.2.3.2 动态试验结果分析

图 7.22 为模型顶部动态荷载时程图。先静载预压 100 kN,然后以 2 Hz 频率按图 7.22所示变化荷载,整体逐渐增强然后逐渐衰减,最大荷载为 400 kN,最小荷载为 50 kN,最大荷载差为 350 kN。

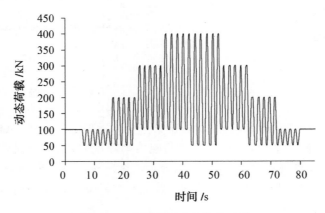

图 7.22　模型顶部动态荷载时程

图 7.23 为隧道拱顶竖向应力变化,数据显示,围岩应力响应与加载时程有良好的一致性,最大动态应力仅 24 kPa。

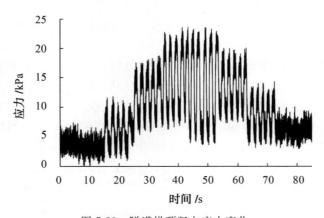

图 7.23　隧道拱顶竖向应力变化

图 7.24 为隧道拱底衬砌竖向加速度,拱底衬砌竖向加速度最大约为80 mm/s²,且加速度跳跃点与加载力时程有良好的一致性。图 7.25 为模型隧道断面 A 的拱腰水平位移曲线,从图中可知,静力为 100 kN 时位移为 0.053 mm,之后的位移随荷载变化而变化,大体趋势与顶部动态荷载相同,并与监测应力和加速度相对应,逐渐增大至0.24 mm,然后逐渐衰减。位移响应频率也与荷载频率相同。

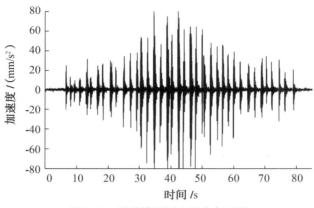

图 7.24 隧道拱底衬砌竖向加速度

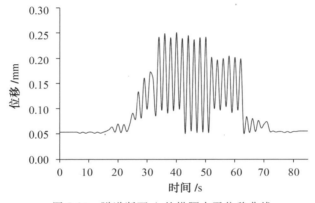

图 7.25 隧道断面 A 的拱腰水平位移曲线

7.3 朱集矿无煤柱煤与瓦斯共采覆岩运动物理模拟

　　本节针对朱集矿无煤柱煤与瓦斯共采覆岩运动规律进行了模型试验研究,揭示了首采工作面无煤柱卸压开采关键层沿空留巷过程上覆岩位移场、应力场时空演变规律和裂隙场动态发育机制,建立了平面应力模型,给出了首采工作面安全回采优化施工方案。

7.3.1 试验目的与工程概况

7.3.1.1 试验目的

　　沿空留巷处于采空区的边缘,回采会造成侧向岩层的多次垮落,从而造成持续的扰动,采空区上覆岩层的运动规律和裂隙发展发育特征对沿空留巷稳定、瓦斯富集区和抽采方位确定非常重要[102-103]。

　　本节采用平面应力模型模拟朱集矿无煤柱煤与瓦斯共采覆岩运动规律,模型的开挖方向既可看作沿走向方向,又可看作沿倾向方向。从两个视角研究采场覆岩运动特征和破断模式,进而揭示无煤柱煤与瓦斯共采上覆岩层"三场"演化规律,指导瓦斯抽采钻孔的科学布设。

7.3.1.2 工程概况

试验以淮南矿业集团朱集矿首采工作面 1111(1)为原型。1111(1)工作面为矿井东—北盘区 11-2 煤层第一个工作面,也是首采工作面。11-2 煤层厚度平均为 1.26 m,平均瓦斯含量为 4.95 m³/t,其上覆煤层为 13-1 煤层,13-1 煤层平均瓦斯含量为 6.98 m³/t,与 11-2 煤层的平均距离为 65 m。为消除 13-1 煤层开采时的煤与瓦斯突出危险性,该工作面采用沿空留巷 Y 形通风无煤柱开采技术。轨道巷道掘进断面为 5.0 m×3.0 m(宽×高)的矩形,留巷断面为 4.0 m×3.0 m(宽×高)的矩形,巷旁支撑墙体宽度为 3.0 m。

7.3.2 试验方案的确定

试验在深部高地应力模型试验装置系统上进行,试验空间(即模型块体)尺寸为 2000 mm×2000 mm×650 mm,地应力场采用外力补偿法来实现,油缸最大出力的水平、垂直方向均为 3000 kN,最大荷载集度为 2.23 MPa。

模拟的岩体范围为宽×高=120 m×120 m,模型尺寸为宽×高×厚=2.0 m×2.0 m×0.65 m,确定几何相似比为 $C_l = l_p : l_m = 60 : 1$。

无煤柱开采物理模拟试验模型布置及岩层分布如图 7.26 所示,共铺设 23 层岩层,其中包含 3 个煤层,回采工作面开采的 11-2 煤层上距 13 煤层 61.8 m,下距 11-1 煤层 4.5m。模型中工作面回采边界保留 200 mm 煤柱,实体煤侧留有 583 mm 煤柱以保证边界条件的相似;采高为 35 mm,开挖长度为 1100 mm;沿空留巷的掘进断面尺寸为宽×高=83.3 mm×50 mm,留巷尺寸为宽×高=66.7 mm×50 mm,巷旁支撑体宽度为 50 mm。

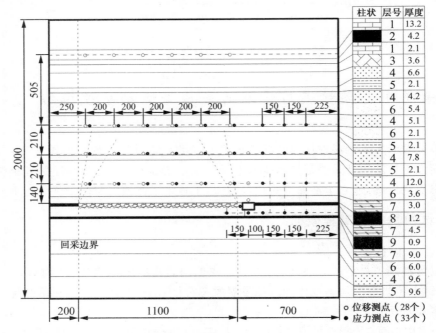

图 7.26 无煤柱开采物理模拟试验模型布置及岩层分布(单位:mm)

图 7.26 中,1~9 号分别为概化后的泥岩、13 煤层、砂质泥岩、泥岩 1、粉砂岩、细砂岩、泥岩 2、11-2 煤层、11-1 煤层等。

7.3.3　相似材料的确定

采场上覆岩层承受的基本作用力是拉力和压力,破坏的形式是剪断和拉断,围岩的变形破坏与其弹性模量、泊松比和强度有关,因此根据相似条件选择的相似材料如下:粒径小于 1.5 mm 的河沙为骨料,石膏和石灰加水作为黏结剂,云母粉作为分层材料模拟岩层结构。模型各岩层参数如表 7.2 所示。

表 7.2　模型各岩层参数

层号	岩性	高度/mm	密度/(kg·m⁻³)	抗压强度/MPa
1	泥岩	220	1650	0.18
2	13 煤层	70	1650	0.08
3	砂质泥岩	60	1650	0.25
4	泥岩 1	110	1650	0.20
5	粉砂岩	35	1650	0.32
6	细砂岩	90	1650	0.45
7	泥岩 2	50	1500	0.18
8	11-2 煤层	20	1500	0.08
9	11-1 煤层	15	1500	0.08

7.3.4　具体试验流程

按照材料配比逐层制作模型岩层,并在相应部位埋设传感器。模型铺设完毕后标上网格再继续自然晾干 7 天,待模型干燥后通过液压系统施加边界应力来补偿模拟地应力场。采用人工钻凿方式开挖,开挖过程中观察并拍照,记录变形和应力的数值,直至开挖到回采边界线。

7.3.5　数据处理与规律分析

7.3.5.1　采空区覆岩裂隙发育规律

采用高分辨率数码单反相机拍摄的无煤柱卸压开采覆岩运动及裂隙发育全过程如图 7.27 所示,从图中可以清晰地看出无煤柱沿空留巷侧采空区覆岩运动和裂隙发育规律。

由图 7.27 可知,当模型回采至 36 cm(即现场 21.6 m)时直接顶泥岩冒落;回采至 54 cm(即现场 32.4 m)时直接顶泥岩第二次冒落;回采至 63 m(即现场 37.8 m)时基本顶细砂岩层初次垮落,初期来压步距为 33.5 m;回采至 72 m(即现场 43.2 m)时基本顶粉砂岩层垮落,上覆岩层开始产生离层裂隙;回采至 99 m(即现场 59.4 m)时基本顶细砂岩层第二次垮落,第一次周期来压步距为 15.6 m,其上岩层产生较大范围的离层裂隙和竖向裂隙,离层最高发展到煤层上方约 35 cm;回采 1 天后,基本顶细砂岩层第三次垮落,第二次周期来压步距为 14.8 m,裂隙带发育至煤层顶板约 50 cm,下部有些离层闭合,呈现明显的冒落带、裂隙带和弯曲下沉带。

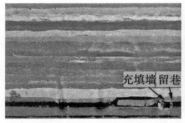
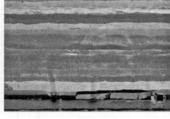
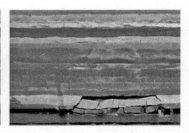

(a)回采 36 cm(21.6 m)   (b)回采 54 cm(32.4 m)   (c)回采 63 cm(37.8 m)

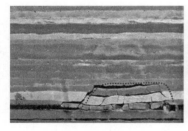

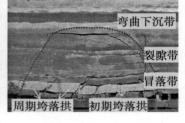

(d)回采 72 cm(43.2 m)   (e)回采 99 cm(59.4 m)   (f)回采 99 cm 后 1 天

图 7.27 无煤柱卸压开采覆岩运动及裂隙发育全过程

    分析试验结果可知,由于充填墙的支撑作用,留巷侧顶板以"悬臂梁"的形式发生断裂垮落,留巷内顶板没有显著变形和破坏,这说明充填墙能保证成功留巷。无煤柱开采条件下,倾向方向存在"拱中拱"结构时空演化规律。

7.3.5.2 位移场分析

    图 7.28 为顶板不同高度位移分布,从图中可以看出,煤层顶板 52 cm 处岩层的变形已经较小,这说明冒落带的高度为 50 cm。图 7.29 为煤层顶板 120 cm 处位移随开挖步的变化图,工作面前方 0～15 m 范围内为采动影响剧烈区,巷道顶底和两侧移近速度增大较快;工作面前方 15～45 m 范围内为采动影响明显区;45～70 m 以后受采动影响较弱;70 m 以后基本不受超前采动影响。

    图 7.30 为数字摄像测量系统得到的回采 1 天后顶板垂直位移云图与位移矢量图,从图中可以看出,颜色越深位移越大,其形状与裂隙发展形状吻合。

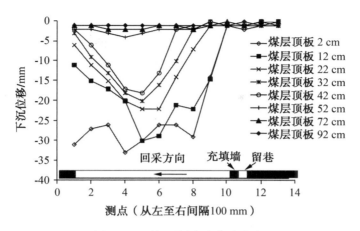

图 7.28　顶板不同高度位移分布

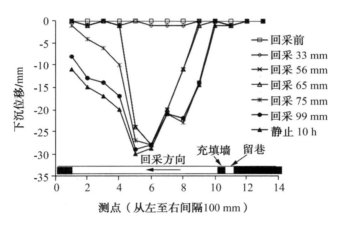

图 7.29　顶板 120 cm 处位移随开挖步的变化

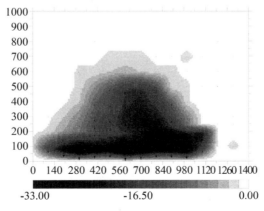

图 7.30　顶板垂直位移云图与位移矢量图

7.3.5.3　应变场分析

根据模型表面位移场,通过有限元原理可计算得到模型应变场分布。顶板覆岩垂直应变和剪应变云图如图 7.31 所示。从垂直应变云图中可以看出,冒落带、裂隙带内由于岩层断裂和裂隙发育产生较大的拉应变;从剪应变云图中可以看出,在工作面倾向回采方向及留巷侧采空区上方存在显著的剪应变带状分布,并且倾斜向上。

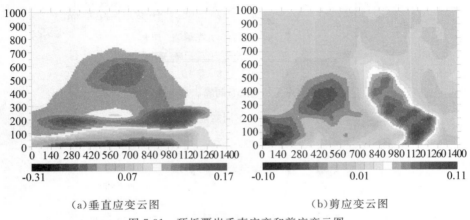

(a)垂直应变云图　　　　　　　(b)剪应变云图

图 7.31　顶板覆岩垂直应变和剪应变云图

7.3.5.4　采空侧顶板结构运动特征

根据相似模拟试验结果可知,上覆岩层的裂隙随着回采的推进可分为三个区,分别是裂隙孕育发展区、裂隙闭合区以及裂隙稳定发展区。具体覆岩结构运动特征如图 7.32 所示。

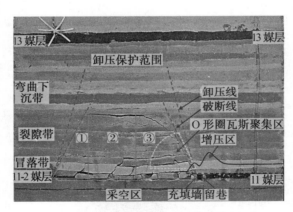

图 7.32　无煤柱卸压开采覆岩结构运动特征

由图 7.32 可知,留巷侧向存在着以破断线为边界的采空区,其内部的破裂碎胀区即裂隙稳定发展区。沿空留巷采空侧上覆岩层的垮落类似于切眼采空侧顶板的垮落形态,工作面走向方向和倾向方向均存在顶板岩层的周期性垮落现象。留巷采空侧方向以悬臂梁垮落形态出现,分层渐次垮落,以悬臂梁断裂点为旋转轴依次垮落。由于上覆岩层的物理力学参数和几何参数不同,各岩层的断裂周期不同,形成了裂隙发育的稳定结构,并且此种结构由于外侧稳定区的平衡作用而不被压实。采空区中部为裂隙压实闭合区,留巷侧为裂隙稳定发展区,该部分形成一个扇形的裂隙区域,即 O 形圈,此处为瓦斯积聚区域。

裂隙孕育发展区位于回采方向的侧后方,与裂隙稳定发展区不同的是,回采的向前推进使该区的裂隙仍处于孕育发展中。裂隙闭合区位于裂隙孕育发展区和裂隙稳定发展区之间,该区由于回采的推进而由裂隙孕育发展区转化而来,其大小也随回采推进而增大。

卸压线之间的被保护煤层——13 煤层由于底部岩层的下沉而产生卸压,引起卸压区内的煤层产生"卸压增透"效应,大幅度地提高了岩层及煤层的透气性系数。高流量、高浓度的高效瓦斯抽采应在 O 形圈高瓦斯积聚区和卸压煤层范围内进行。

7.3.6　试验结果工程应用

相似模拟试验结果为朱集矿 1111(1)无煤柱 Y 形通风沿空留巷煤与瓦斯共采工作面回采期间的瓦斯抽采卸压提供了科学依据。朱集矿主要应用以采空区埋管、地面钻井抽采为主,以穿层钻孔、顶板走向钻孔为辅的瓦斯抽采综合治理技术进行瓦斯抽采。抽采期间工作面回风量为 2290～2700 m³/min,回风瓦斯浓度低于 0.6%,工作面瓦斯抽采率基本在 60% 以上,平均为 75%,目前已经安全回采完毕。随着朱集矿 11-2 煤层的大面积卸压开采,卸压保护范围内的强突出煤层——13 煤层得以大面积卸压,大量的卸压瓦斯在回采前得到有效抽采,大大降低了采掘期间的煤与瓦斯突出风险,对朱集矿高产、高效的挖采具有重要意义。

7.4　深部直墙拱形洞室巷道变形破坏模拟试验

由于深部地下洞室围岩处于高地应力条件下,岩体的组织结构、基本行为特征和工程响应均发生根本性变化,深部地下洞室围岩会出现新的破坏形态。深部地下洞室围岩中破裂区和非破裂区交替出现的现象被称为分区破裂现象。

7.4.1　试验目的

顾金才院士认为,研究深部巷道围岩中的分区破裂现象,若不从荷载作用的方向考虑,仅从荷载的大小考虑或仅用不同的理论去分析、解释荷载的作用效果可能是走不通的[99]。因此,从荷载作用的方向出发研究深部巷道围岩中的分区破裂现象尤为重要[104-105]。

本节采用深部洞室围岩破裂机理模拟试验系统对深部巷道围岩在最大荷载与直墙拱顶洞室轴线平行时洞室变形及破坏形态进行系统研究,进而揭示分区破裂现象的机理。

7.4.2 模拟原型与试验方案

7.4.2.1 模拟原型

原型巷道埋深为 $H=1000$ m，岩体密度为 $\rho=2.4\times$ 10^3 kg/m³，由岩体自重产生的竖向初始荷载为 $P_V^0=$ 24 MPa，侧压系数为 $K=1/3$，故由岩体自重产生的水平向初始荷载为 $P_H^0=8$ MPa。按照国家标准围岩分类法，岩体类型选为 Ⅱ 类岩体，弹性模量为 20 GPa，其单轴抗压强度为 $\sigma_c=30\sim60$ MPa。深部煤层巷道常用的直墙拱顶形巷道跨度为 $D=3$ m，直墙拱顶形巷道侧墙高度为 1.5 m，拱高为 1.5 m，如图 7.33 所示。

图 7.33 原型巷道

7.4.2.2 相似系数选取

根据试验装置的加载能力及空间大小，本试验选取几何相似比尺 $C_l=15$，容重相似比尺 $C_\gamma=4/3$，应力相似比尺 $C_\sigma=20$。

7.4.2.3 模型材料选取

按照国家标准围岩分类法，岩体类型选为 Ⅱ 类岩体，其单轴抗压强度为 $\sigma_c=30\sim$ 60 MPa，本试验选定单轴抗压强度为 40 MPa。选用质量配比为水泥：砂：水=1：14：1.4 的低强度等级水泥砂浆作为岩体模拟材料，模型材料抗压强度为 2.28 MPa。原岩及模拟材料的力学参数如表 7.3 所示。

表 7.3 原岩及模拟材料的力学参数

围岩类别	抗压强度 /MPa	抗拉强度 /MPa	黏聚力 /MPa	内摩擦角 /(°)	变形模量 /GPa	泊松比 μ	密度 /(kg/m³)
原岩	40.00	2.70	2.0	50	20.00	0.25	2400
要求选用的模拟材料	2.00	0.14	0.1	50	1.00	0.25	1800
选定的模拟材料	2.28	0.30	0.8	54	0.63	0.25	1800

7.4.2.4 模型试验内容

不同地应力荷载作用下巷道受力试验简图如图 7.34 所示，其中 P_V^0 为竖向初始荷载，P_H^0 为水平向初始荷载，P_L^0 为纵向水平力。

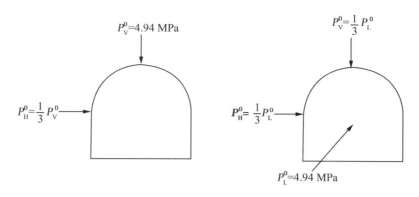

（a）最大应力荷载垂直于巷道轴线　　　（b）最大应力荷载平行于巷道轴线

图 7.34　不同地应力荷载作用下巷道受力试验简图

7.4.3　试验结果

7.4.3.1　巷道变形

两种地应力荷载作用下巷道洞室围岩的破坏状态如图 7.35 所示。由图 7.35（a）可以看出，当最大应力荷载垂直于巷道轴线时，裂缝的分布宽度要小于裂缝的分布高度，整个巷道呈现内缩现象。在巷道轴线方向为平面应变的条件下，拱顶和底板方向内缩量较小，左、右洞壁方向内缩量较大，整个巷道拱部和底板未见明显变形，左、右侧墙变形严重，自侧墙与拱脚交接部位至侧墙与底板交接部位内缩量逐渐增大，呈倒梯形形状。从图 7.35（b）中可以看出，当最大应力荷载平行于巷道轴线时，整个巷道形状没有明显改变，巷道围岩产生环状裂缝，底板裂缝范围大，拱部裂缝范围发展较小，侧墙部位裂缝范围居中。

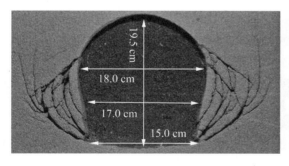

（a）最大应力荷载垂直于巷道轴线　　　（b）最大应力荷载平行于巷道轴线

图 7.35　巷道围岩的破坏状态

7.4.3.2　超载完毕洞周介质内应变测试结果

当最大应力荷载垂直于巷道轴线时，模型超载完毕介质内应变曲线如图 7.36 所示。图中，r 为测点与洞的距离，D 为洞室跨度；ε_r 为应变，正值表示试件受拉，负值表示试件受压。

（1）拱顶上方径向应变处于受压状态,应变值随着与拱顶距离的增大而增大;环向应变也处于受压状态,应变值随着与拱顶距离的增大而增大,但其增大幅度较小。径向应变绝对值大于对应位置处的环向应变绝对值。

（2）侧墙部位径向应变大部分处于受拉状态,应变值随着与侧墙距离的增大而快速减小;侧墙部位环向应变均处于受压状态,应变值随着与侧墙距离的增大而快速减小。

（3）底板下部模型体内径向应变处于受压状态,应变值随着与底板距离的增大而增大;环向应变也处于受压状态,应变值随着与底板距离的增大而增大。径向应变绝对值大于对应位置处的环向应变绝对值。

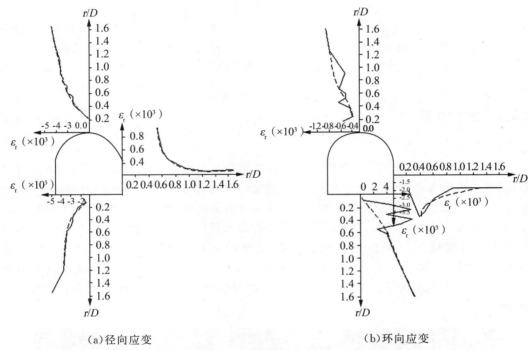

（a）径向应变　　　　　　　　　　（b）环向应变

图 7.36　最大应力荷载垂直于巷道轴线时模型超载完毕介质内应变曲线

当最大应力荷载平行于巷道轴线时,模型超载完毕介质内应变曲线如图 7.37 所示。

（1）拱顶径向应变处于受拉状态,应变值随着与拱顶距离的增大变化不大;拱顶环向应变处于受压状态,应变值随着与拱顶距离的增大而减小,减小幅度较小。

（2）侧墙径向应变处于受拉状态,应变值随着与侧墙距离的增大而逐渐减小;环向应变均处于受压状态,应变值随着与侧墙距离的增大而快速减小。

（3）底板环向应变处于受压状态,应变值随着与巷道底板距离的增大而逐渐减小;径向应变处于受拉状态,应变值随着与巷道底板距离的增大而缓慢减小。

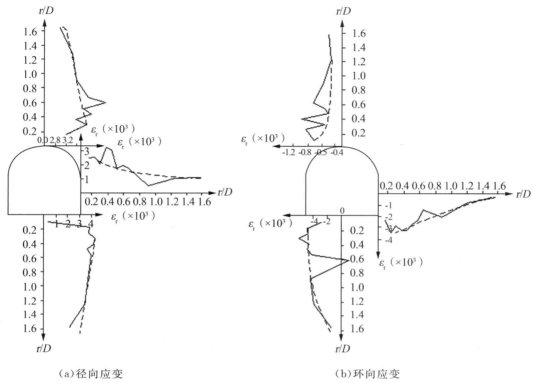

(a)径向应变　　　　　　　　　　　　(b)环向应变

图 7.37　最大应力荷载平行于巷道轴线时模型超载完毕介质内应变曲线

7.4.4　数值模拟计算

7.4.4.1　模型试验与数值计算结果对比

当最大应力荷载垂直于巷道轴线时,模型试验和数值计算结果在剪切破坏范围和形式上是基本一致的。数值计算与模型试验结果对比如图 7.38 所示。

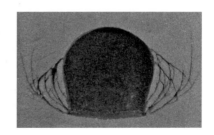

(a)数值计算　　　　　　　　　　　　(b)模型试验结果

图 7.38　最大应力荷载垂直于巷道轴线时数值计算与模型试验结果对比

当最大应力荷载平行于巷道轴线时,相同值的剪切应变增量沿巷道周边闭合分布,说明模型破坏时会沿着巷道围岩呈闭合曲线形,与模型试验结果基本相似。数值计算与模型试验结果对比如图 7.39 所示。

 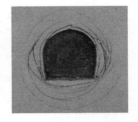

(a)数值计算　　　　　　(b)模型试验结果

图 7.39　最大应力荷载平行于巷道轴线时数值计算与模型试验结果对比

7.4.4.2　模型体内位移变化规律

在巷道帮部、顶板和底板上各布置一条测线,每条测线设置 201 个点,分别提取每条测线的位移进行比较分析。位移曲线图如图 7.40 所示[106]。

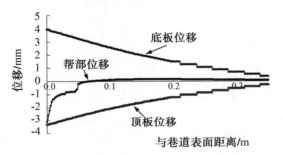

(a)最大应力荷载垂直于巷道轴线

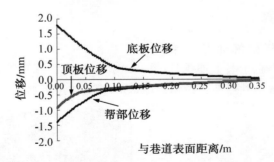

(b)最大应力荷载平行于巷道轴线

图 7.40　模型体内位移曲线

由图 7.40(a)可以看出,当最大应力荷载垂直于巷道轴线时,顶板只发生沉降,底板只发生底鼓,但是帮部位移产生了内挤外张现象,这就导致了巷道逐层剥离破损。巷道帮部围岩在高垂直荷载的作用下,靠近巷道表面的浅部围岩沿临空面向内变形,较深部围岩由于临空面不能波及,在荷载的作用下发生外张变形。由于内挤外张,围岩破坏形成新的临空面,在新的临空面上继续发生上述变形过程,直至应力在传递过程中衰减至不足以破坏围岩,剥离停止。

由图 7.40(b)可以看出,当最大应力荷载平行于巷道轴线时,巷道变形形式为帮部内挤、顶板下沉和底板隆起,其中底板隆起比顶板下沉量大,巷道位移由表及里平滑过渡。

7.5　盐穴储气库全周期注采运行模型试验

7.5.1　试验目的

我国适合建设地下储气库的盐岩地层大多为陆相沉积,具有单层厚度薄、夹层多、不溶性杂质含量高等诸多不利于储气库稳定的因素,导致在层状盐岩中进行储气库设计和建设更为复杂。盐穴储气库注采运行物理模拟属于地质力学模型试验(大型岩体物理模拟),它是根据相似原理对相应工程问题进行缩尺研究的一种手段[107-108]。通过一定的相似比尺换算,模型试验可以反映地质构造和工程结构的关系,准确地模拟施工过程和各种影响关系。试验结果直观,对于分析岩体工程的受力分布、变形规律及稳定性特点有重要意义[109]。

7.5.2　盐穴储气库的工程概况

根据现场的声呐测量,西 1 盐腔的腔体呈梨形,腔体高度为 53.9 m(标高为 $-959.5\sim$ -1013.4 m),最大腔径为 52.6 m,测量容积为 1.559×10^5 m³,如图 7.41 所示。西 2 盐腔的腔体近似梨形状,腔体高度为 70 m(标高为 $-937.4\sim-1007.4$ m),最大半径为 44.4 m,测量容积为 1.594×10^5 m³,如图 7.42 所示。

(a)三维图　　　　　(b)声呐探测图

图 7.41　西 1 盐腔

(a)三维图　　　　　(b)声呐探测图

图 7.42　西 2 盐腔

7.5.3　试验方案确定

试验模型采用相似材料填埋制作,几何相似比尺为 $C_l = 200$。本试验依据金坛储气库地层分别配制了相似的盐岩、泥岩和泥质盐岩夹层,按照西 1 和西 2 盐腔特征,以几何相似比尺 200 填埋相似模型,模型外部尺寸为 2000 mm×1600 mm×1000 mm。腔体及各模拟地层尺寸如图 7.43 所示。

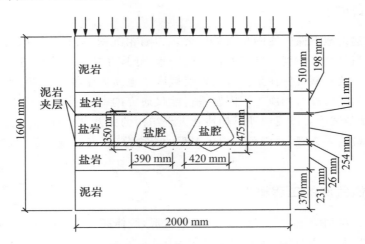

图 7.43　腔体及各模拟地层尺寸

盐穴储气库全周期注采运行监测与评估模拟试验系统主要由模型反力台架装置、液压加载系统、注采气系统等构成(见图 7.44)。其中,模型反力台架装置可实现顶梁的自动移动和锁定;液压加载系统可实现自动化控制,配备保压、压力补偿等功能,可以实现长期三维梯度非均匀加载;注采气系统通过气体注采系统控制腔体内部气压的变化,并实时监控腔内气压值,从而模拟真实情况下的盐穴储气库注采循环。

图 7.44　盐穴储气库全周期注采运行监测与评估模拟试验系统

7.5.4　相似材料的确定

试验中地层模型相似材料由铁精粉、重晶石粉、石英砂、松香、酒精等配制而成,具体介绍见第 3.6.1 节。本节模型按照相似比尺 200 进行配制,即原岩与相似材料的弹性模量和抗压强度比为 200,重度一致。详细控制参数如表 7.4 所示。

表 7.4　金坛地区原岩与相似材料岩石力学控制参数

参数	盐岩		盐岩夹层		泥岩	
	原岩	相似材料	原岩	相似材料	原岩	相似材料
重度/(kN·m⁻³)	23	23	23.2	23.2	24	24
弹性模量/MPa	18000	90	8000	40	10000	50
泊松比	0.30	0.30	0.25	0.25	0.25	0.25
抗压强度/MPa	19	0.095	22	0.110	29	0.145

7.5.5　试验流程

针对试验要求,相似模型体采用现场制作技术,地下盐腔采用预埋模型盐腔成型法制作技术。具体制作过程如图 7.45 所示。

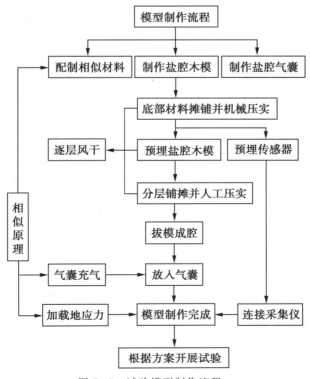

图 7.45　试验模型制作流程

7.5.6　数据处理与规律分析

7.5.6.1　腔周应力变化规律

　　腔周受力分布情况由光纤压力传感器监测，选取腔底（部位①）、腔径最大处（部位②）、腔腰（部位③）、腔顶（部位④）4 个重点部位（见图 7.46）进行腔周应力变化规律的监测。从监测数据来看，其变化规律基本相同，随着盐腔内压的降低，腔周应力呈现明显的增加趋势（见图 7.47），但有反应滞后的现象出现。随着注采频率的提高，腔顶的应力反应较为缓慢，滞后趋势更为明显，并且腔顶应力变化幅度更大，出现应力集中的趋势。与其他三个监测位置相比，腔顶应力是其他位置的 2～3 倍，这主要是腔顶处于造腔收口位置，盐腔直径急剧减小，容易诱发应力集中，注采运行过程中应重点关注。

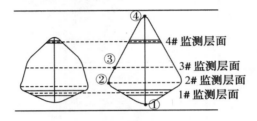

图 7.46　监测部位

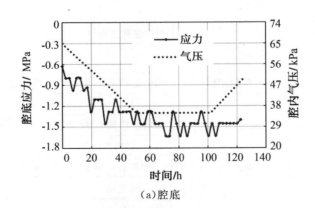

（a）腔底

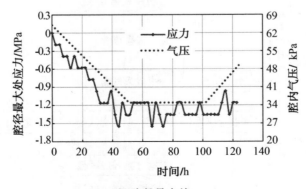

（b）腔径最大处

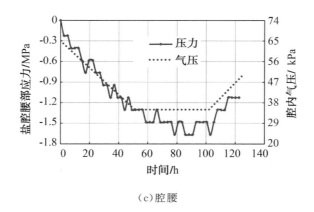

（c）腔腰

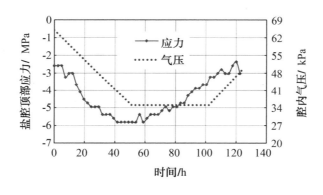

（d）腔顶

图 7.47 腔周应力变化

7.5.6.2 腔周位移变化规律

选取腔腰（图 7.48 中部位①）和腔径最大处（图 7.48 中部位②）布置光栅式微型多点位移计，用以监测数据，进行位移分析。腔周位移变化基本与气压变化趋势相同，如图 7.48 所示。采气降压阶段，位移快速增加，盐腔收缩速度较快，腔腰部位位移增加速率高于腔径最大处位移增加速率。低压稳压阶段，位移缓慢增加，且此阶段后半部分位移基本不变。这说明盐腔周围位移变化较小。腔体收缩的主要原因是降压时腔体变化的滞后以及材料本身的蠕变。注气升压阶段，腔体周边材料主要处于弹性阶段，腔内气压升高，位移随之减少。总的来看，腔径最大处（图 7.48 中部位②）的位移增加速率大于腔腰（图7.48 中部位①），升压阶段腔径最大处的总体位移约为腔腰处位移的 1.8 倍。

在多周期注采运行模拟过程中，腔周位移呈现阶梯状变化，变形体现出不均衡性，但总体位移较小。这主要是由于盐腔经历多个周期注采后，整体处于较为稳定状态，随着盐腔内气压的变化，盐腔变形整体呈现出变形滞后的特点。

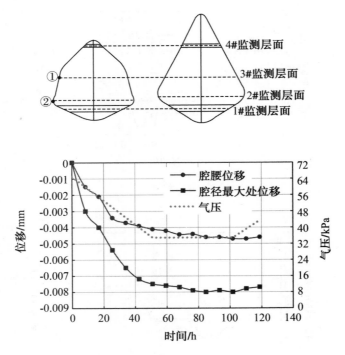

图 7.48 腔周位移变化

7.5.6.3 矿柱位移变化规律

矿柱水平位移由埋设于两腔间的光纤棒式位移传感器监测,监测部位如图 7.49 所示。矿柱位移变化规律基本与腔周位移变化规律相似,随着压力的降低,中间矿柱位移快速增加,矿柱变形与内压变化稍有滞后。部位④距离腔壁较远,位移变化较小;部位②处于两腔矿柱最小处,位移约为 0.08 mm,大于其他监测部位的位移(见图 7.50)。这说明随着腔间矿柱宽度的增大,变形逐渐降低,矿柱的最大变形量位于矿柱最窄处。

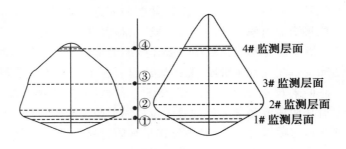

图 7.49 监测部位

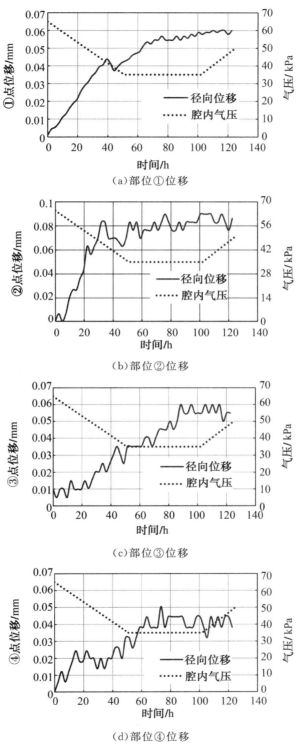

（a）部位①位移

（b）部位②位移

（c）部位③位移

（d）部位④位移

图 7.50　监测部位的位移

7.6 煤与瓦斯突出模型试验

7.6.1 淮南新庄孜矿煤与瓦斯突出事故概况

1998 年 6 月,淮南新庄孜矿 5606-8 六号石门掘进工作面发生一起岩石、B6 煤层煤与瓦斯突出事故,突出煤岩量约为 650 t,突出瓦斯量约为 12 000 m³,事故造成 2 人死亡、1 人重伤。

56 采区六号石门位于矿井北部,突出煤层为 B6 煤层,采区上限标高为 −412 m,下限标高为 −612 m,煤层走向为 315°~350°,倾角为 25°~32°,煤层厚度为 2.7~4 m,事故地点工程标高为 −506 m。事故概况如图 7.51 所示。

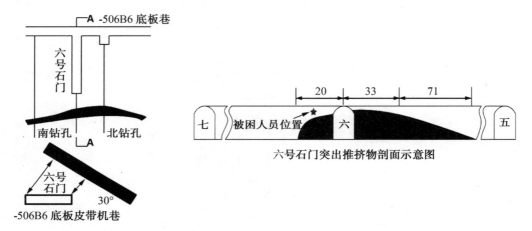

图 7.51 新庄孜矿煤与瓦斯突出事故概况

7.6.2 试验方案的确定

7.6.2.1 相似准则

突出过程中,含瓦斯煤层主要涉及能量的聚集、转移和耗散,因此含瓦斯煤层模型是基于煤与瓦斯突出能量模型和经典气-固耦合模型的,相似准则如下:

$$C_\sigma = C_l,\quad C_\rho = 1,\quad C_p = 1,\quad C_\mu = 1,\quad C_E = C_\sigma^2,\quad C_c = C_\sigma,\quad C_\varphi = 1$$

式中,C_ρ、C_φ、C_μ 分别为密度相似常数、摩擦角相似常数、泊松比相似常数。

在上述相似常数中,首先确定密度相似常数、几何相似常数,然后基于相似准则,推导出其他物理量的相似常数。依据试验原型范围(18 m×18 m×36 m)及模型架内部尺寸(0.6 m×0.6 m×1.2 m),确定试验的几何相似比尺为 $C_l = 30$。两种相似材料的密度相似比尺均为 1,因此模拟试验密度相似常数为 $C_\rho = 1$。将已经确定的相似常数代入相似准则,可确定含瓦斯煤层相似材料的物理力学性质,具体如表 7.5 所示。

表 7.5　含瓦斯煤的相似材料的物理力学性质

名称	密度 /(kg·m⁻³)	抗压强度 /MPa	弹性模量 /MPa	泊松比	黏聚力 /MPa	摩擦角 /(°)	孔隙率 /%	吸附常数 a /(cm³·g⁻¹)	吸附常数 b /(MPa⁻¹)
相似比尺	1:1	30:1	30²:1	1:1	30:1	1:1	1:1	1:1	1:1
原煤	1380	13	15200	0.31	1.46	28	10	21.76	0.74
原煤相似材料	1380	0.43	16.89	0.31	0.049	28	10	21.76	0.74

7.6.2.2　相似材料及配比

试验原型煤层和岩层的物理力学性质按照以上相似常数换算后,可得到所需的砂质泥岩相似材料的物理力学性质,具体如表 7.6 所示。

表 7.6　砂质泥岩相似材料的物理力学性质

名称	密度 /(kg·m⁻³)	抗压强度 /MPa	弹性模量 /GPa	泊松比	渗透率 /(×10⁻³ mD)
相似比尺	1:1	30:1	30:1	1:1	5.5:1
砂质泥岩	2250	124	18	0.21	120
砂质泥岩相似材料	2250	4.13	0.6	0.21	21.8

基于相似材料参数的影响规律,确定含瓦斯煤层相似材料的具体配比:煤粉粒径分布为 0~1 mm:1~3 mm=0.76:0.24,腐植酸钠浓度为 1%。确定岩层相似材料的具体配比:骨料质量比例为铁精粉:重晶石粉:石英砂=1:1:1,特种水泥质量为骨料的11%,添加剂质量为特种水泥的 4.6%,淀粉质量为特种水泥的 3.1%。

7.6.2.3　应力场加载

依据事故地点应力场,基于相似准则,计算可得模型加载水平应力值。前后方向水平应力为 0.39 MPa,左右方向水平应力为 0.26 MPa,垂直方向应力为 0.39 MPa。试验模型加载示意图如图 7.52 所示。

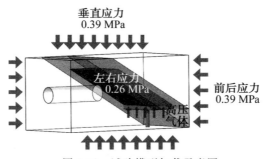

图 7.52　试验模型加载示意图

7.6.2.4　传感器布设

为了获取稳定、可靠、全面的突出前兆信息规律,传感器布设如图 7.53 所示,重点监测了突出全过程的巷道、围岩、煤层的应力场、温度场、瓦斯场、声发射信号的演化规律。

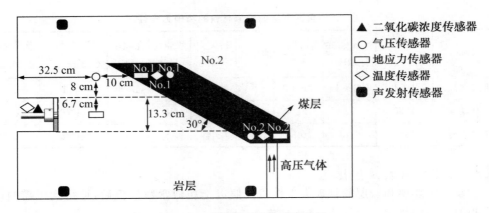

图 7.53　试验模型及传感器布设

7.6.3　数据处理与规律分析

7.6.3.1　地应力变化规律

地应力传感器可监测工作面前方岩体、煤层垂直应力随掘进面推进的变化趋势。煤岩体地应力变化曲线如图 7.54 所示。对于工作面前方岩体(3 号地应力传感器处),在巷道掘进距离为 0～26 cm(掘进时间为 0～260 s)时,其垂直应力为 0.39 MPa,与应力加载值相同;在巷道掘进距离为 26～32.5 cm(掘进时间为 260～325 s)时,该处垂直应力开始随着工作面推进逐渐增长,直到掘进至传感器埋设处(掘进距离为 32.5 cm,掘进时间为 325 s 处),传感器被挖出,应力完全卸除,此前该处的垂直应力达到峰值(1.35 MPa),是原岩应力的 3.46 倍。对于 1 号地应力传感器处的煤层,在巷道掘进距离为 0～43 cm(掘进时间为 0～430 s)时,其垂直应力为 0.39 MPa,与应力加载值相同;在巷道掘进距离为 43～49.5 cm(掘进时间为 430～495 s)时,该处垂直应力开始随着工作面推进逐渐增长;在巷道掘进距离为 49.5～51.5 cm(掘进时间为 495～515 s)时,该处垂直应力开始随着工作面推进逐渐降低;在巷道掘进距离为 51.5～53.5 cm(掘进时间为 515～535 s)时,该处垂直应力稳定在 0.32 MPa,直至突出发生,应力骤降为零。

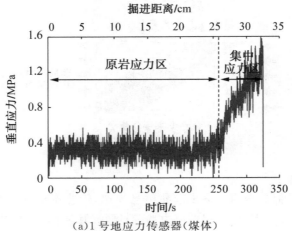

(a)1 号地应力传感器(煤体)

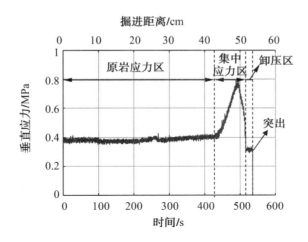

（b）3 号地应力传感器（岩体）

图 7.54　煤岩体地应力变化曲线

7.6.3.2　气体压力变化规律

气压传感器可监测巷道上方岩体、煤层气压在突出前后的变化趋势。煤岩体气压变化曲线如图 7.55 所示，突出瞬间煤层气压变化曲线如图 7.56 所示。掘进时间为 $0\sim500\ s$ 时，在气体充填单元的恒压气体补充作用下，气体煤层、岩层的气压平稳，分别维持在 $1.26\ MPa$、$0.92\ MPa$；从 $500\ s$ 开始至 $535\ s$（发生突出），煤层、岩层气压开始出现轻微下降趋势，下降幅度约 $10\ kPa$。气压下降原因为：随着工作面不断靠近煤层，煤层向巷道内的气体渗出速度加快。该现象说明，在巷道掘进诱发的煤与瓦斯突出之前，存在瓦斯的异常卸压及涌出现象。

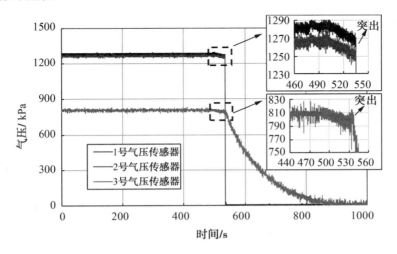

图 7.55　煤岩体气压变化曲线

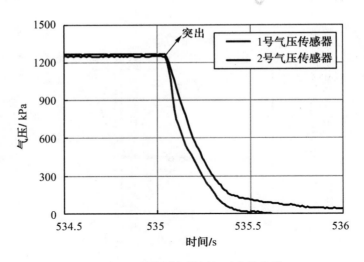

图 7.56　突出瞬间煤层气压变化曲线

7.6.3.3　二氧化碳浓度变化规律

　　为保证二氧化碳浓度的可靠性,试验中巷道风量设置为 $0.32~\mathrm{m^3/min}$,折合成现场工作面风量 $289~\mathrm{m^3/min}$。二氧化碳浓度传感器可监测巷道内二氧化碳的浓度,其变化曲线如图 7.57 所示。由图可以发现,在突出前 185 s 监测到了气体浓度异常信号。掘进时间为 0~350 s 时,巷道内工作面前方二氧化碳浓度基本维持在 0.3%;掘进时间为 350~387 s 时,工作面前方二氧化碳浓度出现小幅度增长,二氧化碳浓度仍在 1% 以内;掘进时间为 387~480 s 时,工作面前方二氧化碳浓度持续上涨,在 1%~2% 范围内上下波动;掘进时间为 480~535 s 时,工作面前方二氧化碳浓度幅值更高、波动更为剧烈,在 1%~3% 范围内上下波动,直至突出。巷道内气体浓度是煤层气体涌出的最直接反映,二氧化碳浓度上涨说明在巷道掘进诱发的煤与瓦斯突出之前存在着瓦斯的异常涌出。

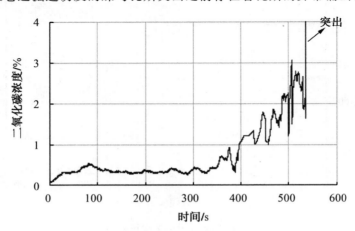

图 7.57　巷道内二氧化碳浓度变化曲线

7.6.3.4　温度变化规律

温度传感器可监测到巷道、煤层气压在突出前后的温度变化,其变化曲线如图 7.58 所示。从图中可以发现,1 号温度传感器在突出前 195 s 监测到了温度忽大忽小的异常信号,3 号温度传感器在突出前 171 s 监测到了温度上升并持续波动的异常信号,2 号温度传感器未监测到异常信号。在掘进时间为 195～405 s 时,1 号温度传感器检测到前部煤层的温度异常上升,上升幅度最大达 2.3 ℃;在掘进时间为 405～535 s 时,1 号温度传感器监测到前部煤层的温度在 9.5～10.6 ℃范围内上下波动。在掘进时间为 0～363 s 时,3 号温度传感器监测到巷道温度稳定在 2.9 ℃;在掘进时间为 363～480 s 时,3 号温度传感器监测到巷道温度在 2.9～5.4 ℃范围内上下波动;在掘进时间为 380～535 s 时,3 号温度传感器监测到巷道温度在 2.9～7.6 ℃范围内上下波动。

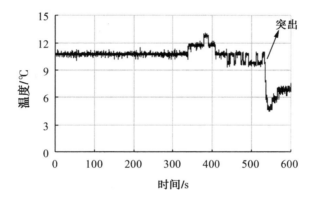

(a)1 号温度传感器(前部煤层)

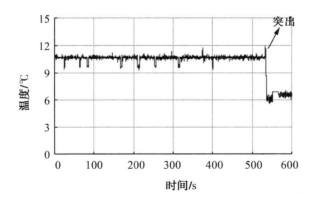

(b)2 号温度传感器(后部煤层)

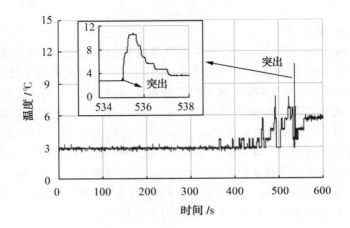

（c）3 号温度传感器（巷道）

图 7.58　煤岩体温度变化曲线

　　煤层内温度变化是煤层瓦斯吸附放热、解吸吸热持续变化的结果。由此可见，在突出之前的孕育阶段，煤层处于瓦斯吸附与解吸交替变化的非稳定状态。巷道内温度变化是由煤层内温度较高的气体异常涌出所导致的，3 号温度传感器监测到温度变化趋势也说明突出之前存在异常的气体涌出。事实上，将表征气体异常涌出的气体浓度信号、温度信号放到一起，可以发现两者有着非常一致的变化趋势，如图 7.59 所示。

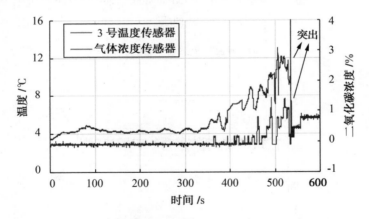

图 7.59　试验过程巷道温度和二氧化碳浓度变化趋势对比

　　突出发生后，由于煤层吸附气体的剧烈解吸，1 号、2 号温度传感器监测到煤层温度骤降约 6 ℃，持续时间约 2 s，与突出的持续时间是一致的[110]。巷道内的 3 号温度传感器监测到温度在突出发生后，随着突然溢出的气体呈现先升高后降低的趋势，该规律也证明巷道内温度变化确实是由煤层内高温气体溢出所致。突出瞬间煤岩体温度变化曲线如图 7.60 所示。

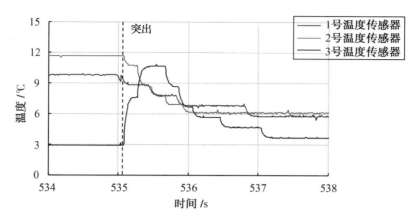

图 7.60　突出瞬间煤岩体温度变化曲线

本章小结

　　本章详细介绍了物理模拟试验中比较典型的六个实例,即分岔隧道施工稳定性模拟、隧道施工顶部振动稳定性模拟、无煤柱煤与瓦斯共采覆岩运动模拟、分区破裂试验模拟、盐穴储气库全周期注采运行试验模拟、煤与瓦斯突出试验模拟,旨在让读者通过本章的学习,能够熟练进行各类模型试验。

第8章　物理模拟虚拟仿真实验平台

　　本章主要介绍虚拟仿真实验平台构成、虚拟仿真实验平台功能和操作使用方法,将虚拟现实技术与物理模拟试验相结合,在虚拟现实系统中建立物理模拟试验的三维虚拟模型,并通过虚拟现实技术在软件中进行虚拟仿真实验。

8.1　物理模拟虚拟仿真实验平台简介

8.1.1　虚拟现实技术概述

　　虚拟现实(virtual reality)技术简称 VR 技术,是一种融合计算机模型、人机界面(UI)、传感及人工智能的人机交互技术,具有沉浸感(immersion)、交互性(interaction)、想象性(imagination)三个特点(称为"3I"理论)。使用者通过相关设备与虚拟环境中的对象进行交互,以便产生真实环境的感受和体验[111]。

　　基于"3I"理论,刘德建等人[112]提出了虚拟现实情况的认知模型(见图 8.1),将使用者的认知分为三个层次的虚拟现实场景。沉浸感分为多元感知、心理沉浸、心流体验三个层次,交互性分为设备交互、环境交互、社会交互三个层次,想象性分为情感认知、信息加工、意义构建三个层次。虚拟现实情况的认知模型可以作为虚拟现实教育应用水平的评价标准,为虚拟仿真实验系统研究提供理论指导。

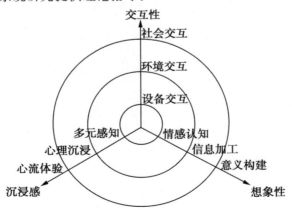

图 8.1　虚拟现实"3I"认知模型

虚拟现实技术被广泛应用于军事、建筑、工业模拟、考古学、医学、文化教育、农业和信息技术领域,改变了传统的人机交换方式,可以让科研人员观察到以前难以观察或者难以理解的过程和结构,使得这些过程可视化、形象化,让科研人员和参观者更容易理解那些复杂的工作原理[113]。虚拟现实技术在科研领域的应用非常普遍,例如模拟粒子碰撞效果、模拟物理光学现象、模拟核聚变的整个反应过程等。

在国际上,美国航空航天局(NASA)建立了 VR 培训系统,应用 VR 技术培训宇航员,如国际空间站操作训练、卫星维护和空间飞行模拟。美国宇航局甚至将好奇号火星探测器返回的任务图像与 VR 技术相结合,并使用微软 HoloLens 设备模拟火星表面的环境,供宇航员和工程师探索。约旦科技大学建筑学院[114]开发了虚拟仿真实验系统,学生可以在虚拟系统中模拟建筑施工过程。除了在学生教学中应用外,该系统还可以为工程师在建造阶段提供 4D 设计模型(3D 模型和时间)。

中国矿业大学设计[115]了采矿安全虚拟仿真教学系统,让更多相关专业的学生有机会直观地了解矿区地表地理环境、设备,认识钻井、采矿和运输整个工作过程。上海交通大学、同济大学、中南大学、成都理工大学以及山东大学等高校将实际实验室教学与虚拟现实技术相结合设计了一系列实用的软件系统,并将这些软件系统传输到云平台,让世界各地的学者和学生在云端虚拟系统中学习、研究。

8.1.2　虚拟现实技术的开发工具

虚拟系统的开发流程主要包括模型制作、程序制作以及接口制作。模型制作包括模型构建和动画制作,程序制作包括 UI 交互和逻辑设计,接口制作则包括输入设备接口制作和输出设备接口制作。

8.1.2.1　虚拟系统建模工具

虚拟系统中几何建模技术的研究对象是对物体几何信息的表示与处理,即该物体的三维几何模型。三维几何模型是对原物体的确切数学描述,或是对原物体某种状态的真实模拟,它将为各种不同的后续应用提供信息。三维几何模型涉及表示几何信息的数据结构、相关的构造以及操纵该数据结构的算法。

常用的三维建模软件有 3D Max、Maya、Blender、Rhino、SolidWorks、MODO12 等,其中 MODO12 可实现三维建模、动画及渲染功能,Blender 是开放代码的多平台全能三维动画软件,Maya 具有较好的三维渲染性能,Rhino 是一款常用的三维设计建模工具,SolidWorks 是一款可实现三维精准建模的独立 3D 建模软件,3D Max 具有极强三维动画渲染能力。

8.1.2.2　虚拟程序制作

虚拟程序制作是将模型、动画、声音等素材加工成 VR 系统的关键过程,这就需要基于三维几何模型构建虚拟场景的虚拟现实平台类软件(也称为"虚拟现实引擎")。常用的引擎包括 Unity 3D、Unreal Engine、Vega、CryEngine 等。目前,Unity 3D 是最常用的虚拟程序制作软件,也是可实现 Windows、Mac、Wii、WebGL(需要 HTML5)、Android 等多平台发布的优秀虚拟开发引擎,支持多种格式导入。Unity 3D 具备十分强大的光照系统,画面更加逼真;运用了许多先进技术,使细节也能够被照顾到;具备强大的渲染性能,画面显得更加流畅;具有嵌入式物理技术引擎 Phys X,可以实现虚拟环境构建的物理真实性,并通过设置质量、阻力、角动量和重力等物理参数来提高沉浸式体验;具备空间路径导航的功能;具有超强的粒子系统与强大的编辑器,可以快速创建数以千计的地表岩层;智能界面设计方便直观,操作者可以直接修改数据,非常高效。

Unity 3D 非常适用于虚拟实验台的开发,其项目结构(见图8.2)如下:

(1)项目:Unity 项目包含整个项目的所有文件。

(2)虚拟对象:在由组件构成的虚拟环境中进行交互。

(3)场景:在虚拟环境中,虚拟对象在三维虚拟空间中交互,每个场景都对应于一个文件,例如实验室场景、实验设置场景、步骤选择场景。

(4)资源:每个资源都是构成组件和其他内容的文件,如图片、模型和脚本等。

(5)组件:它由资源组成,有许多组件可以选择,例如脚本组件、相机组件、声音组件、变形组件。

(6)其他文件:相关可隐藏文件。

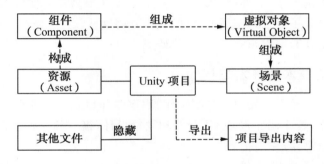

图 8.2　Unity 3D 的项目结构

8.1.2.3　虚拟现实接口

虚拟现实接口包括输入设备接口和输出设备接口。输入设备接口主要对接三维位置跟踪器,用于测量三维对象实时变化的位置和方向,包括用户头部、手、四肢的运动或声音信息。目前常用的跟踪器有机械跟踪器、电磁跟踪器、交流电磁跟踪器、直流电磁跟踪器、超声波跟踪器、光学跟踪器、混合惯性跟踪器。输出设备接口主要对接 VR 输出硬件设备,包括视觉(图形显示设备)、听觉(三维声音展示设备)和触觉(触觉感受设备)。

8.1.3　虚拟现实技术在岩土领域的应用

虚拟现实技术已经在岩土领域的教学与培训中得到了有效利用,可将试验或施工流程整合到虚拟实验平台中,由指导老师通过输入设备在交互界面上进行操作。VR 软件接受操作信号并解释输入,然后更新虚拟世界以及其中的物体,重新计算虚拟世界的三维视图,并将这一新视图及其他信息通过输出设备提供给学生,如图8.3所示。

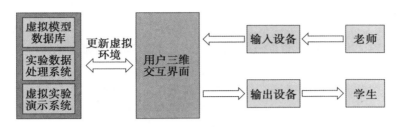

图 8.3　虚拟实验系统设计原理

目前,虚拟现实技术在岩土领域的应用主要包括室内岩土力学测试仿真和工程现场施工模拟仿真。

8.1.3.1　室内岩土力学测试仿真

在岩土力学测试领域,室内实验通常包括岩土力学实验和岩石单轴、伪三轴、真三轴加载实验等。随着岩石力学教学的不断发展与进步,应用室内岩土力学实验设备进行教学具有局限性,利用虚拟仿真实验教学平台进行室内岩土力学实验教学,可达到良好的教学效果。学生可以通过虚拟平台便捷、直观地完成室内岩土力学实验操作,有效解决实验设备不足、实验操作不安全等问题,有利于理论学习与实践操作相结合,提高学生对岩土力学专业知识的理解,对培养岩土领域人才具有重要的促进作用。

8.1.3.2　工程现场施工模拟仿真

在施工现场,通常会遇到各种各样的问题。例如,煤矿行业涉及诸多地下作业,矿井开采工序非常复杂,并且巷道交错,整个开采环节面临大量不确定因素,而煤矿行业又属于事故频发、安全隐患多、生产周期长以及投资巨大的领域,所以每年国家都要在煤矿领域的培训、优化设计、安全因素排除等方面投入大量资金。将虚拟现实技术应用到煤矿领域,能够科学模拟煤矿或建立虚拟煤矿,用户可以在如同真实煤矿的虚拟环境中实施操作,还能预见一些场景,优化巷道设计,促进环境重建等。煤矿领域能够在 VR 系统的支持下,对井下复杂、高危的作业环境进行虚拟,所虚拟的环境可以作为采矿工程专业学生的实训环境,以此有效减少实习成本和教学时间,使更多学生获得高质量教育培训。

目前,针对物理模拟试验的虚拟现实系统还比较少。物理模拟虚拟仿真实验可以大大缩短操作时间,真实还原试验全过程,在试验过程和程序上有着超前性。用户可以快速改变试验条件,研究不同试验参数对试验结果的影响。除此之外,物理模拟虚拟仿真实验可以将整个物理模型可视化,将多元信息实时融合展示,克服了空间和时间限制,避免了试验中材料的浪费。利用虚拟现实仿真实验平台进行大量重复操作,为工程师、技术人员和实际教学人员提供了避免试验错误和提高实际工程效率的保障。

8.2　物理模拟虚拟仿真实验平台构成

我国是世界上地下工程建设规模、难度和数量最大的国家,许多在建和拟建的重大工程已向千米以下发展,地下深部的高地应力、高渗透压和赋水含气等复杂环境常诱发重大灾害事故,造成大量人员伤亡、严重经济损失和恶劣社会影响。事故发生的根本原因在于人们对灾变机理认识不清,难以实现主动防控。深部工程灾变机理与安全防控已成为我国向地球深部进军必须解决的战略科技问题。

　　物理模拟是根据相似原理,采用缩尺模型来研究工程变形破坏与安全控制的试验方法,是实现工程设计优化和灾害主动防控的重要手段。基于"关键技术突破驱动科学仪器研制,科学仪器研制助力关键技术革新"的创新理念,物理模拟虚拟仿真实验平台实现了从材料精密管理、相似材料配制、无尘定量输送、模型智能制作、智能回采开挖到废料回收利用的全过程自动化控制。同时,该实验平台应用光纤微纳、超声相控阵全聚焦、地质雷达智能反演、光栅微型多点位移采集的声-光-电-磁多元数据采集系统,结合沉浸性、交互性、构想性虚拟现实系统,探索出了与大型物理模拟试验装备配套的高效虚拟仿真实验方法。下面从虚拟仿真实验系统的设计思想、虚拟仿真实验平台模型建立、虚拟仿真实验多元数据融合处理等方面介绍仿真平台的构成。

8.2.1　虚拟系统的设计思想

　　本章主要介绍大型地下工程智能相似模拟虚拟仿真实验系统,该虚拟实验系统针对煤炭开采中岩层形变与地下水运移规律,开展了虚拟煤炭开采地下水运移模拟试验(见图 8.4)的仿真实验,结合 3D 打印技术所实现的大型地质模型智能制作装备与技术为世界首创。

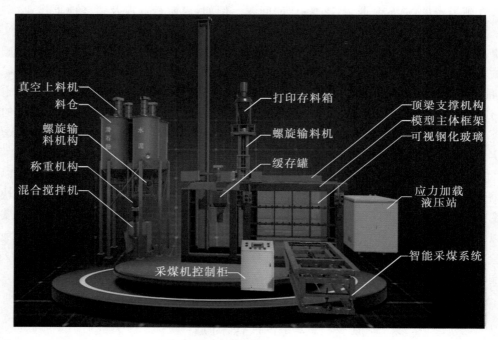

图 8.4　煤炭开采地下水运移模拟实验系统

　　实验平台与虚拟现实交互系统相结合,再现了真实度高、沉浸感强的模拟试验系统,突破了特殊节理裂隙结构模型体自动精准制作难题,提高了相似材料铺设效率和质量,有力推动了实验室管理的高效化与智能化。下面从关键系统模块、功能介绍、虚拟实验过程等方面介绍虚拟实验系统。其技术路线如图 8.5 所示。

8.2.1.1　关键系统模块

　　大型地下工程智能相似模拟虚拟仿真实验系统共包括五个关键模块,分别为自动配送搅拌输送系统、三维模型铺设与废料回收系统、声-光-电-磁多元数据采集系统、数据分析与可视化系统、虚拟现实交互系统。

8.2.1.2　功能介绍

　　虚拟实验系统共有六个主要功能,分别为材料精细管理、相似材料配制、无尘定量输送、智能模型制作、智能开挖回采、废料回收利用。

8.2.1.3　虚拟实验过程

　　(1)第一步是选择需要模拟的地层,根据所选择地层的岩体性质,系统为操作者提供每种材料所占的比例、用量及打印方案。

　　(2)第二步是相似材料的配制。相似材料自动化称量,称量结束后材料进入搅拌混合机,同时加入水、硅油进行搅拌,实现相似材料配制过程的精细化、自动化、智能化控制。

　　(3)第三步是缓存罐备料。搅拌完毕的混合材料通过真空上料机和运送管道输送至缓存罐,缓存罐是配料系统和 3D 打印系统之间的相似材料中转站。

　　(4)第四步是储料罐补料。储料罐是随 3D 打印机构移运的储料装置,当储料罐中的混合材料用完后,缓存罐移动到特定位置向储料罐内补料。

　　(5)第五步是模型 3D 打印。分层铺设地层,在特定地层布置传感器,打印的同时缓存罐继续备料,随时准备向储料罐内补料。

　　(6)第六步是判断模型铺设是否完毕。当打印完选定地层后,判断该地层是否最顶层地层。如果不是,继续打印上覆地层;如果是,则打印完毕。

　　(7)第七步是回收打印机构。打印完毕后,将打印机构移出模型框架。

　　(8)第八步是顶部加载。将加载顶梁移入主体框架上方固定,进行顶部加载。

　　(9)第九步是煤层回采。模拟煤层回采的整个过程,包括开挖上下顺槽、安装智能采煤系统、模拟煤层回采。在煤层回采的模拟过程中,结合数值模拟结果展示模型内部裂隙发育、注水渗流过程,同时对多物理量信息实时感知采集,并将数据融合成像展示在显示屏上。

　　(10)在实验结束后,使用废料破碎回收机构对之前打印的模型材料进行破碎回收。

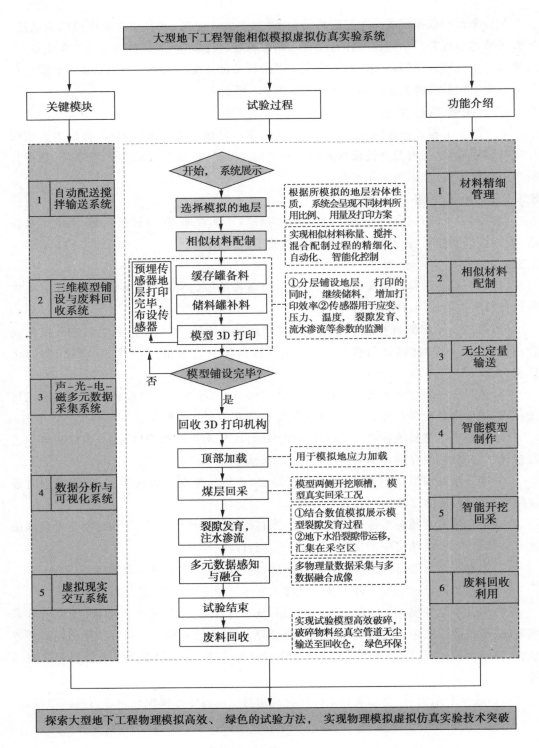

图 8.5　大型地下工程智能相似模拟虚拟仿真实验系统技术路线

以上是大型地下工程智能相似模拟虚拟仿真实验系统的整个操作过程,为了实现虚拟现实技术与模型的交互功能,模型应尽可能接近原型。系统应满足如下条件:整个虚拟操作流程与原型高度相似,整个虚拟运行过程连续自动化且操作简单,虚拟模型与实物的尺寸、形状、配色、运动模式一致。下面介绍虚拟模型是如何建立的。

8.2.2 虚拟仿真实验平台模型建立

从本质上来说,模型试验的虚拟现实可以认为是一种仿真技术,通过建模得到与现实世界形状、尺寸、配色、功能相同的虚拟世界。在由计算机生成的虚拟模型试验环境中,对模型试验系统、模型试验对象、模型试验环境、模型试验过程等进行仿真,并实现模型试验过程和模型试验结果的三维直观表达。虚拟世界模型建立方法如图 8.6 所示,主要包括现实世界、虚拟世界、虚拟现实接口、用户四个元素。其中,现实世界的信息系统包括待研究的问题模型、解决问题的实验方案及最终得到的实验结果,对应的虚拟信息系统也包括虚拟仿真的问题模型、解决方案及实验结果。虚拟信息通过显示屏呈现给用户,用户通过虚拟现实接口实现对虚拟世界的管理,现实世界也通过虚拟现实接口与虚拟世界实现信息的交换,最终通过虚拟世界的仿真模拟来验证现实世界的试验结果。

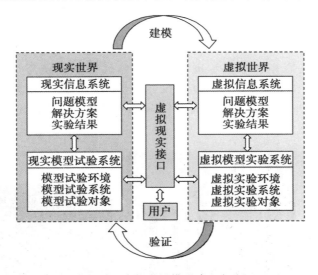

图 8.6　虚拟世界模型建立方法

本章的虚拟世界即虚拟仿真实验平台,其虚拟模型通过 SolidWorks 与 3D Max 建模软件进行建模,并将模型导入到 Unity 3D 软件完成虚拟环境设计,包括标准化建模、模型渲染、虚拟环境设计等步骤。

8.2.2.1　标准化建模

在利用 SolidWorks 软件建模的过程中,为了使程序流畅运行,便于后续模型处理,在标准化建模的过程中要建立简单、有效的几何模型。在虚拟实验系统正常工作的前提下,简化每个模型的细部结构,删减虚拟系统不涉及的模型内部结构;删除虚拟界面看不到的微小结构、辅助线等;对于静态机构,尽可能以有动作产生的部件为一个整体,增加动画模拟的便利度。利用 SolidWorks 软件所建立的三维模型效果如图 8.7 所示。

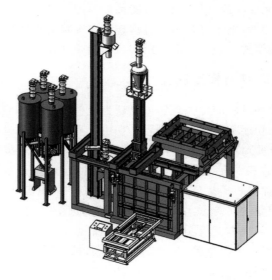

图 8.7   利用 SolidWorks 软件所建立的三维模型

8.2.2.2   模型渲染

将利用 SolidWorks 所建立的标准化模型的零件模型转换为".stp"格式,导入 3D Max 软件中;在统一 SolidWorks 和 3D Max 建模单位的前提下二次装配所有导入的零件,并对导入的模型进行材质设定、表面着色、整体渲染等处理(见图 8.8),将处理完的装配体导出为".FBX"格式。

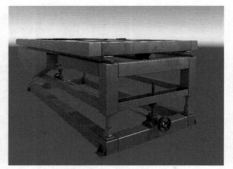

图 8.8   3D Max 中的模型处理

8.2.2.3   虚拟环境设计

将".FBX"格式的模型装配体导入 Unity 3D 软件中,利用"白模"模式检验模型结构的准确度;然后,利用 Unity 3D 自动检测并更新默认模型的几何图形,其显示效果如图 8.9所示。最后,运用软件功能设计虚拟环境。

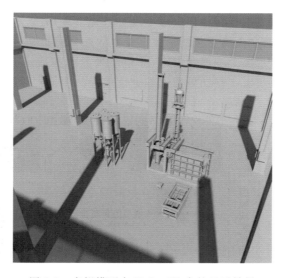

图 8.9　虚拟模型在 Unity 3D 中的显示效果

8.2.3　虚拟仿真实验多元数据融合处理

　　虚拟仿真实验除了可以将整个模拟试验的操作过程在虚拟世界中快速、高效地完成，还可以可视化展示煤层回采模拟的过程，并将无损探测图像数据、模型中的传感器实时感知数据以及数值模拟结果实时展示在虚拟世界中，让用户在虚拟仿真实验中有沉浸感、交互性及想象性。

　　在本章所设计的煤炭地下水运移模型试验中，无损探测图像数据包括超声探测仪所探测的模型裂隙图形数据。模型中的传感器实时感知数据包括应力传感器、光纤位移传感器及分布式光纤等传感器所实时获取的测试数据，通过这些数据用户可以实时感知煤层回采过程中煤层顶板垮塌、裂隙发育及裂隙水渗流整个过程的数据信号。数值模拟结果为 GDEM 力学分析软件对顶板垮塌与裂隙发育从连续变形到破裂运动的全过程模拟。无损探测设备与模型中的传感器如图 8.10 所示。

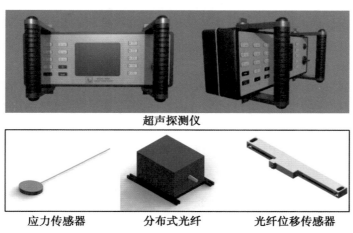

图 8.10　无损探测设备与模型中的传感器

为了将以上测试结果数据在虚拟世界中融合呈现出来,需要对数据进行预处理、影射和绘制,并将处理结果通过人机交互的形式在交互界面展示出来。最终,虚拟仿真实验结果将在虚拟世界中的显示屏上被展示出来,并将结果界面在指定的输出设备上按一定要求进行输出。整个虚拟仿真实验结果数据的处理过程如图 8.11 所示。

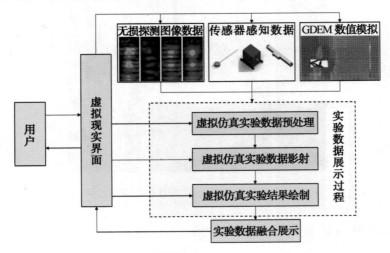

图 8.11　虚拟仿真实验结果数据的处理过程

8.2.3.1　虚拟仿真实验数据预处理

测试数据来自无损探测图像数据、模型中的传感器实时感知数据以及数值模拟结果数据,也可以从数据库中调用。由于数据的类型很多,包括数值数据、几何数据和图像数据,因此数据预处理模块应能处理各种类型的数据。

8.2.3.2　虚拟仿真实验数据影射

虚拟仿真实验数据影射是将由传感器感知或数值模拟产生的数据影射成可绘制图像的几何数据,传感器感知的一维标量数据场可以采用线画图、直方图和柱形图等表现方法,无损探测图像数据可以采用三维箭头、三维流线、三维质点轨迹和三维拓扑等表现方法,因此数据影射模块应对不同的数据类型和不同的表现方法有不同的影射。

8.2.3.3　虚拟仿真实验结果绘制

虚拟仿真实验结果绘制是将影射所获得的几何数据转换成图像数据。通常,计算机图形学提供的绘制方法基本上可以满足可视化绘制的要求,它可将超声探测仪获取的图像数据通过三维箭头和三维流线绘制出裂隙的发育路径,将传感器所采集的数据通过实时曲线的形式展现出来,将 GDEM 计算软件所得到的模拟结果通过动画的形式展示出来。

8.3　物理模拟虚拟仿真实验平台界面及功能模块

虚拟仿真实验平台的主界面(见图 8.12)包括顶部的功能栏、中间的模型展示区、左侧的系统介绍文本框以及右侧的装置单元系统的选择按钮等部分。顶部的功能栏包括系统设置、系统介绍、技术路线、开始模拟、传感器介绍、考试系统及帮助。模型展示区可以通过选择右侧的整体试验系统、材料配制系统、模型制作系统、顶梁加载系统、智能采煤系统等选择按钮来展示不同的整体系统或单元系统，所显示的系统模型会旋转展示其外形结构，同时左侧的系统介绍文本框会介绍选中的整体系统或单元系统的功能与特征。

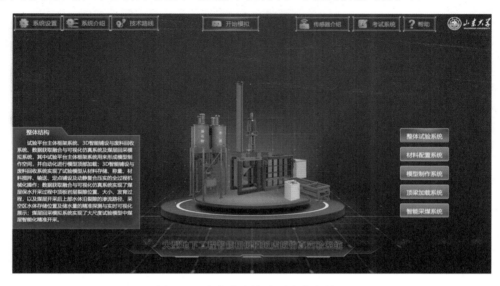

图 8.12　虚拟仿真实验平台的主界面

主页面顶部的"系统设置"功能可以设定按键效果音效和背景音乐音量，如图 8.13 所示。

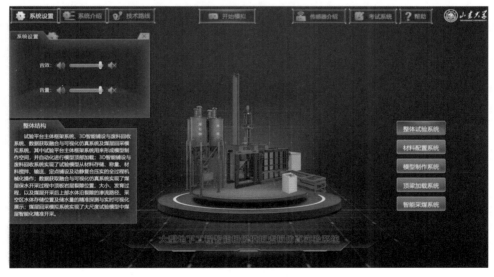

图 8.13　"系统设置"功能

　　"系统介绍"功能可以介绍物理模拟虚拟仿真实验平台的研究背景、主要功能、实现方法及重要意义,如图 8.14 所示。

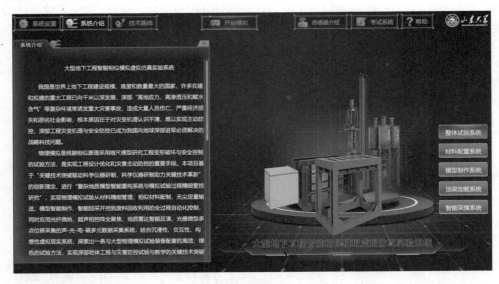

图 8.14　"系统介绍"功能

　　"技术路线"功能可以展示物理模拟虚拟仿真实验平台虚拟实验的技术流程,包括总流程图、试验准备、材料配制、模型构筑、加压注水、回采测试及废料回收,如图 8.15 所示。

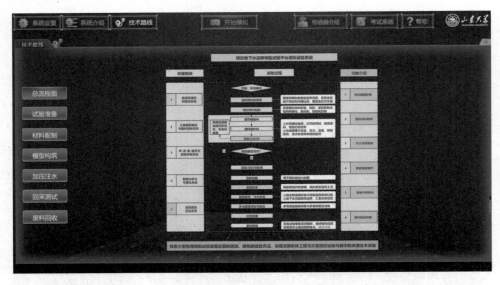

图 8.15　"技术路线"功能

　　为了让用户熟悉模型试验的各种传感器设备,"传感器介绍"功能展示了土压力盒、光栅位移传感器、分布式光纤、超声探测仪、电阻应变片、应变砖传感器及光栅应力传感器等多种传感器的外形图、原理图及工作原理等内容,如图 8.16 所示。

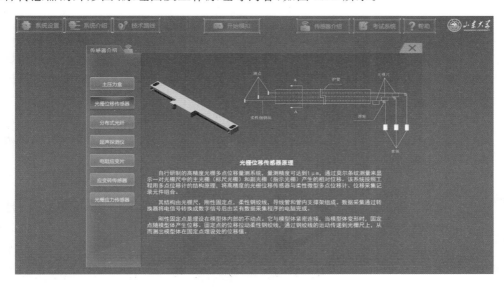

图 8.16　"传感器介绍"功能

　　"考试系统"为用户提供了三组试题,分别有 15 个物理模拟试验试题、20 个虚拟仿真实验平台试题及 15 个多元数据融合处理相关试题,试题类型为选择题,提交后系统会自动计算答题成绩并给出正确答案,如图 8.17 所示。

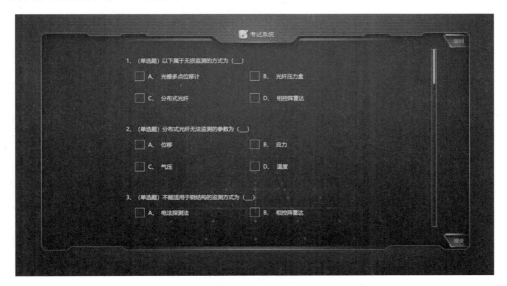

图 8.17　"考试系统"功能

8.4　虚拟仿真实验平台操作方法

虚拟现实系统主要组成部分包含虚拟世界、输入设备、输出设备、虚拟现实软件以及计算机。在物理模拟虚拟仿真实验平台中,输入设备为鼠标和键盘,输出设备为电脑显示器,该实验平台可以真实还原物理模拟试验操作的全过程。下面介绍物理模拟虚拟仿真实验平台的操作方法。

(1)首先,双击"3DVRProject.exe"程序文件(见图 8.18),运行虚拟仿真实验平台软件,选择合适的分辨率、画面质量及显示器(见图 8.19),并单击"Play!"按钮,加载成功后系统将跳转到虚拟仿真实验平台主界面(见图 8.20)。

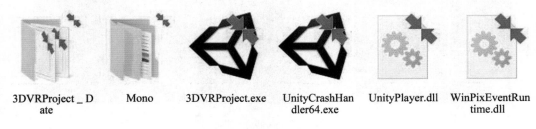

图 8.18　物理模拟虚拟仿真实验平台软件图标

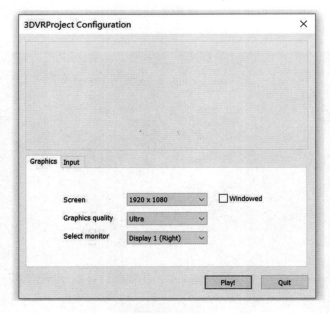

图 8.19　虚拟系统启动选项

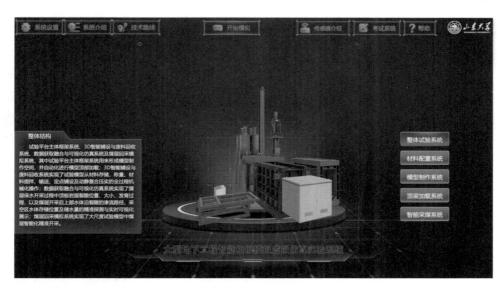

图 8.20　虚拟仿真实验平台主界面

（2）在程序主页面中点击"开始模拟"按钮，进入物理模拟虚拟仿真实验系统，如图 8.21所示。

图 8.21　物理模拟虚拟仿真实验系统

（3）在虚拟系统中，通过键盘中的"Q""W""E""A""S""D"按键，可以分别控制虚拟系统中的第一人称进行"下移""前移""上移""左移""后移"和"右移"等虚拟移动，通过单击鼠标的左键和右键，可以分别在虚拟系统中进行"选中物件"和"调节视角"等虚拟操作。移动鼠标到模型装置所在的位置，相应的装置单元会产生"高亮"效果，并且会在屏幕上显示该装置单元的名称，这样可以帮助用户熟悉整个装置系统。当用户熟悉完毕后，为了避免在操作过程中装置名称对视线的遮挡,可以点击左下角的"关闭名称"来关闭名称显示功能。

(4)物理模拟虚拟实验的第一步是选择需要打印的地层,点击屏幕右下角功能按钮框内的"选择模拟地层"按钮后,会出现所要模拟地层的截面信息图(见图8.22)。所模拟的地层包括砂岩、砂质泥岩、粉砂岩、煤层等,单击某一地层时,会显示所选地层的原岩的密度、抗压强度、抗拉强度、内摩擦角、弹性模量、泊松比等物理力学参数,点击参数下面的"相似材料"按钮,会显示不同成分材料的配比、用量、总用量等数据。砂质泥岩地层物理力学参数以及相似材料配比如图8.23所示。一般从底层开始打印,选择底层的砂质泥岩,确定相似材料后点击"确定选择模拟地层"按钮,并在提示下点击"确定"按钮进入下一步骤。

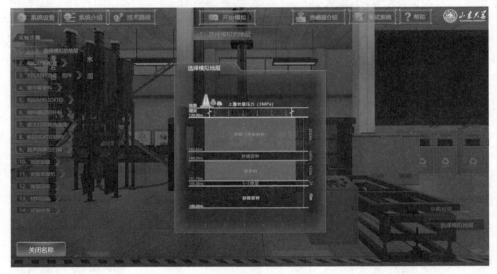

图 8.22 所要模拟地层的截面信息

图 8.23 砂质泥岩地层物理力学参数以及相似材料配比

(5)选定所需要模拟的地层后,虚拟实验系统开始"相似材料配制"步骤。点击屏幕右下角的"开始配制"按钮,在开始加料操作的提醒下点击"确定"按钮,4 个螺旋输料机构高亮显示,点击其中的一个螺旋输料机构,将弹出"请输入称重的质量(KG)"对话框(见图8.24),在对话框内输入该材料所需要的质量后点击"确定",该材料在螺旋输料机构的驱动下进入自动称量装置(现实世界通过自动称量装置确定材料用量)。最后,依次点击剩余材料的螺旋输料机构,输入不同材料所需的质量,并点击"确定"。

图 8.24 "请输入称重的质量(KG)"对话框

(6)"相似材料配制"结束后,虚拟系统进入"相似材料混合、搅拌"步骤。点击屏幕右下角的"开始搅拌"按钮,称重完的材料进入搅拌机后,同时加入水和硅油进行混合搅拌,如图 8.25 所示。

图 8.25 相似材料混合、搅拌过程

（7）"相似材料混合、搅拌"结束后，虚拟系统进入"缓存罐备料"步骤。真空上料机将配制好的混合材料输送到缓存罐（见图8.26），随后缓存罐沿轨道 z 轴方向移动到送料位置与储料罐对接，混合材料迅速输送到储料罐中。

图 8.26　缓存罐备料

（8）"缓存罐备料"结束后，虚拟系统进入"相似材料3D打印"步骤。点击屏幕右下角的"开始打印地层"按钮，打印机构沿轨道移入模型框架内部，分别完成下料、刮平、振动压实等工作，如图8.27所示。在下料管右侧有蓝色进度条，代表储料罐中混合材料的消耗进度。当打印到需要埋设传感器的地层时，会弹出"请拉近屏幕点击高亮位置，铺设6个应力传感器"对话框，点击"确定"后在地层表面出现高亮的传感器埋设位置（见图8.28），依次点击高亮位置完成传感器的埋设。

图 8.27　打印机构在模型框架内部开始3D打印

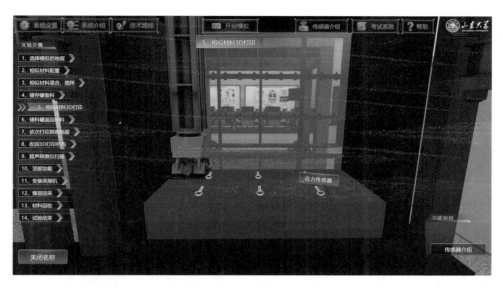

图 8.28 高亮的传感器埋设位置

(9)"相似材料 3D 打印"结束后,系统进入"储料罐返回补料"步骤。点击屏幕右下角的"补料"按钮,缓存罐沿轨道 z 轴方向移动到送料位置与储料罐对接,混合材料迅速输送到储料罐中,如图 8.29 所示。

图 8.29 储料罐返回补料

(10)"储料罐返回补料"结束后,虚拟系统进入"依次打印其他地层"步骤。在这个过程中,系统重复"缓存罐备料""相似材料 3D 打印"步骤,并在特定地层埋设传感器。例如,在第三层粉砂岩的打印过程中,系统提示"请拉近屏幕点击高亮位置,铺设传感器",点击"确定",出现高亮的分布式光纤传感器(见图 8.30),点击高亮位置完成分布式光纤传感器埋设,系统继续打印后面的地层。当所有地层打印完毕后,进入下一步。

图 8.30　分布式光纤传感器埋设位置高亮显示

(11)地层打印完成后,系统进入"收回 3D 打印"步骤,点击屏幕右下角的"收回 3D 打印机构"按钮,3D 打印机构沿滑移轨道移出主体框架,如图 8.31 所示。

图 8.31　3D 打印机构移出主体框架

(12)3D 打印机构收回后,系统进入"超声探测仪扫描"步骤,点击屏幕右下角的"超声探测仪扫描"按钮,超声探测仪开始在在模型顶面对整个模型内部进行无损探测,同时大屏幕上实时显示扫描截面的无损探测结果,并通过影射、绘制操作过程将无损探测图像数据以三维流线表现方法绘制出裂隙的发育路径,如图 8.32 所示。

图 8.32　无损探测结果影射、绘制成像

（13）扫描结束后,系统进入“顶部加载”步骤,点击屏幕右下角的“顶部加载”按钮,滑移轨道向外翻转,加载顶梁自动滑移到模型顶部,同时在屏幕右侧出现局部加载过程,如图 8.33 所示。

图 8.33　顶部加载

（14）顶部加载完成后系统进入“安装采煤机”步骤,点击屏幕右下角的“移除挡板条”按钮,露出煤层模拟材料;点击“开挖顺槽”按钮,将在煤层相应位置出现安装采煤机所用

的两条顺槽;点击"安装采煤机"按钮,完成采煤机的安装步骤,如图 8.34 所示。

图 8.34　安装采煤机

（15）采煤机安装完成后,系统进入"煤层回采"步骤,点击屏幕右下角的"采煤机回采"按钮,开始煤层回采虚拟仿真,在虚拟现实实验室的显示屏上展示多元数据的实时变化曲线,同时在屏幕右侧出现裂隙发育和注水渗流的数值模拟过程,如图 8.35 所示。

图 8.35　煤层回采以及多元数据感知与融合

（16）"煤层回采"结束后,系统进入"废料回收"步骤,点击屏幕右下角的"开始废料回收"按钮,将打印机构中的振动压实装置替换为废料回收装置,废料回收装置将模型材料切削粉碎,然后将粉碎的废料抽送到废料回收箱中,如图 8.36 所示。

图 8.36 废料回收

(17)当所有模型材料被清除干净后,屏幕弹出"试验结束,是否退出"对话框,点击"确定"后返回系统主界面。

本章小结

本章从虚拟现实技术概述、平台构成、平台界面及功能模块、平台操作方法等方面对物理模拟虚拟仿真实验平台进行了介绍,详细讲述了虚拟现实技术的开发工具与虚拟现实技术在岩土领域的应用,从设计思想、模型建立、多元数据融合处理等方面介绍了物理模拟虚拟仿真实验平台的构成,并以大型地下工程智能相似模拟虚拟仿真实验系统为例介绍了物理模拟虚拟仿真实验平台界面、功能模块以及详细的操作步骤与方法。

第9章 地下工程物理模拟发展方向与展望

本章主要介绍物理模拟方法的发展方向,并展望未来的物理模拟技术。

9.1 物理模拟方法的发展方向

智能化:随着 5G 网络技术的发展,万物互联成为大趋势,试验系统也将向着智能化方向发展,各子系统将更加先进、智能,相互配合也将愈加智能,主要体现在地应力模拟系统、注水充气模拟系统、开挖回采模拟系统、多物理量信息测试分析系统等试验系统[118]。

便利化:目前,物理模拟试验劳动强度大,人工消耗主要在试验装置的拆装、相似模型制作、完成模型的破运等方面。未来,随着试验装置自动化技术、模型成型 3D 打印技术、模型破碎废料回收技术的日臻完善,物理模拟试验必将会节省大量人力,变得越来越便利、越来越安全。

数字化:地下工程物理模拟试验的目的是获取尽可能多的有用信息,这些信息不仅包括模型应力、水气压力等初始边界条件,还包括模型隧洞开挖时空信息以及围岩的应力、变形、渗压、温度、破裂等多物理量信息,而且这些信息之间还是相互关联的,因此将物理模拟试验的众多信息汇总融合在一起实时显示(即数字化)是大趋势[117]。

可视化:将地下工程物理模拟试验获取的多物理量数据信息实现三维可视化展示是大势所趋,同时加入数据信息趋势拟合、耦合数学模型阈值可实现试验数据的分析预警,将物理模拟试验结果和数值模拟仿真结果耦联可实现物理模拟与数值模拟的相互验证。

9.2 物理模拟技术展望

通过国内外学者的不断研发创新,地下工程物理模拟技术取得了极大发展,研究出了一系列极具创新性的研究成果,极大地加深了人们对地下工程领域的科学认识。由于地下工程条件的复杂性与不确定性,地下工程物理模拟技术仍然存在很大的发展空间。基于现有技术基础,提出以下几点物理模拟技术展望:

9.2.1 基于 3D 打印的复杂地层相似模型智能成型技术

深地工程实际上是一个高应力场、高温度场、高渗流场、强震动场等多场耦合作用下固、液、气多相并存,多场耦合作用的动力学过程。深地地层岩体结构的复杂特性是岩体力学响应复杂多变的重要原因,真实反映深地赋存环境和工程条件的耦合是深部地下工程物理模拟的首要难题[118]。

目前的实验装置无法全面反映试样的分层及分区特征、地层的复杂性、含高压气液及分区分布、温度差异性、构造的多样性、加载过程分区及多变速率等,无法全面模拟与实际地质、工程结构相吻合的各种影响因素及其耦合演化过程。其次,深部地下工程试验研究在动力学相似理论、相似材料配制、模型制作等方面也存在较多难题。模型制作效率低且现有相似材料难以真实模拟深地孕灾环境中的岩石物理力学参数,传统手段难以铺设褶曲、断层、陷落柱等复杂地质构造相似模型,导致模型制作时研究人员很少综合考虑地质构造、岩体分层与分区变化、物理力学特性、气相介质(瓦斯和水)等因素的影响,缺乏真实模拟深部地下工程孕育和灾变的条件。近年来,提高模型材料智能制作程度和效率的 3D 打印技术逐渐被应用于混凝土建筑领域,但将其直接借鉴并应用于模型试验领域,还面临材料强度不可调、打印速度不可控、特定岩层物理力学特性及复杂地质构造难以模拟等技术难题。

随着物理模拟技术的发展,基于 3D 打印的复杂地层相似模型智能成型技术有望成为真实模拟深地多场、多相赋存环境及工程结构耦合条件的有效途径,是物理模拟技术的前沿方向之一[119-121]。

9.2.2 物理模拟试验系统的自动化和智能化技术

地下工程条件的复杂性对试验装置提出了自动化、智能化的要求。复杂、危险的试验工序通过智能物理模拟试验系统的程序设定与自动化运行,可降低试验难度、提高试验精度、缩短试验周期、保障试验安全,对于推动物理模型试验的发展具有重大意义。

随着现代通信技术、计算机网络技术以及控制技术的飞速发展,很多小型试验装置都实现了自动化和智能化。然而,由于涉及学科多、技术门槛高,物理模拟试验系统的智能化程度还相对较低,存在的问题有:①相似模型制作以人工为主,劳动强度大且影响试验精度。②试验过程涉及试验系统的多次装配拆卸,需要专业技术工人,技术难度高且操作过程危险。③物理模拟试验过程管控过于粗放,不利于实验室的环境与安全管理,导致试验效率不高,限制了物理模拟方法对教学科研的支撑。

为了更方便、高效地进行地质力学模型试验,需要不断创新物理模拟试验系统自动化和智能化技术,以便实现试验装置的高效组装、精准试验。

9.2.3 深部地下灾害孕育演化过程仿真再现技术

岩体的变形、破裂直至灾变本质上是在外力和开挖扰动作用下由静态向动态发展演化、由平衡向失稳转变的一个孕育演化过程。因此,需要通过大尺度、真三维物理模拟试验真实模拟深部复杂孕灾环境和动静叠加荷载条件,再现深部地下工程孕育演化过程,认识深部地下工程动力学行为与致灾机制。

研究发现,动静组合作用时岩体损伤破裂、失稳模式与静、动载荷形式密切相关。通过解决深部地下工程孕育演化过程仿真再现技术难题,能够深入研究深地工程结构与"应力—能量—裂隙—渗流"多场耦合时空演化过程,揭示多因素、多尺度深部地下灾害致灾机制[122-124]。现有的试验装置可以实现小尺寸试样三维动静组合加载物理力学特性试验。然而,大尺度模型动静组合加载研究方法刚刚起步,与现场孕灾环境、动静组合加载效应不能很好地吻合,并缺乏考虑工程采掘活动影响的动力灾害科学试验装置。如何对大尺度模型试样实现非均匀加载、全应变率复杂动静加载、动载施加瞬间静载应力环境保持以及工程活动扰动模拟等,成为深部地下灾害孕育演化过程仿真科学试验装置急需解决的技术难题。

9.2.4 大尺度三维模型灾变过程信息精准感知与融合成像技术

深部地下工程往往是在高初始地应力、工程活动和外部动载耦合作用下,结构岩层变形、破裂、演化直到失稳破坏的多尺度破裂过程,如何精准监测并获得应力场、变形场、裂隙场、渗流场及其变化是揭示深部地下工程演化过程与机理的关键。

目前,微震/声发射、电磁辐射、热红外温度场、光学测量、CT扫描、核磁共振等多种设备和手段被广泛应用于实验室岩石试样失稳破坏过程信息的监测和扫描监测[125]。其中,微震/声发射等技术的监测定位精度有待提高,热红外温度场和光学测量技术只能用于模型表面信息监测,CT扫描和核磁共振只能用于中小尺度试样内部裂隙分布演化研究[126]。大尺度三维模型的多场信息精准感知与融合成像仍是难题。

(1)模型内部植入式无线微型传感器技术及破裂表面超声无损探测技术:在模型内部关键信息感知方面,由于模型试验遵循力学相似原理,对传感器的精度、体积、频率与量程均具有严苛的要求,工程用的钢弦式、电阻、光纤光栅传感器均无法满足模型关键信息监测要求。目前,模型试验主要用小型电阻应变传感器、光纤光栅传感器、分布式光纤传感器来对应变、温度、压力等参数进行监测,但主要以静态参数测量为主,无法满足动静荷载条件下瞬态信息监测的需求[127]。在模型表面无损探测技术研究方面,地质雷达、地震等超前探测技术探测距离大,但分辨率低,无法用于亚厘米级裂隙的精细探测。因此,我们急需研发微型、高精度、宽频带、大量程的模型内部植入式无线微型传感器技术与穿透能力强、探测精度高的模型内部破裂表面超声无损探测技术。

(2)多物理量信息的高速采集融合可视化技术:全面、准确地获取离散信息并精细反演应力场、变形场、温度场与裂隙场的时空演化规律,是揭示致灾机制的重要前提。目前,高频采集获取的大量实验数据分析异常困难,极易遗漏有效信息,且各采集系统互相独立,无法进行数据同步反馈分析与耦合场关联融合分析,形成了严重的"信息孤岛"现象。反演成像方法多适用于单一探测技术,且对初始模型依赖性较大,难以适应多元信息联合反演与精细成像的需求。因此,我们急需破解多物理场联合反演成像的技术瓶颈,开发多物理量信息的高速采集融合可视化技术,优选再现深部地下灾害孕育、发展和发生全过程的物理量,可视化反演深部地下灾害致灾机理和致灾过程,为深部地下灾害量化评价、准确预警和科学防控等实际工程应用提供全面的科学依据[128]。

参考文献

[1]华罗庚,宋健. 模型与实体[J]. 系统工程与电子技术,1980(8)：3-4.

[2]袁文忠. 相似理论与静力学模型试验[M]. 成都：西南交通大学出版社,1998.

[3]G. M. 萨布尼斯,等. 结构模型和试验技术[M]. 朱世杰,等译. 北京：中国铁道出版社,1989.

[4]JANNEY J R,BREEN J E,GEYMAYER H,et al. Use of Models in Structural Engineering[J]. Am Concrete Inst Special Pub,1970(24)：1-18.

[5]顾大钊.相似材料和相似模型[M].徐州：中国矿业大学出版社,1995.05.

[6]李荣建,郑文. 岩土工程模型试验方法发展与应用的方法论探讨[C].//智能信息技术应用学会.智能信息技术应用学会会议论文集.重庆：工程技术出版社,2011:205-209.

[7]H. 霍斯多尔夫. 结构模型分析[M].徐正忠,陈安息,曾盛奎,译. 北京：中国建筑工业出版社,1986.

[8]M. B. 基尔皮切夫. 相似理论[M]. 沈自求,译. 北京：科学出版社,1955.

[9]李德寅,王邦楣,林亚超.结构模型实验[M].北京：科学出版社,1996.

[10]李元海,杜建明,刘毅. 隧道工程物理模拟试验技术现状与趋势分析[J].隧道建设(中英文),2018,38(1)：10-21.

[11]张强勇,李术才,尤春安,等. 新型组合式三维地质力学模型试验台架装置的研制及应用[J]. 岩石力学与工程学报,2007,26(1)：143-148.

[12]李术才,李利平,李树忱,等. 地下工程突涌水物理模拟试验系统的研制及应用[J]. 采矿与安全工程学报,2010,27(3)：299-304.

[13]王经明. 承压水沿煤层底板递进导升突水机理的模拟与观测[J]. 岩石工程学报,1999,21(5)：546-549.

[14]尹光志,李铭辉,许江,等. 多功能真三轴流固耦合试验系统的研制与应用[J]. 岩石力学与工程学报,2015,34(12)：2436-2445.

[15]刘晓敏,盛谦,陈健,等. 大型地下洞室群地震模拟振动台试验研究(Ⅱ)：试验方案设计[J]. 岩土力学,2015,36(6)：1683-1690.

[16]李勇. 高地应力条件下大型地下洞室群分步开挖稳定性及流变效应研究[D].济南：山东大学,2009.

[17]李仲奎,卢达溶,洪亮,等. 大型地下洞室群三维地质力学模型试验中隐蔽开挖

模拟系统的研究和设计[J].岩石力学与工程学报,2004(2):181-186.

[18]王成平.破碎围岩隧道的模拟试验研究[D].杭州:浙江大学,2004.

[19]张乾兵.大型地下洞室群劈裂破坏现场监测和三维地质力学模型试验研究[D].济南:山东大学,2010.

[20]王凯,李术才,张庆松,等.流-固耦合模型试验用的新型相似材料研制及应用[J].岩土力学,2016,37(9):2521-2533.

[21]刘泉声,彭星新,雷广峰,等.特大断面浅埋暗挖隧道十字岩柱开挖技术模型试验研究[J].岩土力学,2017,38(10):2780-2788.

[22]刘宁,陈凯,刘向远,等.地铁车站隧道双洞中岩柱开挖技术研究[J].铁道科学与工程学报,2020,17(9):2320-2327.

[23]徐挺.相似理论与模型实验[M].北京:中国农业机械出版社,1982.

[24]左东启.模型试验的理论与方法[M].北京:水利电力出版社,1984.

[25]林韵梅.实验岩石力学-模拟研究[M].北京:煤炭工业出版社,1984.

[26]李晓红.岩石力学实验模拟技术[M].北京:科学出版社,2007.

[27]胡耀青,赵阳升,杨栋.带压开采顶板破坏规律的三维相似模拟研究[J].岩石力学与工程学报,2003,22(8):1239-1243.

[28]胡耀青,赵阳升,杨栋.三维固流耦合相似模拟理论与方法[J].辽宁工程技术大学学报(自然科学版),2007,26(2):1-3.

[29]文光才.煤与瓦斯突出能量的研究[J].矿业安全与环保,2003,30(6):1-3.

[30]王刚,武猛猛,王海洋,等.基于能量平衡模型的煤与瓦斯突出影响因素的灵敏度分析[J].岩石力学与工程学报,2015(2):238-248.

[31]胡千庭,文光才.煤与瓦斯突出的力学作用机理[M].北京:科学出版社,2013.

[32]量纲分析和相似理论[EB/OL].(2018-01-09)[2022-6-20],https://wenku.baidu.com/view/c8f5fa1af342336c1eb91a37f111f18582d00c16.html.

[33]相似理论解析[EB/OL].(2018-10-21)[2022-6-20],https://wenku.baidu.com/view/902ecbb8ab00b52acfc789eb172ded630a1c9830.html.

[34]相似理论的基本概念汇总[EB/OL].(2021-05-08)[2022-6-20],https://wenku.baidu.com/view/a1be8cf416791711cc7931b765ce0508773275df.html.

[35]相似理论和量纲分析[EB/OL].(2017-12-20)[2022-6-20],https://wenku.baidu.com/view/8db5195fba68a98271fe910ef12d2af90242a8ce.html.

[36]相似理论与模型试验[EB/OL].(2019-6-12)[2022-6-20],https://wenku.baidu.com/view/1822537cab00b52acfc789eb172ded630a1c98f8.html.

[37]王汉鹏,张庆贺,袁亮,等.含瓦斯煤相似材料研制及其突出试验应用[J].岩土力学,2015,36(6):1676-1682.

[38]张庆贺,袁亮,王汉鹏,等.煤与瓦斯突出物理模拟相似准则建立与分析[J].煤炭学报,2016,41(11):2773-2779.

[39]聂宏涛.地质力学模型试验材料性能及配比研究[D].柳州:广西科技大学,2019.

[40]林韵梅.实验岩石力学-模拟研究[M].北京：煤炭工业出版社,1984.

[41]蔡美峰.岩石力学与工程[M].北京：科学出版社,2002：24-74.

[42]戴金辉,袁靖.单因素方差分析与多元线性回归分析检验方法的比较[J].统计与决策,2016(9)：23-26.

[43]董金玉,杨继红,杨国香,等.基于正交设计的模型试验相似材料的配比试验研究[J].煤炭学报,2012,37(1)：44-49.

[44]张强勇,李术才,郭小红,等.铁晶砂胶结新型岩土相似材料的研制及其应用[J].岩土力学,2008,29(8)：2126-2130.

[45]韩涛,杨维好,杨志江,等.多孔介质固液耦合相似材料的研制[J].岩土力学,2011,32(5)：1411-1417.

[46]王汉鹏,张冰,袁亮,等.超低渗气密性岩层相似材料特性分析[J].中国矿业大学学报,2021,50(1)：99-105.

[47]SKOCZYLAS N. Laboratory study of the phenomenon of methane and coal outburst[J]. International Journal of Rock Mechanics and Mining Sciences,2012,55：102-107.

[48]任珊,罗艳.关于弹性力学平面应力问题与应变问题的判别[J].力学与实践,2015,37(5)：644-646.

[49]苏薇国.平面应变模型试验台液压系统的设计与研究[D].成都：西南交通大学,2014.

[50]赵勇,李术才,赵岩,等.超大断面隧道开挖围岩荷载释放过程的模型试验研究[J].岩石力学与工程学报,2012,31(S2)：3821-3830.

[51]CAO J,SUN H T,WANG B,et al. A novel large-scale three-dimensional apparatus to study mechanisms of coal and gas outburst [J]. International Journal of Rock Mechanics and Mining Sciences,2019,118：52-62.

[52]袁亮,王伟,王汉鹏,等.巷道掘进揭煤诱导煤与瓦斯突出模拟试验系统[J].中国矿业大学学报,2020,49(2)：205-214.

[53]杨为民,王浩,杨昕,等.高地应力-高水压下隧道突水模型试验系统的研制及应用[J].岩石力学与工程学报,2017,36(S2)：3992-4001.

[54]李术才,李清川,王汉鹏,等.大型真三维煤与瓦斯突出定量物理模拟试验系统研发[J].煤炭学报,2018(S1)：121-129.

[55]严秋荣,邓卫东.红层软岩土石混合料的长期蠕变性能模拟试验研究[J].重庆交通学院学报,2006,25(4)：40-43.

[56]毛信强,胡志伟,何勉.一种内置防转结构的电缸：CN206004460U[P].2017-03-08.

[57]LI S C,ZHANG B,WANG H P,et al. A large-scale model test system for stability study of tunnel under static-dynamic load [J]. Geotechnical and Geological Engineering,2022,40(2)：575-585.

[58]张建卓,王洁,潘一山,等.6500kN静-动复合加载液压冲击试验机研究[J].煤炭

学报，2020，45(5)：1648-1658.

[59]温彦凯，梁冰，孙维吉．蓄能落锤式动静组合加载试验系统研制及应用[J]．实验力学，2018，33(1)：141-149.

[60]李夕兵．岩石动力学基础与应用[M]．北京：科学出版社，2014.

[61]王汉鹏，王琦，李海燕，等．模型试验柔性均布压力加载系统研制及其应用[J]．岩土力学，2012，33(7)：1945-1950.

[62]聂百胜，马延崑，孟筠青，等．中等尺度煤与瓦斯突出物理模拟装置研制与验证[J]．岩石力学与工程学报，2018，37(5)：1218-1225.

[63]王启云，熊志彪，张家生，等．红砂岩嵌岩桩—岩界面摩阻力特性试验研究[J]．岩土工程学报，2011，33(4)：661-666.

[64]朱维申，张乾兵，李勇，等．真三轴荷载条件下大型地质力学模型试验系统的研制及其应用[J]．岩石力学与工程学报，2010，29(1)：1-7.

[65]高魁，刘泽功，刘健．地应力在石门揭构造软煤诱发煤与瓦斯突出中的作用[J]．岩石力学与工程学报，2015，34(2)：305-312.

[66]郑霄峰，李建斌，荆留杰，等．小断面矩形掘进机仿形刀盘设计方法研究[J]．铁道学报，2021，43(7)：169-176.

[67]谢宁，李华振，张季．千分表法测量金属线胀系数实验分析[J]．大学物理，2017，36(12)：34-36,46.

[68]冯俊艳，冯其波，匡萃方．高精度激光三角位移传感器的技术现状[J]．应用光学，2004，25(3)：33-36.

[69]任伟中，寇新建，凌浩美．数字化近景摄影测量在模型试验变形测量中的应用[J]．岩石力学与工程学报，2004，23(3)：436-440.

[70]田胜利，葛修润，涂志军．隧道及地下空间结构变形的数字化近景摄影测量试验研究[J]．岩石力学与工程学报，2006，25(7)：1309-1315.

[71]陈建华，程栋，王伟，毛野．微尺度模型试验的数字近景摄影测量[J]．河海大学学报（自然科学版），2008，36(1)：88-92.

[72]李元海，刘德柱，孟庆彬，刘金杉，杨硕．基于DSCM的深埋软岩隧道围岩变形与松动圈演变规律试验研究[J]．采矿与安全工程学报，2021，38(3)：565-574.

[73]李元海，靖洪文，刘刚，等．数字照相量测在岩石隧道模型试验中的应用研究[J]．岩石力学与工程学报，2007，26(8)：7.

[74]李元海，贾冉旭，杨苏．基于岩土渐进变形特征的数字散斑相关优化分析法[J]．岩土工程学报，2015，37(8)：1490-1496.

[75]李仲奎，徐千军，罗光福，等．大型地下水电站厂房洞群三维地质力学模型试验[J]．水利学报，2002，33(5)：31-36.

[76]李仲奎，卢达溶，中山元，等．三维模型试验新技术及其在大型地下洞群研究中的应用[J]．岩石力学与工程学报，2003，22(9)：1430-1436.

[77]李仲奎，王爱民．微型多点位移计新型位移传递模式研究和误差分析[J]．实验室研究与探索，2005，24(6)：14-18.

[78]王爱民,陶记昆,李仲奎. 微型高精度多点位移计的设计及在三维模型实验中的应用[J].实验技术与管理,2002,15(9):21-26

[79]张乾兵,朱维申,李勇,等. 洞群模型试验中微型多点位移计的设计及应用[J]. 岩土力学,2011,32(2):623-628.

[80]王汉鹏,李术才,郑学芬,等. 地质力学模型试验新技术研究进展及工程应用[J]. 岩石力学与工程学报,2009,28(S1):2275-2281.

[81]陈旭光,张强勇,段抗. 基于光栅传感的模型测量系统应用研究[J]. 岩土力学, 2012,33(5):1409-1415.

[82]朱维申,李勇,孙林锋,等. 用于模型试验的柔性传递式内置微型多点位移测试系统:CN101344382B[P]. 2010-12-22.

[83]朱维申,郑文华,朱鸿鹄,等. 棒式光纤传感器在地下洞群模型试验中的应用[J]. 岩土力学,2010,31(10):3342-3347.

[84]廖延彪,黎敏,张敏,等. 光纤传感技术与应用[M]. 北京:清华大学出版社,2009.

[85]章冲,薛俊华,张向阳,等. 地质力学模型试验中围岩断裂缝测试技术研究与应用[J]. 岩石力学与工程学报,2013,32(7):1331-1336.

[86]陈颙. 声发射技术在岩石力学研究中的应用[J]. 地球物理学报,1977,20(4): 312-322.

[87]靳世久,杨晓霞,陈世利,等. 超声相控阵检测技术的发展及应用[J]. 电子测量与仪器学报,2014,28(9):925-934.

[88]张艳丽. 大型地下工程三维可加载物理模拟实验方法研究[D]. 西安科技大学,2009.

[89]曾亚武,赵震英. 地下洞室模型试验研究[J]. 岩石力学与工程学报,2001,20 (S1):1745-1749.

[90]李浪,戎晓力,王明洋,等. 深长隧道突水地质灾害三维模型试验系统研制及其应用[J]. 岩石力学与工程学报,2016,35(3):491.

[91]李利平,李术才,赵勇,等. 超大断面隧道软弱破碎围岩渐进破坏过程三维地质力学模型试验研究[J]. 岩石力学与工程学报,2012,31(3):550.

[92]吴德海,曾祥勇,邓安福,等. 单锚锚杆加固碎裂结构岩体模型试验研究[J].地下空间,2003,23(2):158-161.

[93]顾金才,顾雷雨,陈安敏,等. 深部开挖洞室围岩分层断裂破坏机制模型试验研究[J]. 岩石力学与工程学报,2008,27(3):433-438.

[94]周慧颖. 柱状节理岩体力学特性试验与数值模拟研究[D].济南:山东大学,2020.

[95]刘海宁,王俊梅,王思敬. 白鹤滩柱状节理岩体真三轴模型试验研究[J]. 岩土力学,2010,31(S1):163-171.

[96]张强勇,段抗,向文,等.极端风险因素影响的深部层状盐岩地下储气库群运营稳定三维流变模型试验研究[J].岩石力学与工程学报,2012,31(9):1766-1775.

[97]李晓红,卢义玉. 岩石力学实验模拟技术[M]. 北京:科学出版社,2007.

[98]唐俐. 边坡模型试验常用传感器及其使用方法[J].工程勘察,2014(S1):488-494.

[99]顾金才,沈俊,陈安敏,等. 锚索预应力在岩体内引起的应变状态模型试验研究[J]. 岩石力学与工程学报,2000,19(S1):917-921.

[100]李术才,王汉鹏,郑学芬. 分岔隧道稳定性分析及施工优化研究[J]. 岩石力学与工程学报,2008(03):447-457.

[101]王汉鹏,李术才,张强勇. 分岔隧道模型试验与数值模拟超载安全度研究[J]. 岩土力学,2008(09):2521-2526.

[102]许家林,钱鸣高. 覆岩采动裂隙分布特征的研究[J]. 矿山压力与顶板管理,1997(3,4):210-212.

[103]杨科. 围岩宏观应力壳和采动裂隙演化特征及其动态效应研究[D]. 安徽理工大学,2007.

[104]张向阳,顾金才,徐景茂,等. 深部高地应力条件下直墙拱形洞室受力破坏规律研究[J]. 防护工程,2017,39(3):6-12.

[105]明治清,张向阳,贺永胜,等. 深部工程围岩破坏机理模拟试验系统研制及应用[J]. 防护工程,2014,36(6):20-27.

[106]丁国生,李春,王皆明,等. 中国地下储气库现状及技术发展方向[J]. 天然气工业,2015,35(11):107-112.

[107]李建明. 动静条件下巷道围岩破坏机理试验与数值模拟研究[D].济南:山东大学,2014.

[108]袁光杰,夏焱,金根泰,等. 国内外地下储库现状及工程技术发展趋势[J]. 石油钻探技术,2017,45(4):8-14.

[109]王粟. 金坛盐穴储气库全周期注采运营稳定性研究[D].济南:山东大学,2018.

[110]张冰. 煤体瓦斯卸压损伤致突机理及前兆信息演化规律研究[D].济南:山东大学,2020.

[111]张凤军,戴国忠,彭晓兰. 虚拟现实的人机交互综述[J]. 中国科学:信息科学,2016,46(12):1711-1736.

[112]刘德建,刘晓琳,张琰,等. 虚拟现实技术教育应用的潜力、进展与挑战[J]. 开放教育研究,2016,22(4):25-31.

[113]陈浩磊,邹湘军,陈燕,等. 虚拟现实技术的最新发展与展望[J]. 中国科技论文在线,2011,6(1):1-5,14.

[114]孙柏林. 虚拟现实技术在美国军队中的应用述评[J]. 计算机仿真,2018,35(1):1-7.

[115]姜喜迪,侯运炳. 采矿安全虚拟仿真教学系统在采矿工程教学中的应用[J]. 科教导刊,2019(23):130-131.

[116]张恒春. 智能化多功能实验台钻进参数检测与控制系统的设计与实现[D].武汉:中国地质大学(武汉),2012.

[117]陈诚,贾宁一,蔡守允. 模型试验测量技术的研究应用现状及发展趋势[J]. 水利水运工程学报,2011(4):154-158.

[118]何满潮,谢和平,彭苏萍,等. 深部开采岩体力学研究[J]. 岩石力学与工程学报,2005,24(16):2803-2813.

[119]肖维民,黄巍,丁蜜,等. 基于3D打印技术的模拟柱状节理岩体试样制备方法[J]. 岩土工程学报,2018,40(z2):256-260.

[120]JU Y,WANG L,XIE H P,et al. Visualization and transparentization of the structure and stress field of aggregated geomaterials through 3d printing and photoelastic techniques[J]. Rock Mechanics and Rock Engineering,2017,50(6):1383-1407.

[121]FENG X T,GONG Y H,ZHOU Y Y,et al. The 3d-printing technology of geological models using rock-like materials[J]. Rock Mechanics and Rock Engineering,2019,52(7):2261-2277.

[122]冯夏庭,陈炳瑞,明华军,等. 深埋隧洞岩爆孕育规律与机制:即时型岩爆[J]. 岩石力学与工程学报,2012,31(3):433-444.

[123]WANG G F,GONGS Y,DOU L M,et al. Behaviour and bursting failure of roadways based on a pendulum impact test facility[J]. Tunnelling and Underground Space Technology,2019,92:1-9.

[124]YANG X B,XIA Y J,WANG X J. Investigation into the nonlinear damage model of coal containing gas[J]. Safety Science,2012,50(4):927-930.

[125]HAIMSON B,CHANG C. A new true triaxial cell for testing mechanical properties of rock,and its use to determine rock strength and deformability of Westerly granite[J]. International Journal of Rock Mechanics and Mining Sciences,2000,37:285-296.

[126]鞠杨,谢和平,郑泽民,等. 基于3D打印技术的岩体复杂结构与应力场的可视化方法[J]. 科学通报,2014,59(32):3109-3119.

[127]王静,李术才,隋青美,等. 基于相似材料的光纤应变传感器在分区破裂模型试验中的研究[J]. 煤炭学报,2012,37(9):1570-1575.

[128]ZHOU B,XU J,PENG S J,et al. Test system for the visualization of dynamic disasters and its application to coal and gas outburst[J]. International Journal of Rock Mechanics and Mining Sciences,2019,122:104083.